高等院校土建类专业"互联网+"创新规划教材

U0204409

工程合同管理(第2版)

主　编　方　俊　胡向真
副主编　余群舟　程言美　刘小芳

北京大学出版社

PEKING UNIVERSITY PRESS

内 容 简 介

本书在现有工程合同管理研究成果的基础上,全面系统地阐述了工程合同管理的概念、基本原理和方法,重点介绍了工程建设领域常用标准合同文本的内容与使用技巧。

本书可作为工程管理、土木工程、建筑学、给排水科学与工程和建筑环境与能源应用工程等专业的本科教材,也可作为工程建设领域各类专业技术人员和管理人员学习工程合同管理知识的参考书。

图书在版编目(CIP)数据

工程合同管理 / 方俊,胡向真主编. —2 版. —北京:北京大学出版社,2023.3
高等院校土建类专业"互联网+"创新规划教材
ISBN 978-7-301-33623-6

Ⅰ. ①工… Ⅱ. ①方… ②胡… Ⅲ. ①建筑工程—经济合同—管理—高等学校—教材
Ⅳ. ①TU723.1

中国版本图书馆 CIP 数据核字(2022)第 222553 号

书　　　　名	工程合同管理(第 2 版)	
	GONGCHENG HETONG GUANLI (DI ER-BAN)	
著作责任者	方　俊　胡向真　主编	
策 划 编 辑	吴　迪　卢　东	
责 任 编 辑	吴　迪	
数 字 编 辑	蒙俞材	
标 准 书 号	ISBN 978-7-301-33623-6	
出 版 发 行	北京大学出版社	
地　　　　址	北京市海淀区成府路 205 号　100871	
网　　　　址	http://www.pup.cn　新浪微博:@北京大学出版社	
电 子 邮 箱	编辑部 pup6@pup.cn　总编室 zpup@pup.cn	
电　　　　话	邮购部 010-62752015　发行部 010-62750672　编辑部 010-62750667	
印 刷 者	河北文福旺印刷有限公司	
经 销 者	新华书店	
	787 毫米×1092 毫米　16 开本　18 印张　432 千字	
	2006 年 6 月第 1 版	
	2023 年 3 月第 2 版　2024 年 1 月第 3 次印刷	
定　　　　价	50.00 元	

随着新型城镇化的快速发展和城市基础设施建设规模的日益扩大，特别是工程项目发承包方式和投融资模式的多样化，我国建筑产业迎来了重大发展机遇。传统建筑市场单一的设计-招标-建造（DBB）方式正在向设计-采购-施工（EPC）或设计-建造（DB）工程总承包方式发展，传统政府出资建设投融资模式正在向政府和社会资本合作（PPP）模式转型，信息化和国际化成为越来越多大中型建筑企业的战略选择。

在此背景下，工程合同管理面临诸多问题和挑战。为适应新的建筑市场环境，中华人民共和国住房和城乡建设部会同国家工商行政管理总局启动了各类新版建设工程合同示范文本的编制与发布，最新版本的建设工程合同示范文本包括《建设工程施工合同（示范文本）》（GF—2017—0201）、《建设工程勘察合同（示范文本）》（GF—2016—0203）、《建设工程设计合同示范文本（专业建设工程）》（GF—2015—0210）、《建设工程设计合同示范文本（房屋建筑工程）》（GF—2015—0209）和《建设工程监理合同（示范文本）》（GF—2012—0202）等。

2020 年 5 月 28 日，第十三届全国人民代表大会第三次会议通过《中华人民共和国民法典》，自 2021 年 1 月 1 日起施行。

为补充工程合同管理相关政策法规内容，及时总结我国新时期工程合同管理最新理论研究和工程实践成果，特对原工程合同管理教材进行改版。

本书由武汉理工大学方俊、程言美，华中科技大学余群舟、刘小芳以及山西大学胡向真编写。方俊、胡向真任主编，余群舟、程言美和刘小芳任副主编。本书具体编写分工如下：

方俊编写第 1 章、第 2 章、第 4 章 4.3 节和 4.4 节；

胡向真编写第 4 章 4.1 节和 4.2 节；

余群舟编写第 3 章和第 5 章；

程言美编写第 7 章和第 9 章；

刘小芳编写第 6 章和第 8 章。

由于编写时间仓促，加之编者水平有限，书中难免有疏漏之处。恳请广大读者不吝赐教，多提宝贵意见。

方　俊

2022 年 10 月于武昌马房山

目 录

第1章
绪　论

1.1　合同的概念

　　合同是平等主体的自然人、法人及其他组织之间设立、变更、终止民事权利义务的意思表示一致的协议。

　　合同也常常称为契约，中华人民共和国成立以前，著述中都使用"契约"而不使用"合同"一词。

　　自 20 世纪 50 年代初期至今，除台湾地区之外，我国民事立法和司法实践中主要采用了合同而不是契约的概念。

　　合同是反映交易的法律形式，合同具有以下法律特征。

　　（1）合同是平等主体的自然人、法人和其他组织所实施的一种民事法律行为。

　　（2）合同以设立、变更或终止民事权利义务关系为目的。

　　（3）合同是当事人意思表示一致的协议。

　　合同是债的一种形式。所谓债是指发生在特定主体之间请求为特定行为的财产法律关系，是按照合同的约定或依照法律的规定，在当事人之间产生的特定的权利和义务关系。享有权利的人是债权人，负有义务的人是债务人。在债的法律关系中，债权人有权要求债务人按照法律或合同的规定履行义务，而债务人负有为满足债权人的请示而为特定行为的义务。由于合同反映的只是正常的、典型的商品交换关系，而在实践中还存在一些非正常的、特殊的交换关系，如不当得利和侵权行为所产生之债等，都不能为合同之债所概括。因此，合同不能概括债的全部内容。债的关系较之于合同的关系而言更为抽象，它包括合同关系在内。

合同是发生在当事人之间的一种法律关系。合同关系和一般民事法律关系一样，也是由主体、内容和客体这 3 个要素组成的。

合同关系的主体又称为合同的当事人，包括债权人和债务人。

合同关系的主体都是特定的，如甲和乙签订某项合同，甲和乙都是特定的主体。但是，合同关系的主体也不是固定不变的，依照法律和合同的规定，债可以发生变更和转移，从而使债的主体也会发生变化。例如，开发商甲开发某高层商住楼，后因开发商甲的资金筹措出现困难，经与开发商丙协商，转让该项目的开发权，此时，开发商丙即成为该高层商住楼施工合同新的主体。

合同关系的内容是指债权人的权利和债务人的义务，主要是指合同债权和合同债务。合同作为一种民事法律关系，是债权和债务的统一体。

合同关系的客体在我国民法学界有不同的观点，有的学者认为合同关系客体的内涵是物，也有学者认为合同关系客体的内涵主要不是物，而是行为。

一般来说，物权的客体是物，而合同债权的客体主要是行为。因为债权人在债务人尚未交付标的物之前，无法实际占有和支配该标的物。因此，合同债权指向的对象主要是债务人的行为而非物。

合同关系具有相对性。所谓合同关系的相对性，是指合同关系只能发生在特定的合同当事人之间，只有合同当事人一方能够向另一方基于合同提出请求或提出诉讼；与合同当事人没有发生合同权利义务关系的第三人不能依据合同向合同当事人提出请求或提出诉讼，也不应承担合同的义务或责任；非依法律或合同规定，第三人不能主张合同上的权利。

1.2　合同的分类

合同按不同的标准，可以作出如下不同的分类。

（1）双务合同与单务合同。

（2）有偿合同与无偿合同。

（3）有名合同与无名合同。

（4）诺成合同与实践合同。

（5）要式合同与不要式合同。

（6）主合同与从合同。

（7）本约（本合同）与预约（预备合同）。

（8）为订约人自己订立的合同与为第三人利益订立的合同。

1.2.1　双务合同与单务合同

根据合同当事人双方权利义务的分担方式，合同可划分为双务合同与单务合同。

1. 双务合同

双务合同是指合同双方当事人相互享有权利和相互承担义务的合同。

双务合同的特点在于当事人具有履行义务的责任和要求他方履行义务的权利，双方的关系具有相互依赖性。

典型的双务合同有买卖、租赁、借款、运输、财产保险、合伙等合同。

建设工程的各类合同均为双务合同。如建设工程施工承包合同中，甲方享有获得合格的建筑产品的权利和按时支付工程进度款的义务，乙方则享有获得工程进度款的权利和按施工图纸及相关标准规范提供合格建筑产品的义务。

2. 单务合同

单务合同是指合同当事人一方只享有权利而不负义务，另一方当事人只负义务而不享受权利的合同。

典型的单务合同有赠与合同、无偿保管合同和归还原物的借用合同。

3. 两种合同的区别

双务合同与单务合同的区分意义主要在于确定两种合同的不同效力。

（1）是否适用同时履行抗辩权。

双务合同中存在同时履行抗辩权等法律问题，单务合同中，不存在这一法律问题，因为履行抗辩权是以双方均负有义务为前提的。

（2）在风险负担上不同。

单务合同中不发生双务合同中的风险负担问题。

（3）因一方的过错可致合同不履行的后果不同。

在双务合同中，如果非违约方已履行合同的，可以要求违约方履行合同或承担其他违约责任；如果非违约方要求解除合同，则对于其已经履行的部分有权要求未履行给付义务的一方返还其已取得的财产。但在单务合同中，不存在上述情况。

1.2.2 有偿合同与无偿合同

根据当事人是否可以从合同中获取某种利益，可以将合同分为有偿合同与无偿合同。

有偿合同，是指一方通过履行合同规定的义务而给对方某种利益，对方要得到该利益必须为此支付相应代价的合同。

有偿合同是商品交换最典型的法律形式。在实践中，绝大多数反映交易关系的合同都是有偿的。

无偿合同，是指一方给付对方某种利益，对方取得该利益时并不支付任何报酬的合同。

无偿合同并不是反映交易关系的典型形式，它是等价有偿原则在实践中的例外现象，一般很少采用。

各类建设工程承包合同均属有偿合同，而赠与合同等则属无偿合同。

1.2.3 有名合同与无名合同

根据法律上是否规定了一定合同的名称，可以将合同分为有名合同与无名合同。

有名合同，又称为典型合同，是指法律上已经确定了一定的名称及规则的合同。如《中华人民共和国民法典》（以下简称《民法典》）第三编所规定的19类合同，都属于有名合同。

所谓无名合同，又称非典型合同，是指法律上尚未确定一定的名称与规则的合同。

根据合同自由原则，合同当事人可以自由决定合同的内容。

有名合同与无名合同并不是一成不变的，无名合同产生以后，经过一定的发展阶段，其基本内容和特点已经形成，则可以由《民法典》予以规范，使之成为有名合同。

有名合同与无名合同的区分意义主要在于两者适用的法律规则不同。

对于有名合同，应当直接适用《民法典》第三编的规定，但在确定无名合同的适用法律时，首先应当考虑适用《民法典》第三编的一般规则。其次，对于无名合同来说，因其内容可能涉及有名合同的某些规则，因此，应当比照类似的有名合同的规则，参照合同的经济目的及当事人的意思等进行处理。例如旅游合同，因其包含了运输合同、服务合同、房屋租赁合同等多项有名合同的内容，因此可以类推适用这些有名合同的规则。

1.2.4　诺成合同与实践合同

所谓诺成合同，是指当事人一方的意思表示一旦经对方同意即能产生法律效果的合同，即"一诺即成"的合同。

这种合同的特点在于，当事人双方意思表示一致，合同即告成立。

根据合同法律规定，具有救灾、扶贫等社会公益、道德义务性质的赠与合同，赠与人在赠与财产的权利转移之前不能撤销赠与。

所谓实践合同，是指除当事人双方意思表示一致以外尚需交付标的物才能成立的合同。在这种合同中仅凭双方当事人的意思表示一致，还不能产生一定的权利义务关系，还必须有一方实际交付标的物的行为，才能产生法律效果。

例如寄存合同，必须要寄存人将寄存的物品交给保管人，合同才能成立并生效。

1.2.5　要式合同与不要式合同

根据合同是否应以一定的形式为要件，可将合同分为要式合同与不要式合同。

所谓要式合同，是指必须根据法律规定的形式而成立的合同。

对于一些重要的交易，法律常要求当事人必须采取特定的形式订立合同。例如，中外合资经营企业合同，属于应当由国家批准的合同，只有获得批准时，合同方可成立。抵押合同依法应登记而不登记的，则合同不能产生法律效力。

所谓不要式合同，是指当事人订立的合同依法并不需要采取特定的形式，当事人可以采取口头形式，也可以采取书面形式。

合同除法律有特别规定以外的，均为不要式合同。

根据合同自由原则，当事人有权选择合同形式，但对于法律有特别的形式要件规定的，当事人必须遵循法律规定。

要式合同与不要式合同的区别在于，是否应以一定的形式作为合同成立或生效的条件。

1.2.6　主合同与从合同

根据合同相互间的主从关系，可以将合同分为主合同与从合同。

所谓主合同，是指不需要其他合同的存在即可独立存在的合同。

所谓从合同，就是以其他合同的存在为前提，自身不能独立存在的合同。

如建设工程合同中，施工承包合同为主合同，为承包人提供履约担保的合同则为从合同。

从合同的主要特点在于其附属性，即它不能独立存在，必须以主合同的存在并生效为前提。主合同未成立，从合同也不能成立，主合同无效，从合同也无效。

1.2.7　本约（本合同）与预约（预备合同）

本约为履行预约而订立的合同；预约是指当事人之间约定将来订立一定合同的合同。

预约的效力在于使当事人负有订立本约的义务。如果预约的一方当事人不履行其订立本约的义务，则另一方有权请求法院强制其履行订约义务并承担违约责任。

1.2.8　为订约人自己订立的合同与为第三人利益订立的合同

根据订约人订立合同的目的是否为自己谋取利益，合同可以分为为订约人自己订立的合同与为第三人利益订立的合同。

所谓为订约人自己订立的合同，是指订约当事人订立合同是为自己设定权利，使自己直接取得和享有某种利益。

然而，在特殊情况下，订约当事人并非为了自己设定权利，而是为第三人的利益订立合同，合同将对第三人发生效力，这就是所谓为第三人利益订立的合同。这种为第三人利益订立的合同，其法律特征表现如下。

第一，第三人不是订约当事人，他不必在合同上签字，也不需要通过其代理人参与缔约。

第二，该合同只能给第三者设定权利，而不得为其设定义务。根据民法的一般规则，任何人未经他人同意，不应为他人设定义务，擅自为他人设定义务的合同都是无效的。

第三，该合同的订立，事先无须通知或征得第三人的同意。

在现实生活中，大量存在的还是为订约人自己订立的合同。

1.3　合同在工程项目管理中的地位与作用

合同在工程项目管理过程中始终发挥着重要的作用。具体来讲，合同在工程项目管理过程中的地位与作用主要体现在如下几个方面。

1. 合同是发包人实施工程项目管理的核心基础

任何一个工程项目的实施，特别是大中型工程项目的实施，都是通过签订一系列的承发包合同来实现的。通过对工程承包范围、价款、工期和质量标准等合同条款的制定和履行，发包人可以在合同环境下调控工程项目的运行状态。通过对合同管理目标责任的分解，工程项目发包人还可以规范其内部项目管理机构职能，紧密围绕合同条款开展项目管理工作。

因此，无论是对承包人的管理，还是对项目发包人本身的内部管理，合同始终是工程项目管理的核心基础。

2. 合同是承发包双方履行义务、享有权利的法律依据

为保证工程项目的顺利实施，平衡承发包双方的职责、权利和义务，合理分摊承发包双方的风险与责任，建设工程合同通常界定了承发包双方基本的权利义务关系。如发包人必须按时支付工程进度款，及时参加隐蔽工程验收和中间验收，及时组织工程竣工验收和办理竣工结算等。承包人则必须按施工图纸和批准的施工组织设计组织施工，向发包人提供符合约定质量标准的建筑产品等。合同中明确约定的各项权利和义务是承发包双方的最高行为准则，是双方履行义务、享有权利的法律依据。

3. 合同是处理工程项目实施过程中各种争执和纠纷的法律基础

工程项目通常具有建设周期长、投资金额大、参与主体众多和子项目之间接口复杂等特点。在合同履行过程中，发包人与承包人之间、不同承包人之间、承包人与分包人之间以及发包人与材料供应商之间不可避免地产生各种争执和纠纷。而调解处理这些争执和纠纷的主要尺度和依据应是承发包双方在合同中事先作出的各种约定和承诺，如合同的索赔与反索赔条款、不可抗力条款、合同价款调整变更条款等。作为合同的一种特定类型，建设工程合同同样具有一经签订即具有法律效力的属性。所以，合同是处理工程项目实施过程中各种争执和纠纷的法律基础。

4. 合同是承包人实施工程项目内部管控的核心依据

作为承发包双方协商一致的工程法律文件，合同在承包人实施企业内部项目管控过程中具有不可替代的地位和作用。无论是制定企业内部管理目标、实施项目承包绩效考核，还是开展工程分包管理、工程索赔管理、工程变更管理、工程材料设备采购以及合同价款调整，合同始终是承包人实施工程项目内部管控的核心依据。

习　题

1. 简述合同的概念及其法律特征。
2. 简述债权人与债务人的含义。
3. 简述合同关系的内涵。
4. 简述双务合同与单务合同的概念。
5. 简述有偿合同与无偿合同的概念。
6. 简述有名合同与无名合同的概念。
7. 简述诺成合同与实践合同的概念。
8. 简述要式合同与不要式合同的概念。
9. 简述主合同与从合同的概念。
10. 分析合同在工程项目管理中的地位与作用。

第2章
合同法律制度

📚 **教学提示**

　　合同法律制度是市场经济的基本法律制度，是调整平等主体间财产流转关系的法律规范。合同法律制度的基本概念和内涵，是学习工程合同知识的基础，准确掌握合同法律制度的基础知识，对于后续章节的学习具有重要意义。

📚 **教学要求**

　　本章要求学生了解我国现行合同法律制度的基本内容。学生应重点掌握合同成立的基本要件，合同生效的基本要件，合同履行的基本原则，合同保全的基本方法，合同权利义务的变更与转让及违约责任的构成要件。

2.1　合同法律概述

2.1.1　我国统一合同法律的制定及其特点

　　1999 年 3 月 19 日，中华人民共和国第九届全国人民代表大会第二次会议审议通过了《中华人民共和国合同法》，从 1993 年开始设计立法方案到合同法正式颁布，历经 6 年的风雨历程，终于形成了一部统一的正式合同法律文本。

　　在此之前，我国的合同法律体系是以《中华人民共和国民法通则》为基本法，《中华人民共和国经济合同法》（以下简称《经济合同法》）、《中华人民共和国涉外经济合同法》和《中华人民共和国技术合同法》三法并立。

　　为什么要用新的统一的合同法律取代已经存在的三部合同法律呢？

　　其主要原因是随着我国经济建设领域改革开放的不断深入和扩大，经济社会得到全面发展，三部合同法律包括修订后的《经济合同法》不能较好地解决我国经济社会发展中存在的诸多重要问题，具体表现在以下几个方面。

（1）三部合同法律各自规范不同的合同关系和适用范围，特别是存在国内和涉外两种合同法律，彼此之间内容重复，存在互相不协调甚至不一致的情况。

（2）三部合同法律规定的内容较为原则。原三部合同法律条款总计只有145条，比较简略，在合同订立、合同效力和违约责任等方面规定较为原则，可操作性不强。

（3）还保留了过分强调计划经济和旧的合同法的一些规则，对合同当事人限制太多，遗漏了许多重要制度。

（4）在现实社会生活中利用合同形式搞欺诈，损害国家、集体和他人利益的现象较为突出，需要有针对性地规定防范条款。

（5）三部合同法律现有调整范围不能完全适应社会经济生活的现状。实践中出现了新的融资租赁合同及其他合同形式需要加以规范，赠与合同、委托合同、居间合同的数量不断增多。

为了有效地解决上述问题，制定一部统一的、较为完备的合同法律势在必行。为此我国最高立法机关——全国人民代表大会常务委员会作出了制定统一合同法律的决策。

统一合同法律具有以下5个方面的特点。

（1）从实际出发，充分体现和贯彻了总结本国立法经验与借鉴国外立法经验相结合的原则。

（2）充分体现了合同意思自治原则。

（3）在价值取向上兼顾经济利益与社会公正、交易便捷与交易安全。

（4）充分体现了合同法律制定和实施的时代特点。

（5）特别注重法律的规范性与可操作性。

2.1.2 合同法律的立法宗旨

我国合同法律的立法宗旨，主要体现在以下3个方面。

1. 保护合同当事人的合法权益

保护当事人的合法权益，是合同法律立法宗旨之一，也是合同法律的主要任务。

根据合同法律的规定，自然人、法人、其他组织都可以成为合同当事人；合同当事人在参加合同活动中，依法享有权利和利益，合同法律对合同当事人的合法权益的保护体现在各项合同法律制度之中。

2. 维护社会经济秩序

维护社会经济秩序是合同法律立法的又一重要宗旨。社会经济的运行需要有完备的市场经济法律制度来规范经济活动主体的行为，否则将处于无序状态。

合同法律作为调整财产交易关系的法律，必须要以维护社会经济秩序，特别是交易秩序为其基本任务。

3. 促进社会主义现代化建设

合同法律作为一部体现了人民意志，反映了市场经济共同规律，适应改革开放需要的法律文件，对发展社会主义市场经济有直接的推动作用，对实现我国社会主义现代化建设任务有积极的促进作用。

2.1.3　合同法律的调整对象

合同法律作为调整平等主体间财产流转关系的法律规范，其调整对象主要体现在以下两个方面。

1. 合同法律调整的是平等主体之间具有财产内容的社会关系

合同法律所揭示的是特定的平等主体之间的关系，在合同法律关系中的双方当事人权利与义务是对等的，这区别于按指令性和服从原则设立的行政合同关系和依照按劳分配原则设立的劳动合同关系，这些不同主体间的关系应分别由行政法和劳动法予以调整；也区别于法人、其他社会组织内部的管理关系，这些不平等主体之间的关系应由公司法等法律予以调整。

在合同法律的权利义务关系中，主体的行为总是与一定的财产利益相联系。虽然合同法律是民法的重要组成部分，但它只调整平等主体之间的财产关系，有关收养、婚姻、监护身份关系的协议，不适应于合同法律。

2. 合同法律调整的是平等主体之间以财产流转为特征的社会关系

合同法律调整的并非社会中全部的财产关系，而是其中动态的财产关系，就是以财产流转为特征的社会关系，这是它与物权法律的不同之处。

合同法律与物权法律虽都涉及财产权，但物权法律是调整财产支配关系的法律，属于财产归属范畴。因为所有权及整个物权本质上是规定和揭示财产关系的静止状态。而合同法律是将有形财产和无形财产从生产领域移转到交换领域，并经过交换领域进入消费领域，其内容表现为移转已占有的财产。

因此，合同法律是所有人处分财产或获得财产的重要法律手段。

2.1.4　合同法律的基本原则

合同法律的基本原则是合同法律的主旨和根本准则，也是制定、解释、执行和研究合同法律的出发点。

合同法律共有 4 条基本原则，分别是合同自愿原则、诚实信用原则、合法原则和鼓励交易原则。

1. 合同自愿原则

合同自愿原则是指当事人依法享有在缔结合同、选择合同相对人、确定合同内容以及变更和解除合同方面的自由。因此，合同自愿原则又称为合同自由原则。

合同自愿原则主要表现在以下 5 个方面。

（1）当事人有订立合同的自由及选择相对人的自由。

（2）当事人有确立合同内容的自由，法律尊重当事人的选择。

（3）当事人享有合同形式自由，除法律另有规定的以外，当事人可自主确定以何种形式成立合同。

（4）当事人有变更或解除合同的自由，经协商一致，当事人可以随时变更或解除合同。

（5）当事人有选择违约补救方式的自由。

2. 诚实信用原则

诚实信用原则是指当事人在民事活动中，应诚实守信，以善意的方式履行其义务，不得滥用权力及规避法律规定或合同约定的义务。

合同法律中，诚实信用原则具体体现为以下几点。

（1）在合同订立阶段应遵循诚实信用原则。在合同订立阶段，尽管合同尚未成立，但当事人彼此之间已具有订约上的联系，应依据诚实信用原则，负有忠实、诚实、保密、相互照顾和协助的附随义务。任何一方都不得采用恶意谈判、欺诈等手段牟取不正当利益，并致他人损害，也不得披露和不正当使用他人的商业秘密。

（2）合同订立后在履行前应遵循诚实信用原则。在合同订立后，尚未履行前，当事人双方都应严守诺言，认真做好各种履约准备。

如果一方有确切的证据证明对方在履约前经营状况严重恶化，或存在其他法定情况，可以依据法律的规定，暂时中止合同的履行，并要求对方提供履约担保。

（3）合同的履行应遵循诚实信用原则。在合同的履行中，当事人应根据合同的性质、目的及交易习惯履行通知、协助和保密的义务。

（4）合同终止以后应遵循保密和忠实的义务。在合同关系终止以后，尽管双方当事人不再承担义务，但也应承担某些必要的附随义务，如保密、忠实等义务。

（5）合同的解释应遵循诚实信用原则。合同管理实践中，当事人在订立合同时所使用文字词句可能有所不当，未能将其真实意思表达清楚，或合同未能明确各自的权利义务关系，使合同难以正确履行，从而发生纠纷，此时法院或仲裁机构应依据诚实信用原则，考虑各种因素以探求当事人的真实意思，并正确地解释合同，从而判明是非，确定责任。

3. 合法原则

我国合同法律确认了合法原则，这保障了当事人所订立的合同符合国家的意志和社会公共利益，协调不同当事人之前的利益冲突，以及当事人的个别利益与整个社会和国家利益的冲突，保护正常的交易秩序。

合法原则是基本的民事活动准则，合法原则具体包括以下几点。

（1）合法原则首先要求当事人在订约和履行中必须遵守全国性的法律和行政法规。

（2）在合同订立方面，尽管我国合同法律没有采纳计划原则，在实践中当事人也极少按照指令性计划订立合同，但在特殊情况下，国家也可能会给有关企业下达指令性任务或订货任务，而合同当事人不得拒绝依据指令性计划和订货任务的要求订立合同。

（3）合法原则还包括当事人必须遵守社会公德，不得违背社会公共利益。

4. 鼓励交易原则

鼓励交易，指鼓励合法、自愿的交易。鼓励交易原则在合同法律中主要体现在以下两个方面。

（1）减少了无效合同的范围。

在因违法而无效的合同中，合同法律规定，只有违反了法律、行政法规中的强制性规范，才会导致合同无效，并非违反任何规范性文件均可导致合同无效。

过去的合同立法关于无效合同的概念的规定非常宽泛，从而导致合同过多地被宣告无效。而合同一旦被宣告无效，则意味着消灭了一项交易，即使当事人希望使其继续有效也不可能。尤其是一旦合同被宣告无效后，就要按照恢复原状的原则在当事人之间产生相互返还已经履行的财产或赔偿损失的责任，将会增加不必要的返还费用，从而造成财产的损失和浪费。从效率的标准来看，过多地宣告合同无效或解除，在经济上是低效率的。

（2）减少了无效合同的类型。

过去的合同立法没有区分无效合同和可撤销合同，导致无效合同的类型过多。合同法律理顺了无效合同和可撤销合同的范围，增加了可撤销合同的类型，减少了无效合同的类型。

2.1.5　民法典合同结构体系

2020 年 5 月 28 日，中华人民共和国第十三届全国人民代表大会第三次会议通过了《中华人民共和国民法典》，自 2021 年 1 月 1 日起施行。

《民法典》第三编为合同，共 3 个分编、29 章、526 条。第一分编"通则"，规定了合同的订立、效力、履行、保全、转让、违约责任等一般性规则，并基于现行合同法律相关条款，完善了合同总则制度。第二分编"典型合同"在现行合同法律规定的买卖合同、供用电水气热力合同、赠与合同、借款合同、租赁合同、融资租赁合同、承揽合同、建设工程合同、运输合同、技术合同、保管合同、仓储合同、委托合同、行纪合同、居间合同 15 种典型合同基础上，增加了 4 种新的典型合同：保证合同、保理合同、物业服务合同、合伙合同。此外，第二分编还在总结现行合同法律执行实践中的成功经验和失败案例基础上，完善了其他典型合同，如买卖合同、借款合同、租赁合同、运输合同、赠与合同、融资租赁合同、建设工程合同、技术合同等。第三分编"准合同"分别对无因管理和不当得利的一般性规则作了规定。

2.2　合同的成立

2.2.1　合同成立的概念和要件

合同成立是指当事人就合同主要条款达成了合意。

合同成立必须具备以下要件。

（1）存在双方或多方订约当事人。一个人无法成立合同。

（2）订约当事人对主要条款达成合意。合同的实质在于当事人的意思达成一致，合意的达成是合同成立的根本。

（3）合同成立一般要经过要约和承诺阶段。

除以上基本要件之外，合同因性质的不同，还可能有其他特别成立要件。如实践合同，以标的物的实际支付为成立要件。

2.2.2　要约

1. 要约的概念和特征

要约是希望和他人订立合同的意思表示。

要约发出后，非依法律规定或受要约人同意，不得变更、撤销要约的内容。

要约应具备以下条件。

（1）要约是由具有订约能力的特定人作出的意思表示。

（2）要约必须是具有订立合同的意图。

（3）要约须向要约人希望与其缔结合同的人发出。

（4）要约的内容必须具体明确。

在建设工程招标投标活动中，投标人向招标人递交投标书是一种要约。

2. 要约邀请

要约邀请是希望他人向自己发出要约的意思表示，该意思表示人不受要约邀请的约束。下列行为属于要约邀请。

（1）寄送的价目表。

（2）拍卖公告。

（3）招标公告。

（4）招股说明书。

（5）商业广告。但商业广告具备要约条件的构成要约。

3. 要约的法律效力

要约的法律效力又称要约的约束力。要约到达受要约人时生效。

要约的法律效力表现在两个方面。

（1）对要约人的拘束力。要约一经生效，要约人不得随意撤销、变更要约。

（2）对受要约人的效力。要约使受要约人得到了承诺的权利。受要约人对要约同意的意思表示可使合同成立。只有受要约人才有承诺的资格，受要约人可以不承诺，但不可以将承诺的资格让与他人。

要约可以撤回，要约撤回是指要约人在要约生效前，取消要约的意思表示，撤回要约的通知应当先于或与要约同时到达受要约人。

要约也可以撤销，要约撤销是指要约生效后，要约人取消要约使其效力归于消灭。

撤销要约的通知应当在受要约人发出承诺之前到达受要约人。但是，如果要约中规定了承诺期限或者以其他形式表明要约是不可撤销的，或者受要约人有理由认为要约是不可撤销的，并已经为履行合同做准备工作，则要约不可撤销。

如建设工程招投标活动中，根据《中华人民共和国招标投标法》（以下简称《招标投标法》）的规定，投标人在开标前可以撤销、变更要约，但开标后不得撤销和变更要约，否则，招标人可依法没收其投标保证金。

4. 要约失效

要约失效是指要约法律效力的消灭。

要约失效后,要约人不再受拘束,受要约人也失去了承诺的资格。

要约失效的原因主要有以下几种。

(1)拒绝要约的通知到达受要约人。

(2)要约人依法撤销要约。

(3)承诺期限届满,受要约人未作出承诺。

(4)受要约人对要约的内容作出实质性变更。

合同法律规定,有关合同标的、数量、质量、价格或者报酬、履行期限、履行地点和方法、违约责任和解决争议方法等的变更,是对要约内容的实质性变更。

2.2.3 承诺

1. 承诺的概念和要件

承诺是受要约人同意要约的意思表示。承诺必须具备以下要件。

(1)承诺必须由受要约人向要约人作出。

(2)承诺必须在规定的期限内到达要约人。

(3)承诺的内容必须与要约的内容一致,但法律并未要求其绝对一致时,承诺可以对要约作出非实质性变更。

(4)承诺的方式须符合要约的要求。

2. 承诺的效力

承诺的效力在于使合同成立。合同法律规定,承诺生效时,合同成立。

合同在承诺到达要约人时生效,即采用到达主义,这是大陆法系的传统。英美法系采用发信主义。发信主义和到达主义的本质区别在于承诺通知在途风险的分配。

发信主义是将此种风险分配给要约人承担。

到达主义是将此种风险分配给承诺人承担。

3. 承诺迟延和承诺撤回

承诺迟延是指受要约人所作承诺未在期限内到达要约人。这包括受要约人在承诺期限届满后发出承诺而使承诺延迟,以及受要约人在承诺期内发出承诺,但因其他原因而使承诺迟到两种情况。

合同法律规定,受要约人超过承诺期限发出承诺的,除要约人及时通知受要约人该承诺有效的以外,为新要约。

受要约人在承诺期限内发出承诺,按照通常情形能够及时到达要约人,但因其他原因承诺到达要约人时超过承诺期限的,除要约人及时通知受要约人因承诺超过期限不接受该承诺的以外,该承诺有效。

承诺可以撤回,撤回应是在承诺生效之前。因而撤回承诺的通知必须在承诺通知到达要约人之前或承诺同时到达要约人。此时,允许承诺人撤回承诺,不会损及要约人的利益。

合同法律规定，当事人采用信件、数据电文等形式订立合同的，可以在合同成立之前要求签订确认书，签订确认书时合同成立。

当事人采用合同书形式订立合同的，自当事人均签名、盖章或者按指印时合同成立。

4. 合同成立的时间和地点

合同成立的时间是由承诺实际生效的时间决定的。通常情况下，承诺生效时合同成立，即承诺到达要约人时，合同成立。

合同成立的地点为承诺生效的地点，当事人采用合同书形式订立合同的，双方当事人签字或者盖章的地点为合同成立的地点。采用数据电文形式订立合同的，收件人的主营业地为合同成立的地点；没有主营业地的，其经常居住地为合同成立的地点。

2.2.4 缔约过失责任

缔约过失责任是指合同订立过程中，一方因违背诚信原则而给另一方造成损失时所应承担的责任。

如甲乙双方在谈判过程中，甲向乙承诺如果乙不与丙订约，则甲将向乙正式签订合作合同。乙信赖甲的承诺而未与丙订约，但甲最终拒绝与乙订约从而使乙遭受损失，这就是一种典型的缔约过失责任，应当由甲承担此缔约过失责任。

缔约过失责任具有以下法律特征。

（1）此种责任发生在合同订立阶段，合同尚未成立，或虽成立，但被确认无效或者撤销。

（2）一方违反了依诚信原则而产生的义务。此种义务不是约定义务，而是一种法定义务。

（3）造成了另一方信赖利益损失，此种损失基于信赖而发生。

所谓信赖利益损失，主要是指一方实施某种行为后，另一方对此产生了信赖（如信任其会订立合同），并因此支付了一定的费用，因一方违反诚信原则使该费用不能得到补偿。

缔约过失责任主要有以下几种类型。

（1）假借订立合同，恶意进行磋商。

（2）故意隐瞒与订立合同有关的重要事实或者提供虚假情况。

（3）泄露或不正当地使用他人商业秘密，如产品的性能、销售对象、市场营销情况及技术诀窍等。

（4）其他违背诚实信用原则的行为。

在上述几种情况下，一方必须给另一方造成损失，才应负缔约过失责任。

缔约过失责任不同于合同违约责任，缔约过失责任发生在合同订立过程中，合同尚未成立，或虽成立但被确认无效或者撤销。而合同违约责任发生在合同成立和生效以后。

2.3 合同的主要内容与形式

2.3.1 合同的条款

合同的内容表现为合同的条款，合同条款确定了当事人各方的权利义务。

1. 提示性合同条款

《民法典》第 470 条列举了合同一般包含的条款，以提示缔约人。它包括以下 8 项基本条款。

（1）当事人的名称或者姓名和住所。

（2）标的。

（3）数量。

（4）质量。

（5）价款或者报酬。

（6）履行期限、地点和方式。

（7）违约责任。

（8）解决争议的方法。

2. 合同的主要条款

合同的主要条款是指合同必须具备的条款，如果欠缺它合同就不成立。

如《民法典》规定，借款合同的内容一般包括借款种类、币种、用途、数额、利率、期限和还款方式等条款，这些条款即为借款合同的主要条款。建设工程施工合同应有建设工期、工程质量和工程造价条款，这些条款即为建设工程施工合同的主要条款。

不同类型的合同，其主要条款也不相同。合同主要条款的个性化色彩很浓，法律上不宜对此做统一规定，而应根据不同的合同加以判断。

3. 合同的普通条款

合同的普通条款是指合同主要条款以外的条款，它包括以下几种类型。

（1）法律未直接规定，亦非合同的类型和性质要求必须具备的，合同当事人无意使之成为主要合同条款。如关于包装物返还的约定；建设工程施工合同中关于安全防护、环境保护和卫生防疫的约定。

（2）当事人未写入合同中，甚至从未协商过，但基于当事人的行为，或基于合同的明示条款，或基于法律规定，理应存在的合同条款。英美合同法称之为默示条款。它分为以下几种。

① 该条款是实现合同目的及作用所必不可少的，只有推定其存在，合同才能达到目的及实现其功能。

② 该条款对于经营习惯来说是不言而喻的，即它的内容实际上是公认的商业习惯或经营习惯。

如销售合同履行中的验货环节，即使合同条款中未予明确，按照商业惯例，卖方在提交标的物时，应由买方或第三方验货。

③ 该条款是合同当事人系列交易的惯有规则。

系列交易中的合同条款同样适用于后续交易活动，即使后续交易未明确予以规定。

④ 该条款实际上是某种特定的行业规则，即某些明示或约定俗成的交易规则在行业内具有了不言自明的默示效力。

⑤ 直接根据法律规定而成为合同的普通条款。

2.3.2 合同权利与合同义务

合同的内容，从合同关系的角度讲，是指合同权利和合同义务。他们主要由合同条款加以确定，有些则由法律规定而产生。

1. 合同权利

合同权利又称合同债权，是指债权人根据法律和合同的规定向债务人请求给付并予以保有的权利。

合同债权具有以下特征。

（1）合同债权是请求权。

权利体现为请求，而非支配，债权人在债务人给付之前，不能直接支配给付客体，也不能直接支配债务人的给付行为或人身，只能通过请求债务人履行来实现自己的权利。

如建设工程施工合同履行过程中，开发商作为债权人在工程尚未竣工交付之前，不能直接支配该工程，根据现行《建设工程施工合同（示范文本）》（GF—2017—0201）的规定，发包人中途占用尚未竣工的项目的，其造成的一切后果由发包人承担。

（2）合同债权是给付受领权。

权利的基本思想在于将某种利益在法律上归属某人，合同债权的本质内容就是有效地受领债务人的给付，将该给付归属于债权人。

（3）合同债权是相对权。

合同关系具有相对性，合同债权人仅得向合同债务人请求给付，无权向一般不特定人请求给付，因此，合同债权为相对权。

（4）合同债权具有平等性。

在同一客体之上存在数个债权时，各债权平等，不存在谁优先于谁的问题。在不能足额受偿时，应按债权比例平均受偿。

（5）合同债权具有执行力、依法自力实现、处分权能和保持力。

执行力是指债权人依生效判决，请求法院对债务人实施强制执行的效力。

依法自力实现，是指合同债权受到侵害或妨碍，情势急迫而又不能及时请示国家机关予以救济的情况下，债权自行救助，扣押债务人财产的效力。

处分权能是指债权人享有对债权本身的处分权，可放弃或转让债权等，作出对债权的有效处分行为。

保持力是指债务人自动或受法律的强制而提出给付时，债权人得保有该给付的效力。

2. 合同义务

合同义务包括给付义务和附随义务。给付义务又分为主给付义务与从给付义务。

（1）主给付义务。

主给付义务，简称主义务，是指合同关系所固有、必备，并用以决定合同类型的基本义务。

如买卖合同中，出卖人负有交付买卖物及转移其所有权的义务，买受人负有支付合同价款的义务，这两种义务均为主给付义务。

（2）从给付义务。

从给付义务，简称从义务。此类义务不具有独立意义，仅具有补助主给付义务的功能，其存在的目的不在于决定合同的类型，而在于确保债权人的利益能够获得最大满足。

从给付义务发生的原因可归纳为如下几个方面。

① 基于法律的明文规定。如《民法典》第 785 条规定：承揽人应当按照定作人的要求保守秘密，未经定作人许可，不得留存复制品或者技术资料。

② 基于当事人的约定。如 A 企业兼并 B 企业，约定 B 企业应提供全部客户关系资料。

③ 基于诚实信用原则。如汽车销售商应交付必要的用户手册等文件。

（3）附随义务。

附随义务是指随着合同关系的发展而不断形成的，它在任何合同关系中均可能发生，不局限于某一特定的合同类型。

同主给付义务不同，当不履行附随义务时，债权人原则上不得解除合同，但可就其所受损害，依不完全履行规定请求损害赔偿。而不履行主给付义务，债权人可解除合同。

如工程技术人员不得泄露公司开发新产品的技术秘密（保密义务）；出卖人在标的物交付前应妥善保管该物品（保管义务）；技术受让方应提供安装设备所必要的物质条件（协助义务）；等等。

2.3.3　合同形式

合同形式是合同当事人合意的表现形式。合同法律规定的合同形式有书面形式、口头形式和其他形式。法律和行政规章规定采用书面形式的，应采用书面形式。

1. 书面形式

书面形式是指以文字表现当事人所订立合同的形式。合同书、信件以及数据电文（包括电报、电传、传真、电子数据交换和电子邮件）等可以有形地表现所载内容的形式，均属于书面形式。

关于公证、鉴证、登记和审批是属于合同的书面形式范畴，还是合同的生效要件，我国法学界尚存在争议。目前较为一致的说法是：公证、鉴证、登记和审批不宜作为合同的生效要件，因为合同是当事人各方的合意，公证、鉴证、登记和审批则是当事人合意之外的因素，不属于合同成立要件的范畴，而属于效力评价领域。

2. 口头形式

口头形式是指当事人只用语言为意思表示订立合同，而不是用文字表述协议内容的形式。采用口头形式订立合同具有快速便捷的优点，其缺点是发生合同纠纷时难以举证。

3. 其他形式

除书面形式和口头形式之外，当事人还可以通过自己的行为成立合同。即当事人仅用行为向对方发出要约，对方接受该要约，做出一定或指定的行为作为承诺，合同即宣告成立。

2.4　合同的效力

2.4.1　合同生效与合同成立

1. 合同生效的概念

所谓合同生效，是指已经成立的合同在当事人之间产生了一定的法律拘束力，也就是通常所说的法律效力。

2. 合同成立与生效的区别

《民法典》第502条规定：依法成立的合同，自成立时生效。正是因为这一原因，我国法律和司法实践中，长期以来没有区分合同成立与生效的问题，也没有进一步区分合同的不成立和无效问题。

尽管合法的合同一旦成立便产生效力，但合同的成立与合同的生效仍然是两个不同的概念，应当在法律上严格区分。

所谓合同的成立，是指缔约当事人就合同的主要条款达成合意，但合同的成立只是解决了当事人之间是否存在合意的问题，并不意味着已经成立的合同都能产生法律拘束力，换言之，即使合同已经成立，如果不符合法律规定的生效要件，仍然不能产生法律效力。

合法合同从合同成立时起具有法律效力，而违法合同虽然成立但不会发生法律效力。由此可见，合同成立后并不是当然生效的，合同是否生效，主要取决于其是否符合国家的意志和社会公共利益。

2.4.2　合同的生效要件

已经成立的合同，必须具备一定的生效要件，才能产生法律拘束力，合同的生效要件是判断合同是否具有法律效力的标准。

合同的生效要件包括以下4个要件。

1. 行为人具有相应的民事行为能力

行为人具有相应的民事行为能力，通常又称为有行为能力原则或主体合格的原则。

由于任何合同都是以当事人的意思表示为基础的，并且以产生一定的法律效果为目的。因此，行为人必须具备正确地理解自己的行为性质和后果、独立地表达自己意思的能力。不具备相应的民事行为能力，就不能相应地独立进行意思表示，即使订立了合同也将会使自己遭受损失。因此，各国民法大都将行为人有无行为能力作为区别法律行为有效和无效的条件。如我国《民法典》第19条和第20条规定：8周岁以上的未成年人为限制民事行为能力人，实施民事法律行为由其法定代理人代理或者经其法定代理人同意、追认。不满8周岁的未成年人为无民事行为能力人，他们的民事活动需由其法定代理人代理实施民事法律行为。

2. 意思表示真实

所谓意思表示真实，是指表意人的表示行为应当真实地反映其内心的效果意思。

效果意思是指意思表示人欲使其表示内容引起法律上效力的内在意思要素，其在不同的国家又被称为"效力意思""法效意思""设立法律关系的意图"等。表示行为是指行为人将其内在意思以一定的方式表示于外部，并足以为外界所客观理解的要素。

意思表示真实要求表示行为应当与效果意思相一致。

在大多数情况下，行为人表示于外部的意思同其内心真实意思是一致的。但有时行为人作出的意思表示与其真实意思不相符合，例如：A 单位拟同 B 单位签订供货合同，因 B 单位产品价格过高，本不想签约，但迫于 B 单位的压力或威胁不得已而与之签订了供货合同。此种情况称为"非真实的意思表示""意思缺乏"或"意思表示不真实"。

一般以为，在意思表示不真实的情况下，一方面，不能仅以行为人表示于外部的意思为根据，而不考虑行为人的内心意思。如行为人在受胁迫、受欺诈的情况下作出的意思表示，与其真实意志完全不符。如果不考虑行为人的真实意志，而使其外部的意思表示有效，并认为因欺诈、胁迫等订立的合同有效，既不利于保护行为人的利益，也会纵容胁迫、欺诈等违法行为，而且会破坏法律秩序。另一方面，也不能仅以行为人的内心意思为依据，而不考虑行为人的外部表示。因为行为人的内心意思往往是局外人无从考察的，如果行为人随时以意思表示不真实为理由主张合同无效，就会使合同的效力随时受到影响，使对方当事人的利益受到损害。所以，在合同成立后，任何当事人都不能借口自己考虑不周、估计不足、不了解市场行情等原因而推翻合同效力。

合同一旦成立，就要在当事人之间产生拘束力，如果当事人是在被胁迫、受欺诈以及重大误解等法律规定的情况下作出的与其真实意思不符的意思表示，那么，根据法律规定，可以由人民法院或者仲裁机关依法撤销该行为，并根据情况追究过错的一方或双方当事人的责任。

3. 不违反法律和社会公共利益

不违反法律是指不违反法律和行政法规的强制性规定。不违反社会公共利益是指不违反公序良俗。

4. 合同必须具备法律所要求的形式

当事人可以选择合同所采用的形式，但如果法律对合同形式有特别规定的，应当遵守法律的规定。

法律、行政法规规定应当办理批准、登记手续生效的，依照其规定。

2.4.3 附条件和附期限合同

1. 附条件合同

附条件合同是指合同当事人在合同中约定一定的条件，并将条件的成立与否作为合同效力发生或消灭根据的合同。

附条件合同中所附条件应符合以下要求。

（1）条件必须是将来发生的事实，已发生的事实不能作为条件。

（2）条件是不确定的事实，其将来发生与否不能确定。不可能发生的或者必然发生的事实不能作为条件。

（3）条件是由当事人约定的事实，而非法律规定的条件。

（4）条件必须合法。违法或者违背社会公德的事实不能作为合同的条件。

（5）条件不得与合同的主要内容相矛盾。

2. 附期限合同

附期限合同是指当事人在合同中设定一定的期限，并把期限的到来作为合同效力发生或消灭根据的合同。

附期限合同和附条件合同不同，合同所附期限是必然到来的，而所附条件却是发生与否不确定的。

期限可分为始期和终期。

始期是合同效力发生的期限，又称生效期限。

终期是指合同效力终止的期限，又称解除期限。

建设工程施工合同中虽然附了合同工期，但它不属于附期限合同的范畴，因为合同工期不影响合同效力的发生或消灭。

2.4.4 效力待定合同

1. 效力待定合同的概念

效力待定合同是指虽已成立，但是否发生法律效力尚不确定的合同。

该类合同的效力处于悬而未决状态，它欠缺权利人的同意，经权利人追认方可自始有效，权利人拒绝追认，合同归于无效。

2. 效力待定合同的类型

效力待定合同主要包括以下3种类型。

（1）限制民事行为能力人订立的依法不能独立订立的合同。

（2）无权代理订立的合同。

（3）无权处分合同。

其中无权代理主要有以下几种情况。

① 根本无权代理。

② 授权行为无效的代理。

③ 超越代理权范围进行的代理。

④ 代理权消灭以后的代理。

无权处分合同是指无处分权人处分他人财产而订立的合同。无处分权人处分他人财产，经权利人追认或者无处分权人订立合同后取得处分权的，该合同有效。

2.4.5　无效合同

1. 无效合同的概念

无效合同是指欠缺合同生效要件，虽已成立却不能依当事人意思发生法律效力的合同。无效合同具有如下特征。

（1）无效合同的违法性。

（2）对无效合同的国家干预。

（3）无效合同具有不得履行性。

（4）无效合同自始无效。

2. 无效合同的范围

根据合同法律规定，无效合同的范围主要包括以下几种。

（1）一方以欺诈、胁迫的手段订立合同，损害国家利益。

（2）恶意串通、损害国家、集体或第三人利益。

（3）以合法形式掩盖非法目的。

（4）损害社会公共利益。

（5）违反法律、行政法规的强制性规定。

2.4.6　可撤销合同

1. 可撤销合同的概念和特征

可撤销合同，又称为可撤销、可变更的合同，它是指当事人在订立合同时，因意思表示不真实，法律允许撤销权人通过行使撤销权而使已经生效的合同归于无效。

例如，因重大误解而订立的合同，误解的一方有权请求法院撤销该合同。

可撤销合同与无效合同是不同的，其法律特征表现为以下几方面。

（1）可撤销合同主要是意思表示不真实的合同。

（2）必须由撤销权人主动行使撤销权，请求撤销合同。

（3）可撤销合同在未被撤销以前仍然是有效的。

（4）可撤销合同也可称为可变更、可撤销的合同，也就是说此类合同，撤销权人有权请求予以撤销，也可以不要求撤销，而仅要求变更合同的内容。

2. 撤销权的行使

撤销权通常由因意思表示不真实而受损害的一方当事人享有，如重大误解中的误解人、显失公平中的遭受重大不利的一方。

撤销权的行使，不一定必须通过诉讼的方式。如果撤销权人主动向对方作出撤销的意思表示，而对方未表示异议，则可以直接发生撤销合同的后果；如果对撤销问题，双方发生争议，则必须提起诉讼或仲裁，要求人民法院或仲裁机构予以裁决。

撤销权人有权提出变更合同，从鼓励交易的需要出发，合同法律规定：当事人请求变更的，人民法院或仲裁机构不得撤销。因此，请求变更的权利也是撤销权人享有的一项权利。

撤销权人必须在规定的期限内行使撤销权。《民法典》第 541 条规定：撤销权自债权人知道或者应当知道撤销事由之日起一年内行使。自债务人的行为发生之日起五年内没有行使撤销权的，该撤销权消灭。之所以规定撤销权的行使期限，是为了防止一些合同的效力长期处于不稳定状态，不利于社会经济秩序的稳定。

3. 可撤销合同的种类

可撤销合同通常包括以下 4 种类型。

（1）因重大误解订立的合同。

（2）在订立合同时显失公平的。

（3）因欺诈、胁迫而订立的合同。

（4）乘人之危订立的合同。

所谓重大误解，是指一方因自己的过错而对合同的内容等发生误解，订立了合同。误解直接影响到当事人所应享有的权利和承担的义务。误解既可以是单方面的误解，也可以是双方的误解。

显失公平的合同是指一方在订立合同时因情况紧迫或缺乏经验而订立的明显对自己有重大不利的合同。如某人投资额占全部投资的 80%，但利润的分配比例仅占 5%，显然这种合作合同是不公平的。

因欺诈、胁迫而订立的合同是指一方在订立合同时采用欺瞒诈骗或威逼强迫等手段订立的对合同另一方有重大不利的合同。

所谓乘人之危，是指行为人利用他人的为难处境或紧迫需要，强迫对方接受某种明显不公平的条件并作出违背其真实意志的意思表示。

2.4.7 合同被确认无效或被撤销的后果

合同被确认无效或被撤销的后果有两种，即返还财产和赔偿损失。

1. 返还财产

合同无效或者被撤销后，因该合同取得的财产，应当予以返还；不能返还或者没有必要返还的，应当折价补偿。

所谓返还财产，是指一方当事人在合同被确认无效或被撤销以后，对其已交付给对方的财产享有返还请求权，而已经接受对方交付的财产的一方当事人则负有返还对方的义务。

2. 赔偿损失

合同无效或者被撤销后，有过错的一方应当赔偿对方因此所受到的损失，双方都有过错的，应当各自承担相应的责任。

2.5 合同的履行

2.5.1 合同的履行概述

合同的履行是指债务人全面地、适当地完成其合同义务，债权人的合同债权得到完全实现。如交付约定的标的物，完成约定的工作并交付工作成果，提供约定的服务等。

合同的履行是合同法律效力的主要内容，而且是整个合同法律的核心。

合同的成立是合同履行的前提，合同的法律效力既含有合同履行之意，又是合同履行的依据和动力所在。合同担保是为了促使合同履行，保障债权实现的法律制度。合同的保全可以起到间接强制债务人履行合同的作用。

2.5.2 合同履行的原则

合同履行的原则是合同当事人在履行合同债务时所应遵循的基本准则。这些原则主要包括适当履行原则，协作履行原则和经济合理原则等。

1. 适当履行原则

适当履行原则，又称正确履行原则或全面履行原则，是指当事人按照合同规定的标的及其质量、数量，由适当的主体在适当的履行期限、履行地点以适当的履行方式，全面完成合同义务的履行原则。

适当履行与实际履行既有区别又有联系。实际履行强调债务人按照合同约定交付标的或者提供服务，至于交付的标的或提供的服务是否适当，则无力顾及。

适当履行既要求债务人实际履行，交付标的物或提供服务，也要求这些交付标的物、提供服务符合法律和合同的规定。

可见，适当履行必然是实际履行，而实际履行未必是适当履行，适当履行场合不会存在违约责任，实际履行不适当时则产生违约责任。

如建设工程施工合同履行过程中，实际履行通常仅限于指承包人完成预定的承包任务，向发包人交付已完工程。而适当履行则指承包人不仅要向发包人交付工程，而且交付的已完工程必须达到合同约定的质量等级，并且必须是在约定的工期之内交付。

2. 协作履行原则

协作履行原则，是指当事人不仅适当履行自己的合同债务，而且应基于诚实信用原则要求对方当事人协助其履行债务的履行原则。

一些特定类型的合同中，合同的履行无债权人的配合将无法进行，因此，要求当事人在履行合同中相互协作，共同促成合同目的的实现。

协助履行一般视为合同债权人的义务。

协作履行原则通常包括以下内容。

（1）债务人履行合同债务，债权人应适当受领给付。

（2）债务人履行债务，要求债务权人创造必要的条件，提供方便。

如建设工程工地周边居民关系的协调是债权人的一项重要义务，债权人应及时调处矛盾纠纷、处理突发事件。

（3）因故不能履行或不能完全履行时，应积极采取措施避免或减少损失，否则要就扩大的损失自负其责。

（4）发生合同纠纷时，应各自主动承担责任，不得推诿。

3. 经济合理原则

经济合理原则要求在履行合同时讲求经济效益，付出最小的成本以取得最佳的合同利益。

《民法典》第 591 条规定：当事人一方违约后，对方应当采取适当措施防止损失的扩大；没有采取适当措施致使损失扩大的，不得就扩大的损失要求赔偿。当事人因防止损失扩大所支出的合理费用，由违约方承担。

2.6 合同的保全

2.6.1 合同保全的概念

合同保全是指法律为防止因债务人财产的不当减少而给债权人的债权带来危害，允许债权人行使撤销权或代位权，以保护其债权的制度。

合同保全不同于合同担保。首先，合同保全的作用主要在于防止债务人责任财产的不当减少，而合同担保则是在于增加保障债权实现的责任财产的量，使第三人的财产也成为债权实现的保证，或者使债权人对特定的物享有物权，可通过物权的行使，使债权优先得到实现。其次，合同保全是基于法律的直接规定，债权人的撤销权、代位权，系债权的法定从权利，而合同的担保多基于当事人的约定而设立。另外，合同保全是债权效力的一部分，而合同担保多是在原债之外另行设定了担保之债。

合同保全一般具有以下法律特征。

（1）合同保全是合同相对性原则的例外。根据合同相对性原则，合同仅在合同当事人之间产生法律效力，合同当事人不可以依合同向第三人主张权利。但依合同保全制度，合同债权人却可以依其与债务人之间的合同，而取得对第三人的影响。可见，合同保全为合同相对性原则的例外。

（2）合同保全主要发生在合同生效期间。如果合同未成立、无效或已被撤销，则无合同保全的余地。

（3）合同保全的基本方法是确认债权人享有代位权和撤销权，这两种措施均在于防止债务人财产的不当减少，从而保障债权人债权的实现。

2.6.2 债权人的代位权

1. 代位权的概念

债权人代位权是指因债务人怠于行使其到期债权，对债权人债权造成损害，债权人可以向人民法院请求以自己的名义代位行使债务人债权的权利。

代位权具有以下法律特征。

（1）代位权是债权人代债务人之位向债务人的债务人主张权利，因此，债权人的债权对第三人产生了拘束力，此项权利为法定权利，随债的移转和消灭而移转和消灭。

（2）代位权是债权人以自己名义行使债务人的权利，代位权不同于代理权。代位权行使的目的在于保全自己的债权，增大自己债权实现的可能性。

（3）代位权是债权人请求第三人向债务人履行债务，而不是请求第三人向自己履行债务。

（4）代位权的行使必须向法院提起诉讼，其虽为一实体权利，但只能依诉行使。

2. 代位权行使的要件

代位权的行使应符合以下要件。

（1）债权人与债务人之间必须有合法的债权债务存在。

（2）债务人对第三人享有到期债权。代位权是债权人代债务人之位而行使其债权，当债务人的债权不存在时，无从代位。而在债务人的债权未到期时，也不能代位行使，因为此时债务人的债务人享有期限利益。

（3）债务人怠于行使其权利。所谓怠于行使，是指应当而且能够行使而不行使。应当行使指若不及时行使，权利就有可能超过诉讼时效等。所谓能够行使，是指不存在任何权利行使的障碍。如果债务人已积极向其债务人主张权利或已向法院提起了诉讼，但由于其债务人的原因而未能实现债权，则不属于怠于行使。

（4）债务人怠于行使权利的行为有害于债权人的债权。这主要是指债务人没有其他财产可供清偿，又不积极行使对第三人的债权，以获得财产来清偿自己的债务，从而危及债权人的债权实现。

（5）债权人代位行使的范围，应以保全债权的必要为限。代位权行使的目的在于保障债权的实现，因而代位权的行使不应超出这一目标范围，代位权的行使范围应以债权人的债权为限。

2.6.3 债权人的撤销权

1. 撤销权的概念

撤销权是指债权人针对债务人滥用其财产处分权而损害债权人的债权的行为，请求人民法院予以撤销的权利。

因债务人放弃其到期债权或者无偿转让财产，对债权人造成损害的，债权人可以请求人民法院撤销债务人的行为。债务人以明显不合理的低价转让财产，对债权人造成损害，并且受让人知道该情形的，债权人也可以请求人民法院撤销债务人的行为。

撤销权的行使范围以债权为限，债权人行使撤销权的必要费用由债务人承担，如诉讼费等。

2. 撤销权行使的构成要件

撤销权的行使必须符合客观要件和主观要件。

客观要件是指客观方面债务人实施了一定有害于债权人债权的行为。此类行为包括放弃到期债权、无偿转让财产和以明显不合理的低价转让财产。

主观要件是指债务人与第三人有恶意。恶意是指债务人知道或者应当知道其处分财产的行为将导致其无资产清偿债务，从而有害于债权人的债权，而仍然实施该行为。第三人的恶意指在债务人以明显不合理的低价转让该财产时，第三人知道债务人以明显不合理低价转让财产将对债权人造成损害。如果第三人不知道该情形的，则为善意。

2.7 合同变更与转让

2.7.1 合同变更

1. 合同变更概述

合同变更有广义和狭义之分。广义的合同变更包括合同内容的变更与合同主体的变更。合同内容的变更指当事人不变，合同权利义务发生改变。合同主体的变更指合同内容保持不变，仅债权人或债务人发生改变。狭义的合同变更仅指合同内容的变更。

2. 合同变更的效力

合同变更原则上在将来发生效力，未变更的权利义务继续有效，已经履行的债务不因合同的变更而丧失法律依据。

合同变更之后，当事人之间的权利义务须依变更后的合同加以确定。当事人履行合同是否符合条件，也须依变更后的合同加以判断。

2.7.2 合同转让

1. 合同转让概述

合同转让是指合同权利义务的转让，合同当事人一方将合同权利、义务全部或部分地转让给第三人。合同转让包括合同权利的转让、合同义务的转让及合同权利义务的概括转让。

合同转让具有以下法律特征。

（1）合同转让并不引起合同内容的变化。合同转让只是合同权利义务的归属方的变化，合同权利义务本身并没有发生变化。

（2）合同转让是合同主体的变化。合同转让是由第三人替代合同当事人一方成为合同当事人，即当事人一方退出合同或第三人进入合同关系。

（3）合同转让涉及原合同当事人双方之间的权利义务关系、转让人与受让人之间的权利义务关系。

2. 合同权利的转让

合同权利的转让是指合同债权人将其合同权利转让给第三人享有。如高速公路收费权的转让，就是一种典型的合同权利的转让。

债权人可以将合同的权利全部或者部分转让给第三人。在合同权利部分转让的情况下，受让的第三人加入合同关系，与原债权人共享债权，使原合同之债变为多数人之债。在合同权利全部转让的情况下，第三人取代原债权人而成为合同的新债权人，原债权人脱离合同关系。

3. 合同义务的转让

合同义务的转让是指不改变合同内容，债务人将其合同义务转移给第三人。

合同义务的转让可分为全部转移和部分转移，全部转移是指第三人受让债务而成为合同新的债务人，部分转移则是第三人受让部分债务而加入合同关系中。

4. 合同权利义务的概括转移

合同权利义务的概括转移，是指合同当事人一方将其合同权利义务一并转移给第三人。第三人取代原当事人成为合同的当事人，债的同一性不变。

合同权利义务的概括转移可基于法律的规定而发生，也可以基于当事人之间的合同行为而发生。合同权利义务的概括转移主要包括以下两种情形。

（1）合同承受。

合同承受是指合同一方当事人与第三人订立合同，并经对方当事人同意，将合同中的权利义务一并移转给第三人。非经对方当事人同意，不得将合同中的权利义务一并移转给第三人。

（2）企业合并。

企业合并是指两个或两个以上企业合并为一个企业。企业合并可导致合同主体的法定变更，即合同权利义务的概括转移。

当事人订立合同合并后的，由合并后的法人或者其他组织行使合同权利，履行合同义务。

2.8 违约责任

2.8.1 违约责任的概念和特征

违约责任是指合同当事人因违反合同义务而应承担的责任。

当事人一方不履行合同义务或者履行合同义务不符合约定的，应当承担继续履行、采取补救措施或者赔偿损失等违约责任。

违约责任具有以下法律特征。

（1）违约责任的产生是以合同当事人不履行合同义务为条件的。

（2）违约责任具有相对性。

合同关系的相对性决定了责任的相对性，违约责任只能在特定的当事人之间发生，合同之外的当事人不会成为违约责任的主体。

如甲乙之间订立了买卖合同，在甲尚未交付标的物之前，该标的物被丙损毁，致使甲不能向乙交付该标的物。此时，根据违约责任的相对性特征，甲仍然应向乙承担违约责任，而不得以标的物不能交付是因为第三人的侵权行为所致为由，要求免除违约责任。

（3）违约责任具有补偿性。

违约责任旨在补偿因违约行为所造成的损害，而不是一种惩罚手段，受害人不能因违约方承担责任而获得额外的补偿。一般情况下，当损失小于违约金时，仍按违约金执行；当损失大于违约金时，应补齐差额部分。

（4）违约责任可以由当事人约定。

违约责任具有一定的任意性，当事人可以在法律规定的范围内对违约责任作出事先的安排。当事人可以约定一方违约时应当根据违约情况向对方支付一定数额的违约金，也可以约定因违约产生的损害赔偿额的计算方法。

（5）违约责任是民事责任的一种形式。

民事责任根据其违反义务的性质不同，可分为违约责任和侵权责任。因此，违约责任是我国民事责任制度的组成部分。

2.8.2　违约责任的构成要件

违约责任的构成要件是指当事人应具备何种条件才应承担违约责任。

违约责任的一般构成要件包括以下内容。

（1）违约行为。

（2）不存在法定和约定的免责事由。

只有这两个要件同时成立，才可以构成违约责任。

因不可抗力不能履行合同的，根据不可抗力的影响，部分或全部免除责任，但法律另有规定的除外。当事人迟延履行后发生不可抗力的，不能免除责任，这里的不可抗力即为法定的免责事由。

除了上述法定的免责事由外，当事人如果约定有免责事由，那么当此免责事由发生时，当事人也可以不承担违约责任。

2.8.3　免责事由

法定的或约定的免除当事人责任的事由，称为免责事由。

不可抗力是一种最典型的免责事由。

所谓不可抗力，是指不可预见、不能避免、不能克服的客观情况。不可抗力具有以下主要特征。

（1）不可预见性。判断是否可以预见须以一般人的预见能力及现有的科学技术水平作为能否预见的标准。

（2）不能避免和不能克服性。

不可抗力主要包括以下几种情况。

（1）自然灾害。如地震、台风、洪水等。

（2）政府行为。这主要是指当事人订立合同以后，政府颁布新的政策、法规和实施行政措施而导致合同不能履行。

（3）社会异常现象。如罢工、骚乱等。

因不可抗力不能履行合同的，根据不可抗力的影响，部分或者全部免除责任，但法律另有规定的除外。当事人迟延履行后发生不可抗力的，不能免除责任。

2.8.4 实际履行与损害赔偿

实际履行是指一方违反合同时，另一方有权要求其依据合同的规定继续履行。

损害赔偿是指违约方对因其不履行或不完全履行合同义务而给对方造成损失所应承担的赔偿责任。

损害赔偿与其他补救方式的区别如下。

（1）损害赔偿与实际履行。

实际履行是实现合同目的的有效方式，而损害赔偿不能使合同目的实现，只是为当事人所遭受的损失提供补偿。两者可以并行使用。

（2）损害赔偿与支付违约金。

损害赔偿以损失存在为构成要件。但违约责任不需要损失存在。如工程质量未达到合同约定的评定标准，经承包人整改后仍可以交付使用，对建设单位不会造成直接经济损失。但建设工程一次交验不合格，属承包人的违约行为，应当支付违约金。

违约金与损害赔偿也可以并行使用，当违约金不足以弥补损失时，还应赔偿损失。

损害赔偿应遵循完全赔偿原则。所谓完全赔偿原则，是指因违约而使受害人遭受的全部损失都应当由违约方赔偿。当事人一方不履行合同义务或者履行合同义务不符合约定，给对方造成损失的，损失赔偿额应相当于因违约所造成的损失，包括合同履行后可以获得的收益。

损失赔偿额可按下式计算：

$$损失赔偿额 = 直接经济损失 + 间接经济损失$$

式中，间接经济损失包括合同正常履行后的预期收益，即利润损失。

2.8.5 违约金责任和定金责任

违约金是指由当事人通过协商预先确定的在违约发生后作出的独立于履行行为之外的给付。

违约金具有以下法律特征。

（1）违约金是由当事人协商确定的。

（2）违约金的数额是预先确定的。

（3）违约金是一种违约后生效的责任方式。

定金是指合同当事人为了确保合同的履行，由一方预先给付另一方一定数额的金钱或其他物品。

定金具有以下法律特征。

（1）定金在性质上属于违约定金，适用于债务不履行的行为。

（2）定金责任是一种独立于其他责任形式的责任方式。给付定金的一方不履行合同的，无权要求返还定金，接受定金的一方不履行合同的，应当双倍返还定金。

（3）从性质上看，定金合同具有从合同的性质。

一般情况下，定金的数额不得超过主合同标的额的 20%。

习　题

1．简述我国合同法律的调整对象与立法宗旨。

2．简述《民法典》合同与原合同法在结构体系上的区别。

3．简述合同成立的基本要件。

4．简述合同的基本形式。

5．简述合同生效的基本原则。

6．简述合同履行的原则。

7．简述合同保全的基本方法。

8．简述无效合同的概念及其法律特征。

9．简述违约责任的法律特征。

10．简述不可抗力的概念及其特征。

11．简述合同变更的概念及其效力。

12．简述合同转让的概念及其法律特征。

第3章
建设工程施工合同

教学提示

建设工程施工合同（简称施工合同）是建设工程领域所有合同中最重要、影响最大的合同。本章介绍了施工合同的特点、示范文本的基本内容，并从合同条款的角度出发，对建设工程施工合同管理中双方的权利和义务作出解释。重点介绍了施工合同文本与合同文件的组成及解释顺序，施工合同中双方的工作，进度控制、质量控制、投资控制的条款，不可抗力、施工索赔、争议解决等管理性内容。

教学要求

本章要求学生重点掌握《建设工程施工合同（示范文本）》的组成、构成建设工程施工合同的文件及优先解释顺序，建设工程施工合同通用合同条款的主要内容。

3.1 概　　述

3.1.1　建设工程施工合同的概念

建设工程施工合同是发包人与承包人之间为完成商定的建设工程项目施工任务，确定双方权利和义务达成的协议。

施工合同是建设工程的主要合同，是工程建设质量控制、进度控制、投资控制的主要依据。在市场经济条件下，建设市场主体之间相互的权利义务关系主要是通过合同确立的，因此，在建设领域加强对施工合同的管理具有十分重要的意义。

施工合同的当事人是发包人和承包人，双方是平等的民事主体。承发包双方签订施工合同，特别是施工承包人必须具备相应资质条件和履行施工合同的能力。对合同范围内的工程实施建设时，发包人必须具备组织协调能力；承包人必须具备有关部门核定的资质等级并持有营业执照等证明文件。

3.1.2 建设工程施工合同的特点

1. 合同标的的特殊性

施工合同的标的是施工承包人为各类建筑产品提供的施工服务行为。建筑产品是不动产，这就决定了每个施工合同的标的都是特殊的，相互间具有不可替代性。

2. 合同履行期限的长期性

建筑产品的施工由于结构复杂、体积大、建筑材料类型多、工作量大，使得工期都较长，而合同履行期限肯定要长于施工工期，因为工程建设的施工应当在合同签订后才开始，且需加上合同签订后到正式开工前的一个较长的施工准备时间和工程全部竣工验收后，办理竣工结算及保修期的时间，在工程的施工过程中，还可能因为不可抗力、工程变更、材料供应不及时等原因而导致工期顺延。所有这些情况，决定了施工合同的履行期限具有长期性。同时由于合同变更较频繁，合同争议和纠纷也比较多。

3. 合同内容的多样性和复杂性

虽然施工合同的当事人只有两方，但其涉及的关系却有许多种。与大多数合同相比较，施工合同的履行期限长、标的额大，涉及的法律关系则包括了劳动关系、保险关系、运输关系等，具有多样性和复杂性。这就要求施工合同的内容尽量详尽、具体、明确和完整。

4. 合同监督的严格性

由于施工合同的履行对国家的经济发展、公民的工作和生活都有重大的影响，因此，国家对施工合同的监督是十分严格的。具体体现在以下几个方面。

（1）监督机构的多重性。负责监督建设工程施工合同履行的部门繁多，涉及工商行政管理部门、建设主管部门、合同双方的上级主管部门以及负责工程款支付的银行、解决纠纷的仲裁机构或法院，还有税务、审计部门及合同公证机关等多个机构和部门。多重机构的监管从合同履行的不同方面分别实施自己的职权，保证施工合同履行过程的合法性与合理性。

（2）监督内容的多样性。建设工程施工合同的内容涉及国家的法律、法规、地方行政管理办法、地区定额、企业定额及相应的预算价格、取费标准、调价办法等，还涉及监理单位、分包人、材料设备供应商、保险公司等多个履行单位，因此，合同条款所涉及的内容相当繁杂。如我国的《建设工程施工合同（示范文本）》（GF—2017—0201）通用合同条款就有20条共117款。

（3）履行过程的严格性。在施工合同的履行过程中，所有的工程计量、合同变更、现场签证和工程款的支付等都有其严格的申报和审核程序，必须以书面形式进行，并依照合同的相关规定执行。

❓ 特别提示

本章所涉合同条款均为《建设工程施工合同（示范文本）》（GF—2017—0201）中的对应条款。

3.1.3 建设工程施工合同的类型

1. 根据合同所包括的工程或工作范围划分

建设工程施工合同按合同所包括的工程或工作范围可以划分为以下3种。

（1）施工总承包，即承包人承担一个工程的全部施工任务，包括土建、水电安装、设备安装等。

（2）专业承包，即单位工程施工承包和特殊专业工程施工承包。单位工程施工承包是最常见的工程承包合同，包括土木工程施工合同、电气与机械工程承包合同等。在实际中，发包人可以将专业性很强的单位工程分别委托给不同的承包人，这些承包人之间为平行关系。例如管道工程、土方工程、桩基础工程等。但在我国不允许将一个工程肢解成分项工程分别承包。

（3）分包合同。它是施工承包合同的分合同。承包人将施工承包合同范围内的一些工程或工作委托给另外的承包人来完成，他们之间签订分包合同。

2. 根据合同的计价方式划分

建设工程施工合同按合同的计价方式可以划分为单价合同、总价合同和成本加酬金合同三种方式。

（1）单价合同。

单价合同是指合同当事人约定以工程量清单及其综合单价进行合同价格计算、调整和确认的建设工程施工合同，在约定的范围内合同单价不做调整。合同当事人应在专用合同条款中约定综合单价包含的风险范围和风险费用的计算方法，并约定风险范围以外的合同价格的调整方法，其中因市场价格波动引起的调整按《建设工程施工合同（示范文本）》通用合同条款第11.1款【市场价格波动引起的调整】约定执行。

（2）总价合同。

总价合同是指合同当事人约定以施工图、已标价工程量清单或预算书及有关条件进行合同价格计算、调整和确认的建设工程施工合同，在约定的范围内合同总价不做调整。合同当事人应在专用合同条款中约定总价包含的风险范围和风险费用的计算方法，并约定风险范围以外的合同价格的调整方法，其中因市场价格波动引起的调整按《建设工程施工合同（示范文本）》通用合同条款第11.1款【市场价格波动引起的调整】约定执行，因法律变化引起的调整按《建设工程施工合同（示范文本）》通用合同条款第11.2款【法律变化引起的调整】约定执行。

（3）成本加酬金合同。

成本加酬金合同是由发包人向承包人支付工程项目的实际成本，并按事先约定的某一种方式支付酬金的合同类型。合同价款包括成本和酬金两部分，合同双方应在专用条件中约定成本构成和酬金的计算方法。按酬金的不同计算方法又可分为成本加固定百分比酬金合同、成本加固定酬金合同、成本加浮动酬金合同和目标成本加奖罚合同4种类型。

3.1.4 建设工程施工合同的订立

1. 订立施工合同应具备的条件

（1）初步设计已经批准。

（2）工程项目已经列入年度建设计划。

（3）有能够满足施工需要的设计文件和有关技术资料。

（4）建设资金和主要建筑材料设备来源已经落实。

（5）对于招投标工程，中标通知书已经下达。

2. 订立施工合同应当遵守的原则

（1）遵守国家法律法规原则。

国家立法机关、国务院、国家建设行政管理部门都十分重视施工合同的规范工作，也有许多涉及建设工程施工合同的强制性管理规定，这些法律、法规、规定是我国建设工程施工合同订立和管理的依据。

建设工程施工对经济发展、生活环境产生多方面的影响。订立施工合同的当事人，必须遵守国家法律、法规，必须遵守国家强制性规定，也应遵守国家的建设计划和其他计划（如贷款计划）。

（2）平等、自愿、公平的原则。

签订施工合同当事人双方都具有平等的法律地位，任何一方都不得强迫对方接受不平等的合同条件。合同内容应当是双方当事人真实意思的体现，合同内容还应当公平，不能单纯损害一方的利益。对于显失公平的施工合同，当事人一方有权决定是否订立合同和合同内容，有权申请人民法院或仲裁机构予以变更或撤销。

（3）诚实信用的原则。

当事人订立施工合同应该诚实信用，不得有欺诈行为，双方应当如实将自身和工程的情况介绍给对方。在施工合同履行过程中，当事人也应恪守信用，严格履行合同。

3. 订立施工合同的程序

施工合同的订立同样包括要约和承诺两个阶段。其订立方式有直接发包和招标发包两种。对于必须进行招标的建设项目，工程建设的施工都应通过招标投标确定承包人。中标通知书发出后，中标人应当与招标人及时签订合同。《招标投标法》规定：招标人和中标人应当自中标通知书发出之日起 30 天内，按照招标文件和中标人的投标文件订立书面合同。招标人和中标人不得另行订立背离合同实质性内容的其他协议。

3.2 《建设工程施工合同（示范文本）》简介

3.2.1 《建设工程施工合同（示范文本）》概述

为了指导建设工程施工合同当事人的签约行为，维护合同当事人的合法权益，依据原《中华人民共和国合同法》（以下简称《合同法》）、《中华人民共和国建筑法》（以下简称《建筑法》）、《中华人民共和国招标投标法》以及相关法律法规，中华人民共和国住房和城乡建设部、国家工商行政管理总局对《建设工程施工合同（示范文本）》（GF—2013—0201）进行了修订，制定了《建设工程施工合同（示范文本）》（GF—2017—0201）（以下简称《2017版施工合同》）。《2017版施工合同》为非强制性使用文本，适用于房屋建筑工程、土木工程、线路管道和设备安装工程、装修工程等建设工程的施工承发包活动；合同当事人可结合建设工程具体情况，根据《2017版施工合同》订立合同，并按照法律法规规定和合同约定承担相应的法律责任及合同权利义务。

《2017版施工合同》由合同协议书、通用合同条款、专用合同条款三部分组成，并附有11个附件供合同双方选用。

1. 合同协议书

合同协议书是《2017版施工合同》中总纲性的文件，是发包人与承包人依照原《合同法》《建筑法》及其他有关法律、行政法规，遵循平等、自愿、公平和诚实信用的原则，就建设工程施工中最重要的事项协商一致而订立的协议。

合同协议书主要包括以下13个方面的内容。

（1）工程概况。主要包括工程名称、工程地点、工程内容、工程立项批准文号、资金来源、工程承包范围等。

（2）合同工期。包括开工日期、竣工日期、合同工期总日历天数。

（3）质量标准。

（4）签约合同价和合同价格形式。

（5）项目经理。

（6）合同文件构成。

（7）承诺。具体内容如下。

① 发包人承诺按照法律规定履行项目审批手续、筹集工程建设资金并按照合同约定的期限和方式支付合同价款。

② 承包人承诺按照法律规定及合同约定组织完成工程施工，确保工程质量和安全，不进行转包及违法分包，并在缺陷责任期及保修期内承担相应的工程维修责任。

③ 发包人和承包人通过招投标形式签订合同的，双方理解并承诺不再就同一工程另行签订与合同实质性内容相背离的协议。

（8）词语含义。协议书中词语含义与第二部分通用合同条款中赋予的含义相同。

（9）签订时间。

（10）签订地点。

（11）补充协议。

（12）合同生效。包括合同订立时间（年、月、日）、合同订立地点、本合同双方约定的生效的时间。

（13）合同份数。由双方协商决定。

2. 通用合同条款

通用合同条款是根据原《合同法》《建筑法》《建设工程施工合同管理办法》等法律、法规，对承发包双方的权利义务作出一般性规定，除双方协商一致对其中的某些条款作出修改、补充或取消外，其余条款双方都必须履行。它是将建设工程施工合同中共性的一些内容抽出来编写的一份完整的合同文件。通用合同条款具有很强的通用性，基本适用于各类建设工程。

通用合同条款共计20条。

（1）一般约定。

（2）发包人。

（3）承包人。

（4）监理人。

（5）工程质量。

（6）安全文明施工与环境保护。

（7）工期和进度。

（8）材料与设备。

（9）试验与检验。

（10）变更。

（11）价格调整。

（12）合同价格。

（13）计量与支付。

（14）验收和工程试车。

（15）竣工结算。

（16）缺陷责任与保修。

（17）违约。

（18）不可抗力。

（19）保险。

（20）索赔和争议解决。

条款安排既考虑了现行法律法规对工程建设的有关要求，也考虑了建设工程施工管理的特殊需要。

3．专用合同条款

考虑到建设工程的内容各不相同，工期、造价也随之变动，承包人、发包人各自的能力、施工现场的环境也不相同，通用合同条款不能完全适用于各个具体工程，因此配之以专用合同条款对其做必要的修改和补充，使通用合同条款和专用合同条款共同成为双方统一意愿的体现。专用合同条款是对通用合同条款原则性约定的细化、完善、补充、修改或另行约定的条款。合同当事人可以根据不同建设工程的特点及具体情况，通过双方的谈判、协商对相应的专用合同条款进行修改补充。在使用专用合同条款时，应注意以下事项。

（1）专用合同条款的编号应与相应的通用合同条款的编号一致。

（2）合同当事人可以通过对专用合同条款的修改，满足具体建设工程的特殊要求，避免直接修改通用合同条款。

（3）在专用合同条款中有横道线的地方，合同当事人可针对相应的通用合同条款进行细化、完善、补充、修改或另行约定；如无细化、完善、补充、修改或另行约定，则填写"无"或划"/"。

4．附件

《2017版施工合同》的附件则是对施工合同当事人的权利、义务的进一步明确，并且使得施工合同当事人的有关工作一目了然，便于执行和管理。

3.2.2 《建设工程施工合同》文件的组成

除《2017版施工合同》通用合同条款、专用合同条款另有约定外，《建设工程施工合同》一般由下列文件组成。

（1）合同协议书。

（2）中标通知书（如果有）。

（3）投标函及其附录（如果有）。

（4）专用合同条款及其附件。

（5）通用合同条款。

（6）技术标准和要求。

在专用合同条款中一般约定如下。

① 适用的我国国家标准、规范的名称。

② 没有国家标准、规范但有行业标准、规范的，则约定适用行业标准、规范的名称。

③ 没有国家和行业标准、规范的，则约定适用工程所在地的地方标准、规范的名称。发包人应按专用条款约定的时间向承包人提供一式两份约定的标准、规范。

④ 国内没有相应标准、规范的，由发包人按专用条款约定的时间向承包人提出施工技术要求，承包人按约定的时间和要求提出施工工艺，经发包人认可后执行。

⑤ 若发包人要求使用国外标准、规范的，应负责提供中文译本。所发生的购买和翻译标准、规范或制定施工工艺的费用，由发包人承担。

（7）图纸。

图纸指由发包人提供或由承包人提供并经发包人批准，满足承包人施工需要的所有图纸（包括配套说明和有关资料）。发包人应按专用合同条款约定的日期和套数，向承包人提供图纸。承包人需要增加图纸套数的，发包人应代为复制，复制费用由承包人承担。若发包人对工程有保密要求的，应在专用合同条款中提出，保密措施费用由发包人承担，承包人在约定保密期限内履行保密义务。承包人未经发包人同意，不得将本工程图纸转给第三人。工程质量保修期满后，除承包人存档需要的图纸外，应将全部图纸退还给发包人。承包人应在施工现场保留一套完整图纸，供工程师及有关人员进行工程检查时使用。

（8）已标价工程量清单或预算书。

（9）其他合同文件。

合同履行中，双方有关工程的洽商、变更等书面协议或文件视为本合同的组成部分，在不违反法律和行政法规的前提下，当事人可以通过协商变更合同的内容，这些变更的协议或文件的效力高于其他合同文件，且后签署的协议或文件效力高于先签署的协议或文件。

当合同文件内容含糊不清或不相一致时，在不影响工程正常进行的情况下，由发包人、承包人协商解决，双方也可以提请负责监理的工程师作出解释。双方协商不成或不同意负责监理的工程师的解释时，按有关争议的约定处理。

合同正本一式两份，具有同等效力，由合同双方分别保存一份。副本份数，由双方根据需要在专用合同条款内约定。

3.2.3 词语定义

为规范合同履行,防止或减少歧义的产生,《2017版施工合同》对合同中的一些词语做了定义。主要词语定义如下。

1. 合同

(1)图纸:是指构成合同的图纸,包括由发包人按照合同约定提供或经发包人批准的设计文件、施工图、鸟瞰图、模型等,以及在合同履行过程中形成的图纸文件。图纸应当按照法律规定审查合格。

(2)已标价工程量清单:是指构成合同的由承包人按照规定的格式和要求填写并标明价格的工程量清单,包括说明和表格。

(3)预算书:是指构成合同的由承包人按照发包人规定的格式和要求编制的工程预算文件。

(4)其他合同文件:是指经合同当事人约定的与工程施工有关的具有合同约束力的文件或书面协议。合同当事人可以在专用合同条款中进行约定。

2. 合同当事人及其他相关方

(1)合同当事人:是指发包人和(或)承包人。

(2)发包人:是指与承包人签订合同协议书的当事人及取得该当事人资格的合法继承人。

(3)承包人:是指与发包人签订合同协议书的,具有相应工程施工承包资质的当事人及取得该当事人资格的合法继承人。

(4)监理人:是指在专用合同条款中指明的,受发包人委托按照法律规定进行工程监督管理的法人或其他组织。

(5)设计人:是指在专用合同条款中指明的,受发包人委托负责工程设计并具备相应工程设计资质的法人或其他组织。

(6)分包人:是指按照法律规定和合同约定,分包部分工程或工作,并与承包人签订分包合同的具有相应资质的法人。

(7)发包人代表:是指由发包人任命并派驻施工现场在发包人授权范围内行使发包人权利的人。

(8)项目经理:是指由承包人任命并派驻施工现场,在承包人授权范围内负责合同履行,且按照法律规定具有相应资格的项目负责人。

(9)总监理工程师:是指由监理人任命并派驻施工现场进行工程监理的总负责人。

3. 工程和设备

(1)工程:是指与合同协议书中工程承包范围对应的永久工程和(或)临时工程。

(2)永久工程:是指按合同约定建造并移交给发包人的工程,包括工程设备。

(3)临时工程:是指为完成合同约定的永久工程所修建的各类临时性工程,不包括施工设备。

(4)单位工程:是指在合同协议书中指明的,具备独立施工条件并能形成独立使用功能的永久工程。

（5）工程设备：是指构成永久工程的机电设备、金属结构设备、仪器及其他类似的设备和装置。

（6）施工设备：是指为完成合同约定的各项工作所需的设备、器具和其他物品，但不包括工程设备、临时工程和材料。

（7）施工现场：是指用于工程施工的场所，以及在专用合同条款中指明作为施工场所组成部分的其他场所，包括永久占地和临时占地。

（8）临时设施：是指为完成合同约定的各项工作所服务的临时性生产和生活设施。

（9）永久占地：是指专用合同条款中指明为实施工程需永久占用的土地。

（10）临时占地：是指专用合同条款中指明为实施工程需要临时占用的土地。

4. 日期和期限

（1）开工日期：包括计划开工日期和实际开工日期。计划开工日期是指合同协议书约定的开工日期；实际开工日期是指监理人按照本通用合同条款第 7.3.2 项【开工通知】约定发出的符合法律规定的开工通知中载明的开工日期。

（2）竣工日期：包括计划竣工日期和实际竣工日期。计划竣工日期是指合同协议书约定的竣工日期；实际竣工日期按照本通用合同条款第 13.2.3 项【竣工日期】约定确定。

（3）工期：是指在合同协议书约定的承包人完成工程所需的期限，包括按照合同约定所作的期限变更。

（4）缺陷责任期：是指承包人按照合同约定承担缺陷修复义务，且发包人预留质量保证金的期限，自工程实际竣工日期起计算。

（5）保修期：是指承包人按照合同约定对工程承担保修责任的期限，从工程竣工验收合格之日起计算。

（6）基准日期：招标发包的工程以投标截止日前 28 天的日期为基准日期，直接发包的工程以合同签订日前 28 天的日期为基准日期。

（7）天：除特别指明外，均指日历天。合同中按天计算时间的，开始当天不计入，从次日开始计算，期限最后一天的截止时间为当天 24:00。

5. 合同价格和费用

（1）签约合同价：是指发包人和承包人在合同协议书中确定的总金额，包括安全文明施工费、暂估价及暂定金额等。

（2）合同价格：是指发包人用于支付承包人按照合同约定完成承包范围内全部工作的金额，包括合同履行过程中按合同约定发生的价格变化。

（3）费用：是指为履行合同所发生的或将要发生的所有必需的开支，包括管理费和应分摊的其他费用，但不包括利润。

（4）暂估价：是指发包人在工程量清单或预算书中提供的用于支付必然发生但暂时不能确定价格的材料、工程设备的单价、专业工程以及服务工作的金额。

（5）暂定金额：是指发包人在工程量清单或预算书中暂定并包括在合同价格中的一笔款项，用于工程合同签订时尚未确定或者不可预见的所需材料、工程设备、服务的采购，施工中可能发生的工程变更、合同约定调整因素出现时的合同价格调整以及发生的索赔、现场签证确认等的费用。

（6）计日工：是指合同履行过程中，承包人完成发包人提出的零星工作或需要采用计日工计价的变更工作时，按合同中约定的单价计价的一种方式。

3.3 《建设工程施工合同（示范文本）》内容

3.3.1 施工准备阶段主要内容

1. 进度控制主要内容

 导读案例 3-1

《建设工程施工合同（示范文本）》（GF—2017—0201）

A公司修建一栋综合楼，经过招投标确定了B公司作为承包人，并于2017年8月10日签订了施工合同，约定开工日期为10月10日，开工前一个月，发包人提供技术资料和设计图纸，并解决用水用电等前期问题；工程造价800万元，A公司预付200万元，余款验收合格后一次性付清。承包人B公司在2018年12月20前交付工程，保修期5年。合同签订后，A公司依约将技术资料和设计图纸交给了B公司，但水电问题迟至2017年11月20日才解决，致使B公司比原定开工日期延迟一个月才开工，直接经济损失5万元。

（1）合同双方约定合同工期。

工期指约定的内容包括开工日期、竣工日期和合同工期的总日历天数。合同工期按总日历天数计算，包括法定节假日在内的承包天数。合同当事人应当在开工日期前做好一切开工的准备工作，承包人则应当按约定的开工日期开工。工程竣工验收通过，以承包人送交竣工验收报告的日期为实际竣工日期。当事人对建设工程实际竣工日期有争议的，按照以下情形分别处理。

① 建设工程经竣工验收合格的，以竣工验收合格之日为竣工日期。

② 承包人已经提交竣工验收报告，发包人拖延验收的，以承包人提交验收报告之日为竣工日期。

③ 建设工程未经竣工验收，发包人擅自使用的，以转移占有建设工程之日为竣工日期。

对于群体工程，双方应在合同附件中具体约定不同单位工程的开工日期和竣工日期。对于大型、复杂的工程项目，除了约定整个工程的开、竣工日期和合同工期的总日历天数外，还应约定重要里程碑事件的开、竣工日期，以确保工期总目标的顺利实现。

（2）发包人许可或批准。

发包人应遵守法律，并办理法律规定由其办理的许可、批准或备案，包括但不限于建设用地规划许可证、建设工程规划许可证、建设工程施工许可证、施工所需临时用水、临时用电、中断道路交通、临时占用土地等许可和批准。发包人应协助承包人办理法律规定的有关施工证件和批件。

除专用合同条款另有约定外，发包人应最迟于开工日期 7 天前向承包人移交施工现场。

因发包人原因未能及时办理完毕前述许可、批准或备案，由发包人承担由此增加的费用和（或）延误的工期，并支付承包人合理的利润。

（3）承包人提交进度计划。

除专用合同条款另有约定外，承包人应在合同签订后 14 天内，但至迟不得晚于《施工合同示范文本》第 7.3.2 项〔开工通知〕载明的开工日期前 7 天，向监理人提交详细的施工组织设计，并由监理人报送发包人。

（4）监理人对进度计划予以确认或者提出修改意见。

发包人和监理人接到承包人提交的进度计划后，应当予以确认或者提出修改意见。除专用合同条款另有约定外，发包人和监理人应在监理人收到施工组织设计后 7 天内确认或提出修改意见。如果逾期不确认也不提出书面意见，则视为已经同意。

（5）其他准备工作。

在开工前，合同双方还应当做好其他各项准备工作。如发包人应当按照专用合同条款的规定使施工现场具备施工条件、开通施工现场与公共道路，承包人应当做好施工人员和设备的调配工作。工程师需要做好水准点与坐标控制点的校验。为了能够按时向承包人提供图纸，工程师需要做好协调工作，组织图纸会审和设计交底等。

（6）开工通知。

发包人应按照法律规定获得工程施工所需的许可。经发包人同意后，监理人发出的开工通知应符合法律规定。监理人应在计划开工日期 7 天前向承包人发出开工通知，工期自开工通知中载明的开工日期起算。

除专用合同条款另有约定外，因发包人原因造成监理人未能在计划开工日期之日起 90 天内发出开工通知的，承包人有权提出价格调整要求，或者解除合同；发包人未能在计划开工日期之日起 7 天内同意下达开工通知的，发包人应当承担由此增加的费用和（或）延误的工期，并向承包人支付合理利润。

 案例导读 3-1 回放

按照《2017 版施工合同》通用合同条款第 2.4.4 项和《民法典》第 803 条规定："发包人未按约定的时间和要求提供原材料、设备、场地、资金、技术资料等的，承包人可以顺延工程日期，并有权请求赔偿停工、窝工等损失及合理的利润"。本案中，A 公司未按合同约定在开工前一个月解决水电问题，致使 B 公司停工，延误工期一个月并损失 5 万元，应当承担赔偿责任。

2. 质量控制主要内容

施工准备阶段合同的质量控制涉及许多方面内容，任何一个方面的缺陷和疏漏都会使工程质量无法达到预期的标准。

（1）工程质量标准。

施工中所采用的施工和验收标准，都必须在签订施工合同时予以确定，不同的标准，对应不同的施工质量，当然也对应不同的工程造价。工程质量应当达到协议书约定的质量标准，质量标准以国家或者专业的质量验收标准为依据。因承包人原因导致工程质量达不到约定的质量标准，由承包人承担违约责任。有关工程质量的特殊标准或要求由合同当事人在专用合同条款中约定，对工期有影响的应相应顺延工期。

（2）标准、规范和图纸。

① 合同适用标准、规范。

建设工程施工的技术要求和方法即为强制性标准，施工合同当事人必须执行。双方应当在专用合同条款中约定适用标准、规范的名称。发包人应当按照专用合同条款约定的时间向承包人提供一式两份约定的标准、规范。国内没有相应的标准、规范时，可以由合同当事人约定工程适用的标准。

② 图纸。

建设工程施工应当按照图纸进行。

根据本通用合同条款第 1.6.1 项【图纸的提供和交底】规定，发包人应按照专用合同条款约定的期限、数量和内容向承包人免费提供图纸，并组织承包人、监理人和设计人进行图纸会审和设计交底。发包人至迟不得晚于本通用合同条款第 7.3.2 项〔开工通知〕载明的开工日期前 14 天向承包人提供图纸。

因发包人未按合同约定提供图纸导致承包人费用增加和（或）工期延误的，按照本通用合同条款第 7.5.1 项〔因发包人原因导致工期延误〕约定办理。

根据本通用合同条款第 1.6.2 项【图纸的错误】规定，承包人在收到发包人提供的图纸后，发现图纸存在差错、遗漏或缺陷的，应及时通知监理人。监理人接到该通知后，应附具相关意见并立即报送发包人，发包人应在收到监理人报送的通知后的合理时间内作出决定。合理时间是指发包人在收到监理人的报送通知后，尽其努力且不懈怠地完成图纸修改补充所需的时间。

根据本通用合同条款第 1.6.3 项【图纸的修改和补充】规定，图纸需要修改和补充的，应经图纸原设计人及审批部门同意，并由监理人在工程或工程相应部位施工前将修改后的图纸或补充图纸提交给承包人，承包人应按修改或补充后的图纸施工。

根据本通用合同条款第 1.6.4 项【承包人文件】规定，承包人应按照专用合同条款的约定提供应当由其编制的与工程施工有关的文件，并按照专用合同条款约定的期限、数量和形式提交监理人，并由监理人报送发包人。

除专用合同条款另有约定外，监理人应在收到承包人文件后 7 天内审查完毕，监理人对承包人文件有异议的，承包人应予以修改，并重新报送监理人。监理人的审查并不减轻或免除承包人根据合同约定应当承担的责任。

目前建设工程管理体制中，施工中所需图纸主要由发包人提供。在对图纸的管理中，发包人应当完成以下工作。

A．发包人应当按照专用合同条款约定的日期和套数，向承包人提供图纸。

B．承包人如果需要增加图纸套数，发包人应当代为复制。

C．如果对图纸有保密要求的，应当承担保密措施费用。

对于发包人提供的图纸，承包人应当完成以下工作。

A．在施工现场保留一套完整图纸，供监理人及其有关人员进行工程检查时使用。

B．如果专用合同条款对图纸提出保密要求的，承包人应当在约定的保密期限内承担保密义务。

C. 承包人如果需要增加图纸套数，复制费用由承包人承担。

使用国外或者境外图纸，不能满足施工需要时，双方在专用合同条款内约定复制、重新绘制、翻译、购买标准图纸等责任及费用承担。

有些工程，施工图纸的设计或者与工程配套的设计有可能由承包人完成。如果合同中有这样的约定，则承包人应当在其设计资质允许的范围内，按监理人的要求完成设计，经监理人确认后使用，发生的费用由发包人承担。

（3）材料与设备。

① 发包人供应材料与工程设备。

发包人自行供应材料、工程设备的，应在签订合同时在专用合同条款的附件《发包人供应材料设备一览表》中明确材料与工程设备的品种、规格、型号、数量、单价、质量等级和送达地点。

承包人应提前 30 天通过监理人以书面形式通知发包人供应材料与工程设备进场。承包人按照本通用合同条款第 7.2.2 项【施工进度计划的修订】约定施工进度计划，需同时提交经修订后的发包人供应材料与工程设备的进场计划。

② 承包人采购材料与工程设备。

承包人负责采购材料、工程设备的，应按照设计和有关标准要求采购，并提供产品合格证明及出厂证明，对材料、工程设备质量负责。合同约定由承包人采购的材料、工程设备，发包人不得指定生产厂家或供应商，发包人违反相关约定指定生产厂家或供应商的，承包人有权拒绝，并由发包人承担相应责任。

③ 材料与工程设备的接收与拒收。

发包人应按《发包人供应材料设备一览表》约定的内容提供材料和工程设备，并向承包人提供产品合格证明及出厂证明，对其质量负责。发包人应提前 24 小时以书面形式通知承包人、监理人材料和工程设备到货时间，承包人负责材料和工程设备的清点、检验和接收。

发包人提供的材料和工程设备的规格、数量或质量不符合合同约定的，或因发包人原因导致交货日期延误或交货地点变更等情况的，按照本通用合同条款第16.1款【发包人违约】约定办理。

承包人采购的材料和工程设备，应保证产品质量合格，承包人应在材料和工程设备到货前24 小时通知监理人进行检验。承包人进行永久设备、材料的制造和生产的，应符合相关质量标准，并向监理人提交材料的样本以及有关资料，并应在使用该材料或工程设备之前获得监理人同意。

承包人采购的材料和工程设备不符合设计或有关标准要求时，承包人应在监理人要求的合理期限内将不符合设计或有关标准要求的材料、工程设备运出施工现场，并重新采购符合要求的材料、工程设备，由此增加的费用和（或）延误的工期，由承包人承担。

④ 材料与工程设备的保管与使用。

发包人供应的材料和工程设备，承包人清点后由承包人妥善保管，保管费用由发包人承担，但已标价工程量清单或预算书已经列支或专用合同条款另有约定除外。因承包人原因发生丢失毁损的，由承包人负责赔偿；监理人未通知承包人清点的，承包人不负责材料和工程设备的保管，由此导致丢失毁损的由发包人负责。

发包人供应的材料和工程设备使用前，由承包人负责检验，检验费用由发包人承担，不合格的不得使用。

承包人采购的材料和工程设备由承包人妥善保管,保管费用由承包人承担。法律规定材料和工程设备使用前必须进行检验或试验的,承包人应按监理人的要求进行检验或试验,检验或试验费用由承包人承担,不合格的不得使用。

发包人或监理人发现承包人使用不符合设计或有关标准要求的材料和工程设备时,有权要求承包人进行修复、拆除或重新采购,由此增加的费用和(或)延误的工期,由承包人承担。

⑤ 禁止使用不合格的材料和工程设备。

监理人有权拒绝承包人提供的不合格材料或工程设备,并要求承包人立即进行更换。监理人应在更换后再次进行检查和检验,由此增加的费用和(或)延误的工期由承包人承担。

监理人发现承包人使用了不合格的材料和工程设备,承包人应按照监理人的指示立即改正,并禁止在工程中继续使用不合格的材料和工程设备。

发包人提供的材料或工程设备不符合合同要求的,承包人有权拒绝,并可要求发包人更换,由此增加的费用和(或)延误的工期由发包人承担,并支付承包人合理的利润。

⑥ 材料与工程设备的替代。

A. 替代情况。

出现下列情况需要使用替代材料和工程设备的,承包人应按照约定的程序执行。

a. 基准日期后生效的法律规定禁止使用的。

b. 发包人要求使用替代品的。

c. 因其他原因必须使用替代品的。

B. 替代程序。

承包人应在使用替代材料和工程设备28天前书面通知监理人,并附下列文件。

a. 被替代的材料和工程设备的名称、数量、规格、型号、品牌、性能、价格及其他相关资料。

b. 替代品的名称、数量、规格、型号、品牌、性能、价格及其他相关资料。

c. 替代品与被替代产品之间的差异以及使用替代品可能对工程产生的影响。

d. 替代品与被替代产品的价格差异。

e. 使用替代品的理由和原因说明。

f. 监理人要求的其他文件。

监理人应在收到通知后14天内向承包人发出经发包人签认的书面指示;监理人逾期发出书面指示的,视为发包人和监理人同意使用替代品。

发包人认可使用替代材料和工程设备的,替代材料和工程设备的价格,按照已标价工程量清单或预算书相同项目的价格认定;无相同项目的,参考相似项目价格认定;既无相同项目也无相似项目的,按照合理的成本与利润构成的原则,由合同当事人按照本通用合同条款第4.4款【商定或确定】确定价格。

(4) 联络。

① 与合同有关的通知、批准、证明、证书、指示、指令、要求、请求、同意、意见、确定和决定等,均应采用书面形式,并应在合同约定的期限内送达接收人和送达地点。

② 发包人和承包人应在专用合同条款中约定各自的送达接收人和送达地点。任何一方合同当事人指定的接收人或送达地点发生变动的,应提前3天以书面形式通知对方。

③ 发包人和承包人应当及时签收另一方送达至送达地点和指定接收人的来往信函。拒

不签收的，由此增加的费用和（或）延误的工期由拒绝接收一方承担。

3. 造价控制主要内容

（1）合同价款及调整的合同规定。

合同价款指合同当事人在协议书中约定，发包人用以支付承包人按照合同约定完成承包范围内全部工程并承担质量保修责任的款项。在合同中约定的合同价款对双方均有约束力，任何一方不得擅自改变，但它通常并不是最终的结算价格。最终的结算价格还包括施工过程中发生、经监理人确认后追加的合同价款，以及发包人按照合同规定对承包人的扣减款项。

发包人和承包人应在合同协议书中选择下列一种合同价格形式。

① 单价合同。

单价合同是指合同当事人约定以工程量清单及其综合单价进行合同价格计算、调整和确认的建设工程施工合同，在约定的范围内合同单价不做调整。合同当事人应在专用合同条款中约定综合单价包含的风险范围和风险费用的计算方法，并约定风险范围以外的合同价格的调整方法，其中因市场价格波动引起的调整按本通用合同条款第11.1款【市场价格波动引起的调整】约定执行。

② 总价合同。

总价合同是指合同当事人约定以施工图、已标价工程量清单或预算书及有关条件进行合同价格计算、调整和确认的建设工程施工合同，在约定的范围内合同总价不做调整。合同当事人应在专用合同条款中约定总价包含的风险范围和风险费用的计算方法，并约定风险范围以外的合同价格的调整方法，其中因市场价格波动引起的调整按本通用合同条款第 11.1 款【市场价格波动引起的调整】、因法律变化引起的调整按本通用合同条款第11.2款【法律变化引起的调整】约定执行。

③ 其他价格形式。

合同当事人可在专用合同条款中约定其他合同价格形式。

（2）预付款。

预付款的支付按照专用合同条款约定执行，但至迟应在开工通知载明的开工日期7天前支付。预付款应当用于材料、工程设备、施工设备的采购及修建临时工程、组织施工队伍进场等。

除专用合同条款另有约定外，预付款在进度付款中同比例扣回。在颁发工程接收证书前，提前解除合同的，尚未扣完的预付款应与合同价款一并结算。

发包人逾期支付预付款超过7天的，承包人有权向发包人发出要求预付的催告通知，发包人收到通知后7天内仍未支付的，承包人有权暂停施工，并按本通用合同条款第16.1.1项【发包人违约的情形】执行。

4. 风险控制主要内容

风险是指一种客观存在的、损失的发生具有不确定性的状态。可将之归类为：建筑风险、市场风险、信用风险、环境风险、政治风险和法律风险。所谓的风险管理，就是人们对潜在的意外损失进行辨识、评估，并根据具体情况采取相应的措施进行处理，尽量减少损失，及时处理善后事宜的举措。

在合同条款的订立过程中，必须要对工程进行当中可能发生的风险进行相关界定，作为发生风险之后的依据。

（1）不可抗力。

不可抗力是指合同当事人不能预见、不能避免并且不能克服的客观情况。在合同订立时应当明确不可抗力的范围，在专用合同条款中，双方应当根据工程所在地的地理气候和工程项目的特点，对有可能给工程实施带来破坏的不可抗力界定标准。例如，可以采取以下形式：×级以上地震；××年一遇的洪水；××毫米以上持续××天的特大暴雨；××天以上的持续高温天气等。

《2017版施工合同》规定的不可抗力的后果承担如下。

① 永久工程、已运至施工现场的材料和工程设备的损坏，以及因工程损坏造成的第三人人员伤亡和财产损失由发包人承担。

② 承包人施工设备的损坏由承包人承担。

③ 发包人和承包人承担各自人员伤亡和财产的损失。

④ 因不可抗力影响承包人履行合同约定的义务，已经引起或将引起工期延误的，应当顺延工期，由此导致承包人停工的费用损失由发包人和承包人合理分担，停工期间必须支付的工人工资由发包人承担。

⑤ 因不可抗力引起或将引起工期延误，发包人要求赶工的，由此增加的赶工费用由发包人承担。

⑥ 承包人在停工期间按照发包人要求照管、清理和修复工程的费用由发包人承担。

不可抗力发生后，合同当事人均应采取措施尽量避免和减少损失的扩大，任何一方当事人没有采取有效措施导致损失扩大的，应对扩大的损失承担责任。

因合同一方迟延履行合同义务，在迟延履行期间遭遇不可抗力的，不免除其违约责任。

因不可抗力导致合同无法履行连续超过84天或累计超过140天的，发包人和承包人均有权解除合同。

（2）保险。

工程保险主要是指工程发包人、承包人、设计、监理等将工程建设中可能遇到的风险向保险公司进行投保，同时享受保险公司提供的风险管理服务，以便在保险事故发生时可以获得技术经济赔偿，从而保证工程建设顺利进行。工程保险一般包括建筑工程一切险、安装工程一切险和意外伤害险等。

发包人应依照法律规定参加工伤保险，并为在施工现场的全部员工办理工伤保险，缴纳工伤保险费，并要求监理人及由发包人为履行合同聘请的第三方依法参加工伤保险。

承包人应依照法律规定参加工伤保险，并为其履行合同的全部员工办理工伤保险，缴纳工伤保险费，并要求分包人及由承包人为履行合同聘请的第三方依法参加工伤保险。

发包人和承包人可以为其施工现场的全部人员办理意外伤害保险并支付保险费，包括其员工及为履行合同聘请的第三方的人员，具体事项由合同当事人在专用合同条款约定。

发包人未按合同约定办理保险，或未能使保险持续有效的，则承包人可代为办理，所需费用由发包人承担。发包人未按合同约定办理保险，导致未能得到足额赔偿的，由发包人负责补足。

承包人未按合同约定办理保险，或未能使保险持续有效的，则发包人可代为办理，所需费用由承包人承担。承包人未按合同约定办理保险，导致未能得到足额赔偿的，由承包人负责补足。

3.3.2　施工阶段主要内容

 导读案例 3-2

某施工单位与建设单位签订了总价合同，在施工过程中发生了如下事件：

事件 1：基础施工时，建设单位负责供应的混凝土预制桩供应不及时，使该工作延误 4 天；

事件 2：建设单位因资金周转问题，未按时支付月进度款，承包人停工 10 天；

事件 3：在主体施工期间，施工单位与某材料供应商签订了室内隔墙板供应合同，在合同内约定，如供方不能按约定时间供货，每天赔偿订购方合同价 0.05% 的违约金。供方因原材料问题未能按时供货，拖延 8 天；

事件 4：施工单位根据合同工期要求，冬季继续施工。为保证施工质量采取了多项技术措施，由此造成额外费用开支共计 20 万元；

事件 5：施工单位在安装设备时，因发包人选定的设备供应商接线错误导致设备损坏，使施工单位安装调试工作延误 5 天，损失 10 万元。

以上各个事件中，根据合同条款应如何认定各方责任？

1. 进度控制主要内容

（1）暂停施工。

① 发包人原因引起的暂停施工。

因发包人原因引起暂停施工的，监理人经发包人同意后，应及时下达暂停施工指示。情况紧急且监理人未及时下达暂停施工指示的，按照本通用合同条款第 7.8.4 项【紧急情况下的暂停施工】执行。

因发包人原因引起的暂停施工，发包人应承担由此增加的费用和（或）延误的工期，并支付承包人合理的利润。

② 承包人原因引起的暂停施工。

因承包人原因引起的暂停施工，承包人应承担由此增加的费用和（或）延误的工期，且承包人在收到监理人复工指示后 84 天内仍未复工的，视为本通用合同条款第 16.2.1 项【承包人违约的情形】第（7）目约定的承包人无法继续履行合同的情形。

③ 指示暂停施工。

监理人认为有必要时，并经发包人批准后，可向承包人作出暂停施工的指示，承包人应按监理人指示暂停施工。

④ 紧急情况下的暂停施工。

因紧急情况需暂停施工，且监理人未及时下达暂停施工指示的，承包人可先暂停施工，并及时通知监理人。监理人应在接到通知后 24 小时内发出指示，逾期未发出指示，视为同意承包人暂停施工。监理人不同意承包人暂停施工的，应说明理由，承包人对监理人的答复有异议，按照本通用合同条款第 20 条【争议解决】约定处理。

⑤ 暂停施工后的复工。

暂停施工后，发包人和承包人应采取有效措施积极消除暂停施工的影响。在工程复工前，监理人会同发包人和承包人确定因暂停施工造成的损失，并确定工程复工条件。当工程具备复工条件时，监理人应经发包人批准后向承包人发出复工通知，承包人应按照复工通知要求复工。

承包人无故拖延和拒绝复工的，承包人承担由此增加的费用和（或）延误的工期；因发包人原因无法按时复工的，按照本通用合同条款第7.5.1项【因发包人原因导致工期延误】约定办理。

⑥ 暂停施工持续56天以上。

监理人发出暂停施工指示后56天内未向承包人发出复工通知，除该项停工属于本通用合同条款第7.8.2项【承包人原因引起的暂停施工】及第17条【不可抗力】约定的情形外，承包人可向发包人提交书面通知，要求发包人在收到书面通知后28天内准许已暂停施工的部分或全部工程继续施工。发包人逾期不予批准的，则承包人可以通知发包人，将工程受影响的部分视为本通用合同条款第10.1款【变更的范围】第（2）项所规定的可取消工作。

暂停施工持续84天以上不复工的，且不属于本通用合同条款第7.8.2项【承包人原因引起的暂停施工】及第17条【不可抗力】约定的情形，并影响到整个工程以及合同目的实现的，承包人有权提出价格调整要求，或者解除合同。解除合同的，按照本通用合同条款第16.1.3项【因发包人违约解除合同】执行。

（2）变更。

除专用合同条款另有约定外，合同履行过程中发生以下情形的，应按照本通用合同条款第10.1款【变更的范围】约定进行变更。

① 增加或减少合同中任何工作，或追加额外的工作。

② 取消合同中任何工作，但转由他人实施的工作除外。

③ 改变合同中任何工作的质量标准或其他特性。

④ 改变工程的基线、标高、位置和尺寸。

⑤ 改变工程的时间安排或实施顺序。

发包人和监理人均可以提出变更。变更指示均通过监理人发出，监理人发出变更指示前应征得发包人同意。承包人收到经发包人签认的变更指示后，方可实施变更。未经许可，承包人不得擅自对工程的任何部分进行变更。

发包人提出变更的，应通过监理人向承包人发出变更指示，变更指示应说明计划变更的工程范围和变更的内容。监理人提出变更建议的，需要向发包人以书面形式提出变更计划，说明计划变更工程范围和变更的内容、理由，以及实施该变更对合同价格和工期的影响。发包人同意变更的，由监理人向承包人发出变更指示。发包人不同意变更的，监理人无权擅自发出变更指示。

承包人收到监理人下达的变更指示后，认为不能执行，应立即提出不能执行该变更指示的理由。承包人认为可以执行变更的，应当书面说明实施该变更指示对合同价格和工期的影响。因变更引起工期变化的，合同当事人均可要求调整合同工期，由合同当事人按照合同条款并参考工程所在地的工期定额标准确定增减工期天数。

（3）工期延误。

① 因发包人原因导致工期延误。

在合同履行过程中，因下列情况导致工期延误和（或）费用增加的，由发包人承担由此延误的工期和（或）增加的费用，且发包人应支付承包人合理的利润。

A. 发包人未能按合同约定提供图纸或所提供图纸不符合合同约定的。

B. 发包人未能按合同约定提供施工现场、施工条件、基础资料、许可、批准等开工条件的。

C. 发包人提供的测量基准点、基准线和水准点及其书面资料存在错误或疏漏的。

D. 发包人未能在计划开工日期之日起 7 天内同意下达开工通知的。

E. 发包人未能按合同约定日期支付工程预付款、进度款或竣工结算款的。

F. 监理人未按合同约定发出指示、批准等文件的。

G. 专用合同条款中约定的其他情形。

因发包人原因未按计划开工日期开工的，发包人应按实际开工日期顺延竣工日期，确保实际工期不低于合同约定的工期总日历天数。因发包人原因导致工期延误需要修订施工进度计划的，按照本通用合同条款第 7.2.2 项【施工进度计划的修订】执行。

② 因承包人原因导致工期延误。

因承包人原因造成工期延误的，可以在专用合同条款中约定逾期竣工违约金的计算方法和逾期竣工违约金的上限。承包人支付逾期竣工违约金后，不免除承包人继续完成工程及修复缺陷的义务。

（4）不利物质条件。

不利物质条件是指有经验的承包人在施工现场遇到的不可预见的自然物质条件、非自然的物质障碍和污染物，包括地表以下物质条件和水文条件以及专用合同条款约定的其他情形，但不包括气候条件。

承包人遇到不利物质条件时，应采取克服不利物质条件的合理措施继续施工，并及时通知发包人和监理人。通知应载明不利物质条件的内容以及承包人认为不可预见的理由。监理人经发包人同意后应当及时发出指示，指示构成变更的，按本通用合同条款第 10 条【变更】约定执行。承包人因采取合理措施而增加的费用和（或）延误的工期由发包人承担。

（5）异常恶劣的气候条件。

异常恶劣的气候条件是指在施工过程中遇到的，有经验的承包人在签订合同时不可预见的，对合同履行造成实质性影响的，但尚未构成不可抗力事件的恶劣气候条件。合同当事人可以在专用合同条款中约定异常恶劣的气候条件的具体情形。

承包人应采取克服异常恶劣的气候条件的合理措施继续施工，并及时通知发包人和监理人。监理人经发包人同意后应当及时发出指示，指示构成变更的，按本通用合同条款第 10 条【变更】约定办理。承包人因采取合理措施而增加的费用和（或）延误的工期由发包人承担。

2. 质量控制主要内容

（1）测量放线。

① 除专用合同条款另有约定外，发包人应在至迟不得晚于本通用合同条款第 7.3.2 项【开工通知】载明的开工日期前 7 天通过监理人向承包人提供测量基准点、基准线和水准点及其书面资料。发包人应对其提供的测量基准点、基准线和水准点及其书面资料的真实性、准确性和完整性负责。

承包人发现发包人提供的测量基准点、基准线和水准点及其书面资料存在错误或疏漏的，应及时通知监理人。监理人应及时报告发包人，并会同发包人和承包人予以核实。发包人应就如何处理和是否继续施工作出决定，并通知监理人和承包人。

② 承包人负责施工过程中的全部施工测量放线工作，并配置具有相应资质的人员、合

格的仪器、设备和其他物品。承包人应矫正工程的位置、标高、尺寸或准线中出现的任何差错，并对工程各部分的定位负责。

施工过程中对施工现场内水准点等测量标志物的保护工作由承包人负责。

（2）质量要求。

① 工程质量标准必须符合现行国家有关工程施工质量验收规范和标准的要求。有关工程质量的特殊标准或要求由合同当事人在专用合同条款中约定。

② 因发包人原因造成工程质量未达到合同约定标准的，由发包人承担由此增加的费用和（或）延误的工期，并支付承包人合理的利润。

③ 因承包人原因造成工程质量未达到合同约定标准的，发包人有权要求承包人返工直至工程质量达到合同约定的标准为止，并由承包人承担由此增加的费用和（或）延误的工期。

（3）施工过程中的检查和返工。

承包人应按照法律规定和发包人的要求，对材料、工程设备以及工程的所有部位及其施工工艺进行全过程的质量检查和检验，并作详细记录，编制工程质量报表，报送监理人审查。此外，承包人还应按照法律规定和发包人的要求，进行施工现场取样试验、工程复核测量和设备性能检测，提供试验样品、提交试验报告和测量成果以及其他工作。

监理人按照法律规定和发包人授权对工程的所有部位及其施工工艺、材料和工程设备进行检查和检验。承包人应为监理人的检查和检验提供方便，包括监理人到施工现场，或制造、加工地点，或合同约定的其他地方进行察看和查阅施工原始记录。监理人为此进行的检查和检验，不免除或减轻承包人按照合同约定应当承担的责任。

监理人的检查和检验不应影响施工正常进行。监理人的检查和检验影响施工正常进行的，且经检查检验不合格的，影响正常施工的费用由承包人承担，工期不予顺延；经检查检验合格的，由此增加的费用和（或）延误的工期由发包人承担。

（4）隐蔽工程和中间验收。

除专用合同条款另有约定外，工程隐蔽部位经承包人自检确认具备覆盖条件的，承包人应在共同检查前48小时书面通知监理人检查，通知中应载明隐蔽检查的内容、时间和地点，并应附有自检记录和必要的检查资料。

除专用合同条款另有约定外，监理人不能按时进行检查的，应在检查前24小时向承包人提交书面延期要求，但延期不能超过48小时，由此导致工期延误的，工期应予以顺延。监理人未按时进行检查，也未提出延期要求的，视为隐蔽工程检查合格，承包人可自行完成覆盖工作，并作相应记录报送监理人，监理人应签字确认。

（5）重新检验。

无论监理人是否参加验收，当其提出对已经隐蔽的工程重新检验的要求时，承包人应按要求进行剥露或开孔，并在检验后重新覆盖或者修复。检验合格，发包人承担由此发生的全部追加合同价款，赔偿承包人损失，并相应顺延工期，支付承包人合理的利润。检验不合格，承包人承担发生的全部费用，工期不予顺延。

3. 造价控制主要内容

（1）工程量计量。

工程量计量按照合同约定的工程量计算规则、图纸及变更指示等进行计量。工程量计算规则应以相关的国家标准、行业标准等为依据，由合同当事人在专用合同条款中约定。

（2）计量周期。

除专用合同条款另有约定外，工程量的计量按月进行。监理人应在收到承包人提交的工程量报告后 7 天内完成对承包人提交的工程量报表的审核并报送发包人，以确定当月实际完成的工程量。

监理人未在收到承包人提交的工程量报表后的 7 天内完成审核的，承包人报送的工程量报告中的工程量视为承包人实际完成的工程量，据此计算工程价款。

（3）工程款支付。

工程款支付包括 4 种形式：工程预付款、工程进度款、竣工结算款和保修金。其中工程预付款已在 3.3.1 节中说明，竣工结算款和保修金在后文中的竣工验收阶段进行介绍。

工程进度款是在工程施工过程中分期支付的合同价款，一般按工程形象进度即实际完成工程量确定支付款额。

除专用合同条款另有约定外，监理人应在收到承包人进度付款申请单以及相关资料后 7 天内完成审查并报送发包人，发包人应在收到后 7 天内完成审批并签发进度款支付证书。发包人逾期未完成审批且未提出异议的，视为已签发进度款支付证书。

发包人应在进度款支付证书或临时进度款支付证书签发后 14 天内完成支付，发包人逾期支付进度款的，应按照中国人民银行发布的同期同类贷款基准利率支付违约金。

发包人签发进度款支付证书或临时进度款支付证书，不表明发包人已同意、批准或接受了承包人完成的相应部分的工作。

在对已签发的进度款支付证书进行阶段汇总和复核中发现错误、遗漏或重复的，发包人和承包人均有权提出修正申请。经发包人和承包人同意的修正，应在下期进度付款中支付或扣除。

（4）调价与变更价款。

除专用合同条款另有约定外，变更估价按照本款约定处理。

a. 已标价工程量清单或预算书有相同项目的，按照相同项目单价认定。

b. 已标价工程量清单或预算书中无相同项目，但有类似项目的，参照类似项目的单价认定。

c. 变更导致实际完成的变更工程量与已标价工程量清单或预算书中列明的该项目工程量的变化幅度超过 15%的，或已标价工程量清单或预算书中无相同项目及类似项目单价的，按照合理的成本与利润构成的原则，由合同当事人确定变更工作的单价。例如，如果估计工程量为 A，实际工程量为 B，合同约定相差范围为 S，调整系数为 d，原合同单价为 V。则，当实际工程量都在 $A\pm S$ 范围内，都是用原单价 V 计算；当实际工程量超出 $A\pm S$ 范围时，就要将工程量分为两个部分，使用两种单价：在 $A\pm S$ 范围内用原价；用 Q 表示超出部分工程量的价格则另行计算。

① 市场价格波动引起的调整。

除专用合同条款另有约定外，市场价格波动超过合同当事人约定的范围，合同价格应当调整。合同当事人可以在专用合同条款中约定选择以下一种方式对合同价格进行调整。

第 1 种方式：采用价格指数进行价格调整。

因人工、材料和设备等价格波动影响合同价格时，根据专用合同条款中约定的数据，按式（3-1）计算差额并调整合同价格：

$$\Delta P = P_0 \left[A + \left(B_1 \times \frac{F_{t1}}{F_{01}} + B_2 \times \frac{F_{t2}}{F_{02}} + B_3 \times \frac{F_{t3}}{F_{03}} + \cdots + B_n \times \frac{F_{tn}}{F_{0n}} \right) - 1 \right] \qquad (3\text{-}1)$$

式中：　　　　　　ΔP——需调整的价格差额；

P_0——约定的付款证书中承包人应得到的已完成工程量的金额，此项金额应不包括价格调整、不计质量保证金的扣留和支付、预付款的支付和扣回，约定的变更及其他金额已按现行价格计价的，也不计在内；

A——定值权重（即不调部分的权重）；

B_1，B_2，B_3，$\cdots$，B_n——各可调因子的变值权重（即可调部分的权重），为各可调因子在签约合同价中所占的比例；

F_{t1}，F_{t2}，F_{t3}，$\cdots$，F_{tn}——各可调因子的现行价格指数，指约定的付款证书相关周期最后一天的前 42 天的各可调因子的价格指数；

F_{01}，F_{02}，F_{03}，$\cdots$，F_{0n}——各可调因子的基本价格指数，指基准日期的各可调因子的价格指数。

以上价格调整公式中的各可调因子、定值和变值权重，以及基本价格指数及其来源在投标函附录价格指数和权重表中约定，非招标订立的合同，由合同当事人在专用合同条款中约定。价格指数应首先采用工程造价管理机构发布的价格指数，无前述价格指数时，可采用工程造价管理机构发布的价格代替。

因承包人原因未按期竣工的，对合同约定的竣工日期后继续施工的工程，在使用价格调整公式时，应采用计划竣工日期与实际竣工日期的两个价格指数中较低的一个作为现行价格指数。

第 2 种方式：采用造价信息进行价格调整。

合同履行期间，因人工、材料、工程设备和机械台班价格波动影响合同价格时，人工、机械使用费按照国家或省、自治区、直辖市建设行政管理部门、行业建设管理部门或其授权的工程造价管理机构发布的人工、机械使用费系数进行调整；需要进行价格调整的材料，其单价和采购数量应由发包人审批，发包人确认需调整的材料单价及数量，作为调整合同价格的依据。

人工单价发生变化且符合省级或行业建设主管部门发布的人工费调整规定，合同当事人应按省级或行业建设主管部门或其授权的工程造价管理机构发布的人工费等文件调整合同价格，但承包人对人工费或人工单价的报价高于发布价格的除外。

材料、工程设备价格变化的价款调整按照发包人提供的基准价格，按以下风险范围规定执行。

a. 承包人在已标价工程量清单或预算书中载明材料单价低于基准价格的：除专用合同条款另有约定外，合同履行期间材料单价涨幅以基准价格为基础超过 5% 时，或材料单价跌幅以在已标价工程量清单或预算书中载明材料单价为基础超过 5% 时，其超过部分据实调整。

b. 承包人在已标价工程量清单或预算书中载明材料单价高于基准价格的：除专用合同条款另有约定外，合同履行期间材料单价跌幅以基准价格为基础超过 5% 时，材料单价涨幅以在已标价工程量清单或预算书中载明材料单价为基础超过 5% 时，其超过部分据实调整。

c．承包人在已标价工程量清单或预算书中载明材料单价等于基准价格的：除专用合同条款另有约定外，合同履行期间材料单价涨跌幅以基准价格为基础超过±5%时，其超过部分据实调整。

d．承包人应在采购材料前将采购数量和新的材料单价报发包人核对，发包人确认用于工程时，发包人应确认采购材料的数量和单价。发包人在收到承包人报送的确认资料后5天内不予答复的视为认可，作为调整合同价格的依据。未经发包人事先核对，承包人自行采购材料的，发包人有权不予调整合同价格。发包人同意的，可以调整合同价格。

前述基准价格是指由发包人在招标文件或专用合同条款中给定的材料、工程设备的价格，该价格原则上应当按照省级或行业建设主管部门或其授权的工程造价管理机构发布的信息价编制。

施工机械台班单价或施工机械使用费发生变化，超过省级或行业建设主管部门或其授权的工程造价管理机构规定的范围时，按规定调整合同价格。

当事人双方在专用合同条款中有约定调价的具体方法、范围的，按照约定进行调价。

第3种方式：专用合同条款约定的其他方式。

②法律变化引起的调整。

基准日期后，法律变化导致承包人在合同履行过程中所需要的费用发生除本通用合同条款第11.1款【市场价格波动引起的调整】约定以外的增加时，由发包人承担由此增加的费用；减少时，应从合同价格中予以扣减。基准日期后，因法律变化造成工期延误时，工期应予以顺延。

因法律变化引起的合同价格和工期调整，合同当事人无法达成一致的，由总监理工程师按本通用合同条款第4.4款【商定或确定】约定处理。

因承包人原因造成工期延误，在工期延误期间出现法律变化的，由此增加的费用和（或）延误的工期由承包人承担。

应用案例 3-1

某建筑安装工程施工合同，合同总价600万元，其中78万元的主材由发包人直接供应，合同工期7个月。合同规定：

（1）发包人向承包人支付合同价25%的预付工程款；

（2）预付工程款应从未施工工程尚需的主材价值相当于预付工程款时起扣，每月以抵冲工程款的方式陆续扣回，主材费比重按62.5%考虑；

（3）发包人每月从给承包人的工程进度款中按2.5%的比例扣留保修金，通过竣工验收后结算；

（4）由发包人直接供应的主材款在发生当月的工程款中扣回；

（5）每月付款证书签发的最低限额为50万元。

第1个月主要是完成土石方工程的施工，由于施工条件复杂，土方工程量较预期发生了较大的变化，合同规定实际工程量超过或少于估计工程量15%时，单价乘以系数0.9或1.05。

经监理人确认：

（1）承包人在第1个月完成土方工程量3300m³，而投标时给出的工程量为2800m³，单价80元/m³；

（2）其他各月实际完成的工程量及发包人供应的主材价值如表3-1所示。

表3-1　各月实际完成的工程量及发包人供应的主材价值

月份	1	2	3	4	5	6	7
实际完成的工程量/m³	?	90	110	100	100	80	70
发包人供应的 主材价值/万元	/	18	20	/	/	30	/

问题：

（1）第1个月土方工程的实际工程进度款为多少？

（2）该工程预付工程款为多少？预付工程款从第几个月开始起扣？

（3）1~7月工程师应签发的工程款为多少？应签发的付款凭证金额为多少？

（4）竣工结算时，工程师应签发的付款凭证金额为多少？

 案例分析

问题（1）

超过估计工程量的15%=2800×（1+15%）=3220（m³）

则第一个月土方工程实际工程进度款=3220×80+（3300-3220）×80×0.9≈26.34（万元）

问题（2）

① 预付工程款=600×25%=150（万元）

② 预付工程款起扣点=600-150÷62.5%=360（万元）

③ 开始起扣的时间为第5个月

26.34+90+110+100+100=426.34（万元）>360（万元）

问题（3）

1月应签发的工程款：26.34×（1-2.5%）≈25.68（万元）

应签发的付款凭证金额：25.68万元<50万元，不签发。

2月应签发的工程款：90×（1-2.5%）=87.75（万元）

应签发的付款凭证金额：87.75-18+25.68=95.43（万元）

3月应签发的工程款：110×（1-2.5%）=107.25（万元）

应签发的付款凭证金额：107.25-20=87.25（万元）

4月应签发的工程款：100×（1-2.5%）=97.5（万元）

应签发的付款凭证金额：97.5（万元）

5月应签发的工程款：100×（1-2.5%）=97.5（万元）

本月应扣预付款：（426.34-360）×62.5%≈41.46（万元）

应签发的付款凭证金额：97.5-41.46=56.04（万元）

6月应签发的工程款：80×（1-2.5%）=78（万元）

本月应扣预付款：80×62.5%=50（万元）

应签发的付款凭证金额：78-50-30=-2（万元），不签发。

7月应签发的工程款：70×（1-2.5%）=68.25（万元）

本月应扣预付款：150-41.46-50=58.54（万元）

应签发的付款凭证金额：68.25−58.54−2 = 7.71（万元），不签发。

问题（4）

竣工结算时，应签发的付款凭证金额=7.71+（26.34+550）×2.5 % ≈ 22.12（万元）

 导读案例3-2回放

事件1：由于建设单位材料供应不及时造成的工期延误，应给予施工单位4天的工期补偿并承担相应费用损失；

事件2：由于发包人未能支付工程款造成的停工，应给予施工单位10天的工期补偿并承担相应费用损失，拖欠的工程款按合同约定支付并支付利息；

事件3：应由材料供应商支付违约金，而延误的工期和增加的费用由施工单位自己承担；

事件4：施工单位应自行承担责任，冬季施工措施费用已包含在合同价款内；

事件5：应由发包人承担工期延误和10万元费用损失的责任。发包人分别与施工单位和设备供应商签订了合同，但是施工单位与设备供应商之间不存在合同关系，无权向设备供应商提出索赔，而应向发包人提出此项索赔。

3.3.3 竣工验收阶段主要内容

在竣工验收阶段，承包人要完成工程扫尾工作，监理人协调竣工验收中的各方关系，组织好竣工验收工作。

 导读案例3-3

某建筑公司与某医院签订一施工合同，明确承包人保质、保量、保工期完成发包人的门诊楼施工任务。工程竣工后，承包人向发包人提交了竣工报告，发包人认为工程质量好，双方合作愉快，为不影响病人就医，没有组织验收即直接投入使用。发包人在使用过程中发现门诊楼卫生间漏水，遂要求承包人维修。承包人则认为工程未经验收便提前使用，出现质量问题，承包人不再承担责任。依据合同条款及法律法规，该质量问题的责任应由谁来承担？工程未经验收，发包人提前使用，可否视为工程已交付，承包人不再承担责任？

1. 进度控制主要内容

（1）竣工验收的程序。

除专用合同条款另有约定外，承包人申请竣工验收的，应当按照以下程序进行。

① 承包人向监理人报送竣工验收申请报告，监理人应在收到竣工验收申请报告后14天内完成审查并报送发包人。监理人审查后认为尚不具备验收条件的，应通知承包人在竣工验收前承包人还需完成的工作内容，承包人应在完成监理人通知的全部工作内容后，再次提交竣工验收申请报告。

② 监理人审查后认为已具备竣工验收条件的，应将竣工验收申请报告提交发包人，发包人应在收到经监理人审核的竣工验收申请报告后28天内审批完毕并组织监理人、承包人、设计人等相关单位完成竣工验收。

③ 竣工验收合格的，发包人应在验收合格后14天内向承包人签发工程接收证书。发

人无正当理由逾期不颁发工程接收证书的，自验收合格后第15天起视为已颁发工程接收证书。

④ 竣工验收不合格的，监理人应按照验收意见发出指示，要求承包人对不合格工程返工、修复或采取其他补救措施，由此增加的费用和（或）延误的工期由承包人承担。承包人在完成不合格工程的返工、修复或采取其他补救措施后，应重新提交竣工验收申请报告，并按本项约定的程序重新进行验收。

⑤ 工程未经验收或验收不合格，发包人擅自使用的，应在转移占有工程后7天内向承包人颁发工程接收证书；发包人无正当理由逾期不颁发工程接收证书的，自转移占有后第15天起视为已颁发工程接收证书。

除专用合同条款另有约定外，发包人不按照本项约定组织竣工验收、颁发工程接收证书的，每逾期一天，应以签约合同价为基数，按照中国人民银行发布的同期同类贷款基准利率支付违约金。

（2）竣工日期。

工程经竣工验收合格的，以承包人提交竣工验收申请报告之日为实际竣工日期，并在工程接收证书中载明；因发包人原因，未在监理人收到承包人提交的竣工验收申请报告42天内完成竣工验收，或完成竣工验收不予签发工程接收证书的，以提交竣工验收申请报告的日期为实际竣工日期；工程未经竣工验收，发包人擅自使用的，以转移占有工程之日为实际竣工日期。

（3）拒绝接收全部或部分工程。

对于竣工验收不合格的工程，承包人完成整改后，应当重新进行竣工验收，经重新组织验收仍不合格的且无法采取措施补救的，则发包人可以拒绝接收不合格工程，因不合格工程导致其他工程不能正常使用的，承包人应采取措施确保相关工程的正常使用，由此增加的费用和（或）延误的工期由承包人承担。

（4）发包人要求提前竣工。

发包人需要在工程竣工前使用单位工程的，或承包人提出提前交付已经竣工的单位工程且经发包人同意的，可进行单位工程验收，验收的程序按照上述"竣工验收"的约定进行。

验收合格后，由监理人向承包人出具经发包人签认的单位工程接收证书。已签发单位工程接收证书的单位工程由发包人负责照管。单位工程的验收成果和结论作为整体工程竣工验收申请报告的附件。

发包人要求在工程竣工前交付单位工程，由此导致承包人费用增加和（或）工期延误的，由发包人承担由此增加的费用和（或）延误的工期，并支付承包人合理的利润。

2. 质量控制主要内容

（1）竣工工程必须符合的基本要求。
工程具备以下条件的，承包人可以申请竣工验收。

① 除发包人同意的甩项工作和缺陷修复工作外，合同范围内的全部工程以及有关工作，包括合同要求的试验、试运行以及检验均已完成，并符合合同要求。

② 已按合同约定编制了甩项工作和缺陷修复工作清单以及相应的施工计划。

③ 已按合同约定的内容和份数备齐竣工资料。

（2）工程试车。

① 试车程序。

工程需要试车的，除专用合同条款另有约定外，试车内容应与承包人承包范围相一致，试车费用由承包人承担。工程试车应按如下程序进行。

A．具备单机无负荷试车条件，承包人组织试车，并在试车前 48 小时书面通知监理人，通知中应载明试车内容、时间、地点。承包人准备试车记录，发包人根据承包人要求为试车提供必要条件。试车合格的，监理人在试车记录上签字。监理人在试车合格后不在试车记录上签字，自试车结束满 24 小时后视为监理人已经认可试车记录，承包人可继续施工或办理竣工验收手续。

监理人不能按时参加试车，应在试车前 24 小时以书面形式向承包人提出延期要求，但延期不能超过 48 小时，由此导致工期延误的，工期应予以顺延。监理人未能在前述期限内提出延期要求，又不参加试车的，视为认可试车记录。

B．具备无负荷联动试车条件，发包人组织试车，并在试车前 48 小时以书面形式通知承包人。通知中应载明试车内容、时间、地点和对承包人的要求，承包人按要求做好准备工作。试车合格的，合同当事人在试车记录上签字。承包人无正当理由不参加试车的，视为认可试车记录。

② 试车中的责任。

因设计原因导致试车达不到验收要求，发包人应要求设计人修改设计，承包人按修改后的设计重新安装。发包人承担修改设计、拆除及重新安装的全部费用，工期相应顺延。因承包人原因导致试车达不到验收要求，承包人按监理人要求重新安装和试车，并承担重新安装和试车的费用，工期不予顺延。

因工程设备制造原因导致试车达不到验收要求的，由采购该工程设备的合同当事人负责重新购置或修理，承包人负责拆除和重新安装，由此增加的修理、重新购置、拆除及重新安装的费用及延误的工期由采购该工程设备的合同当事人承担。

③ 投料试车。

如需进行投料试车的，发包人应在工程竣工验收后组织投料试车。发包人要求在工程竣工验收前进行或需要承包人配合时，应征得承包人同意，并在专用合同条款中约定有关事项。

投料试车合格的，费用由发包人承担；因承包人原因造成投料试车不合格的，承包人应按照发包人要求进行整改，由此产生的整改费用由承包人承担；非承包人原因导致投料试车不合格的，如发包人要求承包人进行整改的，由此产生的费用由发包人承担。

（3）保修责任。

在工程移交发包人后，因承包人原因产生的质量缺陷，承包人应承担质量缺陷责任和保修义务。缺陷责任期届满，承包人仍应按合同约定的工程各部位保修年限承担保修义务。

工程保修期从工程竣工验收合格之日起算，具体分部分项工程的保修期由合同当事人在专用合同条款中约定，但不得低于法定最低保修年限。在工程保修期内，承包人应当根据有关法律规定以及合同约定承担保修责任。

发包人未经竣工验收擅自使用工程的，保修期自转移占有之日起算。

① 缺陷责任期。

缺陷责任期自实际竣工日期起计算，合同当事人应在专用合同条款约定缺陷责任期的具体期限，但该期限最长不超过 24 个月。

单位工程先于全部工程进行验收，经验收合格并交付使用的，该单位工程缺陷责任期自单位工程验收合格之日起算。因发包人原因导致工程无法按合同约定期限进行竣工验收的，缺陷责任期自承包人提交竣工验收申请报告之日起开始计算；发包人未经竣工验收擅自使用工程的，缺陷责任期自工程转移占有之日起开始计算。

工程竣工验收合格后，因承包人原因导致的缺陷或损坏致使工程、单位工程或某项主要设备不能按原定目的使用的，则发包人有权要求承包人延长缺陷责任期，并应在原缺陷责任期届满前发出延长通知，但缺陷责任期最长不能超过24个月。

任何一项缺陷或损坏修复后，经检查证明其影响了工程或工程设备的使用性能，承包人应重新进行合同约定的试验和试运行，试验和试运行的全部费用应由责任方承担。

除专用合同条款另有约定外，承包人应于缺陷责任期届满后7天内向发包人发出缺陷责任期届满通知，发包人应在收到缺陷责任期满通知后14天内核实承包人是否履行缺陷修复义务，承包人未能履行缺陷修复义务的，发包人有权扣除相应金额的维修费用。发包人应在收到缺陷责任期届满通知后14天内，向承包人颁发缺陷责任期终止证书。

② 工程质量保修范围和内容。

工程质量保修范围包括地基基础工程、主体结构工程、屋面防水工程和双方约定的其他土建工程，电气管线、上下水管线的安装工程，以及供热、供冷系统工程项目。工程质量保修的内容由当事人在合同中约定。

③ 质量保修期。

质量保修期从工程竣工验收合格之日算起。分单项竣工验收的工程，按单项工程分别计算质量保修期。

合同双方可以根据国家有关规定，结合具体工程约定质量保修期，但双方的约定不得低于国家规定的最低质量保修期。国务院颁布的《建设工程质量管理条例》第40条明确规定，在正常使用条件下，建设工程的最低保修期限规定如下。

A．基础设施工程、房屋建筑的地基基础工程和主体结构工程，为设计文件规定的该工程的合理使用年限。

B．屋面防水工程、有防水要求的卫生间、房间和外墙面的防渗漏，为5年。

C．供热与供冷系统，为2个采暖期、供冷期。

D．电气管线、给排水管道、设备安装和装修工程，为2年。

其他项目的保修期限由发包人与承包人约定。建设工程的保修期，自竣工验收合格之日起计算。

3. 造价控制主要内容

在建设工程施工中，由于设计图纸变更或现场签订变更通知单，而造成施工图预算变化和调整的，工程竣工时，最后一次的施工图调整预算，便是建设工程的竣工结算。工程竣工结算一般是由施工单位编制，建设单位审核同意后，按合同规定签章认可。

（1）竣工结算申请。

除专用合同条款另有约定外，承包人应在工程竣工验收合格后28天内向发包人和监理人提交竣工结算申请单，并提交完整的结算资料，有关竣工结算申请单的资料清单和份数等要求由合同当事人在专用合同条款中约定。竣工结算申请单应包括以下内容。

① 竣工结算合同价格。

② 发包人已支付承包人的款项。

③ 应扣留的质量保证金。

④ 发包人应支付承包人的合同价款。

（2）竣工结算审核。

除专用合同条款另有约定外，监理人应在收到竣工结算申请单后 14 天内完成核查并报送发包人。发包人应在收到监理人提交的经审核的竣工结算申请单后 14 天内完成审批，并由监理人向承包人签发经发包人签认的竣工付款证书。监理人或发包人对竣工结算申请单有异议的，有权要求承包人进行修正和提供补充资料，承包人应提交修正后的竣工结算申请单。

发包人在收到承包人提交竣工结算申请书后 28 天内未完成审批且未提出异议的，视为发包人认可承包人提交的竣工结算申请单，并自发包人收到承包人提交的竣工结算申请单后第 29 天起视为已签发竣工付款证书。

除专用合同条款另有约定外，发包人应在签发竣工付款证书后的 14 天内，完成对承包人的竣工付款。发包人逾期支付的，按照中国人民银行发布的同期同类贷款基准利率支付违约金；逾期支付超过 56 天的，按照中国人民银行发布的同期同类贷款基准利率的两倍支付违约金。

承包人对发包人签认的竣工付款证书有异议的，对于有异议部分应在收到发包人签认的竣工付款证书后 7 天内提出异议，并由合同当事人按照专用合同条款约定的方式和程序进行复核，或按照本通用合同条款第 20 条【争议解决】约定处理。对于无异议部分，发包人应签发临时竣工付款证书，并按本通用合同条款第 14.2 款【竣工结算审核】第（2）项完成付款。承包人逾期未提出异议的，视为认可发包人的审批结果。

（3）甩项竣工协议。

发包人要求甩项竣工的，合同当事人应签订甩项竣工协议。在甩项竣工协议中应明确，合同当事人按照上述竣工结算申请竣工结算审核的约定，对已完合格工程进行结算，并支付相应合同价款。

（4）最终结清。

① 最终结清申请单。

除专用合同条款另有约定外，承包人应在缺陷责任期终止证书颁发后 7 天内，按专用合同条款约定的份数向发包人提交最终结清申请单，并提供相关证明材料。

除专用合同条款另有约定外，最终结清申请单应列明质量保证金、应扣除的质量保证金、缺陷责任期内发生的增减费用。

发包人对最终结清申请单内容有异议的，有权要求承包人进行修正和提供补充资料，承包人应向发包人提交修正后的最终结清申请单。

② 最终结清证书和支付。

除专用合同条款另有约定外，发包人应在收到承包人提交的最终结清申请单后 14 天内完成审批并向承包人颁发最终结清证书。发包人逾期未完成审批，又未提出修改意见的，视为发包人同意承包人提交的最终结清申请单，且自发包人收到承包人提交的最终结清申请单后 15 天起视为已颁发最终结清证书。

除专用合同条款另有约定外，发包人应在颁发最终结清证书后 7 天内完成支付。发包人逾期支付的，按照中国人民银行发布的同期同类贷款基准利率支付违约金；逾期支付超过 56 天的，按照中国人民银行发布的同期同类贷款基准利率的两倍支付违约金。

承包人对发包人颁发的最终结清证书有异议的，按本通用合同条款第20条【争议解决】约定办理。

（5）质量保证金。

经合同当事人协商一致扣留质量保证金的，应在专用合同条款中予以明确。

① 承包人提供质量保证金的方式。

承包人提供质量保证金有以下3种方式。

A. 质量保证金保函。

B. 相应比例的工程款。

C. 双方约定的其他方式。

除专用合同条款另有约定外，质量保证金原则上采用上述第一种方式。

② 质量保证金的扣留。

质量保证金的扣留有以下3种方式。

A. 在支付工程进度款时逐次扣留，在此情形下，质量保证金的计算基数不包括预付款的支付、扣回以及价格调整的金额。

B. 工程竣工结算时一次性扣留质量保证金。

C. 双方约定的其他扣留方式。

除专用合同条款另有约定外，质量保证金的扣留原则上采用上述第一种方式。

按照《建设工程质量保证金管理办法》（建质〔2017〕138 号）规定，发包人累计扣留的质量保证金不得超过结算合同价格的3%，如承包人在发包人签发竣工付款证书后28天内提交质量保证金保函，发包人应同时退还扣留的质量保证金。

③ 质量保证金的退还。

发包人应按合同中"最终结清"的约定退还质量保证金。

 导读案例 3-3 回放

（1）工程未经验收，发包人使用该工程，基础工程、主体工程之外的质量问题的责任由发包人承担；

（2）工程未经验收，发包人提前使用，可视为发包人已接收该项工程，根据最高人民法院的司法解释，承包人对基础工程、主体工程承担民事责任。

3.4 建设工程施工合同管理

3.4.1 发包人

1. 许可或批准的办理

发包人应遵守法律，并办理法律规定由其办理的许可、批准或备案，包括但不限于建设用地规划许可证、建设工程规划许可证、建设工程施工许可证、施工所需临时用水、临时用电、中断道路交通、临时占用土地等许可和批准。发包人应协助承包人办理法律规定的有关施工证件和批件。

因发包人原因未能及时办理完毕前述许可、批准或备案，由发包人承担由此增加的费用和（或）延误的工期，并支付承包人合理的利润。

2. 发包人代表

发包人应在专用合同条款中明确其派驻施工现场的发包人代表的姓名、职务、联系方式及授权范围等事项。发包人代表在发包人的授权范围内，负责处理合同履行过程中与发包人有关的具体事宜。发包人代表在授权范围内的行为由发包人承担法律责任。发包人更换发包人代表的，应提前 7 天书面通知承包人。

发包人代表不能按照合同约定履行其职责及义务，并导致合同无法继续正常履行的，承包人可以要求发包人撤换发包人代表。

不属于法定必须监理的工程，监理人的职权可以由发包人代表或发包人指定的其他人员行使。

3. 提供施工现场、施工条件和基础资料

（1）提供施工现场。

除专用合同条款另有约定外，发包人应最迟于开工日期 7 天前向承包人移交施工现场。

（2）提供施工条件。

除专用合同条款另有约定外，发包人应负责提供施工所需要的条件如下。

① 将施工用水、电力、通信线路等施工所必需的条件接至施工现场内。

② 保证向承包人提供正常施工所需要的进入施工现场的交通条件。

③ 协调处理施工现场周围地下管线和邻近建筑物、构筑物、古树名木的保护工作，并承担相关费用。

④ 按照专用合同条款约定应提供的其他设施和条件。

（3）提供基础资料。

发包人应当在移交施工现场前向承包人提供施工现场及工程施工所必需的毗邻区域内供水、排水、供电、供气、供热、通信、广播电视等地下管线资料，气象和水文观测资料，地质勘察资料，相邻建筑物、构筑物和地下工程等有关基础资料，并对所提供资料的真实性、准确性和完整性负责。

按照法律规定确需在开工后方能提供的基础资料，发包人应尽其努力及时地在相应工程施工前的合理期限内提供，合理期限应以不影响承包人的正常施工为限。

（4）逾期提供的责任。

因发包人原因未能按合同约定及时向承包人提供施工现场、施工条件和基础资料的，由发包人承担由此增加的费用和（或）延误的工期。

3.4.2　承包人

1. 承包人的一般义务

承包人在履行合同过程中应遵守法律和工程建设标准规范，并履行以下义务。

（1）办理法律规定应由承包人办理的许可和批准，并将办理结果书面报送发包人留存。

（2）按法律规定和合同约定完成工程，并在保修期内承担保修义务。

（3）按法律规定和合同约定采取施工安全和环境保护措施，办理工伤保险，确保工程及人员、材料、设备和设施的安全。

（4）按合同约定的工作内容和施工进度要求，编制施工组织设计和施工措施计划，并对所有施工作业和施工方法的完备性和安全可靠性负责。

（5）在进行合同约定的各项工作时，不得侵害发包人与他人使用公用道路、水源、市政管网等公共设施的权利，避免对邻近的公共设施产生干扰。承包人占用或使用他人的施工场地，影响他人作业或生活的，应承担相应责任。

（6）按照本通用合同条款第6.3款【环境保护】约定负责施工场地及其周边环境与生态的保护工作。

（7）按照本通用合同条款第6.1款【安全文明施工】约定采取施工安全措施，确保工程及其人员、材料、设备和设施的安全，防止因工程施工造成的人身伤害和财产损失。

（8）将发包人按合同约定支付的各项价款专用于合同工程，且应及时支付其雇用人员工资，并及时向分包人支付合同价款。

（9）按照法律规定和合同约定编制竣工资料，完成竣工资料立卷及归档，并按专用合同条款约定的竣工资料的套数、内容、时间等要求移交发包人。

（10）应履行的其他义务。

2. 项目经理

（1）承包人的项目经理应为合同当事人所确认的人选，并在专用合同条款中明确项目经理的姓名、职称、注册执业证书编号、联系方式及授权范围等事项，项目经理经承包人授权后代表承包人负责履行合同。项目经理应是承包人正式聘用的员工，承包人应向发包人提交项目经理与承包人之间的劳动合同，以及承包人为项目经理缴纳社会保险的有效证明。承包人不提交上述文件的，项目经理无权履行职责，发包人有权要求更换项目经理，由此增加的费用和（或）延误的工期由承包人承担。

项目经理应常驻施工现场，且每月在施工现场时间不得少于专用合同条款约定的天数。项目经理不得同时担任其他项目的项目经理。项目经理确需离开施工现场时，应事先通知监理人，并取得发包人的书面同意。项目经理的通知中应当载明临时代行其职责的人员的注册执业资格、管理经验等资料，该人员应具备履行相应职责的能力。

承包人违反上述约定的，应按照专用合同条款的约定，承担违约责任。

（2）项目经理按合同约定组织工程实施。在紧急情况下为确保施工安全和人员安全，在无法与发包人代表和总监理工程师及时取得联系时，项目经理有权采取必要的措施保证与工程有关的人身、财产和工程的安全，但应在48小时内向发包人代表和总监理工程师提交书面报告。

（3）承包人需要更换项目经理的，应提前14天书面通知发包人和监理人，并征得发包人书面同意。通知中应当载明继任项目经理的注册执业资格、管理经验等资料，继任项目经理继续履行本通用合同条款第3.2.1项约定的职责。未经发包人书面同意，承包人不得擅自更换项目经理。承包人擅自更换项目经理的，应按照专用合同条款的约定承担违约责任。

（4）发包人有权书面通知承包人更换其认为不称职的项目经理，通知中应当载明要求更换的理由。承包人应在接到更换通知后 14 天内向发包人提出书面的改进报告。发包人收到改进报告后仍要求更换的，承包人应在接到第二次更换通知的 28 天内进行更换，并将新任命的项目经理的注册执业资格、管理经验等资料书面通知发包人。继任项目经理继续履行本通用合同条款第 3.2.1 项约定的职责。承包人无正当理由拒绝更换项目经理的，应按照专用合同条款的约定承担违约责任。

（5）项目经理因特殊情况授权其下属人员履行其某项工作职责的，该下属人员应具备履行相应职责的能力，并应提前 7 天将上述人员的姓名和授权范围书面通知监理人，并征得发包人书面同意。

3. 承包人现场查勘

承包人应对基于发包人按照本通用合同条款第 2.4.3 项【提供基础资料】提交的基础资料所做出的解释和推断负责，但因基础资料存在错误、遗漏导致承包人解释或推断失实的，由发包人承担责任。

承包人应对施工现场和施工条件进行查勘，并充分了解工程所在地的气象条件、交通条件、风俗习惯以及其他与完成合同工作有关的资料。因承包人未能充分查勘、了解前述情况或未能充分估计前述情况所可能产生后果的，承包人承担由此增加的费用和（或）延误的工期。

4. 分包

（1）分包的一般约定。

承包人不得将其承包的全部工程转包给第三人，或将其承包的全部工程肢解后以分包的名义转包给第三人。承包人不得将工程主体结构、关键性工作及专用合同条款中禁止分包的专业工程分包给第三人，主体结构、关键性工作的范围由合同当事人按照法律规定在专用合同条款中予以明确。

承包人不得以劳务分包的名义转包或违法分包工程。

（2）分包的确定。

承包人应按专用合同条款的约定进行分包，确定分包人。已标价工程量清单或预算书中给定暂估价的专业工程，按照本通用合同条款第 10.7 款【暂估价】确定分包人。按照合同约定进行分包的，承包人应确保分包人具有相应的资质和能力。工程分包不减轻或免除承包人的责任和义务，承包人和分包人就分包工程向发包人承担连带责任。除合同另有约定外，承包人应在分包合同签订后 7 天内向发包人和监理人提交分包合同副本。

（3）分包管理。

承包人应向监理人提交分包人的主要施工管理人员表，并对分包人的施工人员进行实名制管理，包括但不限于进出场管理、登记造册以及各种证照的办理。

（4）分包合同价款。

除"（2）分包的确定"中约定的情况或专用合同条款另有约定外，分包合同价款由承包人与分包人结算，未经承包人同意，发包人不得向分包人支付分包工程价款。

生效法律文书要求发包人向分包人支付分包合同价款的，发包人有权从应付承包人工程款中扣除该部分款项。

（5）分包合同权益的转让。

分包人在分包合同项下的义务持续到缺陷责任期届满以后的，发包人有权在缺陷责任期届满前，要求承包人将其在分包合同项下的权益转让给发包人，承包人应当转让。除转让合同另有约定外，转让合同生效后，由分包人向发包人履行义务。

3.4.3　监理人

1. 监理人的一般规定

工程实行监理的，发包人和承包人应在专用合同条款中明确监理人的监理内容及监理权限等事项。监理人应当根据发包人授权及法律规定，代表发包人对工程施工相关事项进行检查、查验、审核、验收，并签发相关指示，但监理人无权修改合同，且无权减轻或免除合同约定的承包人的任何责任与义务。

除专用合同条款另有约定外，监理人在施工现场的办公场所、生活场所由承包人提供，所发生的费用由发包人承担。

2. 监理人员

发包人授予监理人对工程实施监理的权利由监理人派驻施工现场的监理人员行使，监理人员包括总监理工程师及监理工程师。监理人应将授权的总监理工程师和监理工程师的姓名及授权范围以书面形式提前通知承包人。更换总监理工程师的，监理人应提前7天书面通知承包人；更换其他监理人员，监理人应提前48小时书面通知承包人。

3. 监理人的指示

监理人应按照发包人的授权发出监理指示。监理人的指示应采用书面形式，并经其授权的监理人员签字。紧急情况下，为了保证施工人员的安全或避免工程受损，监理人员可以口头形式发出指示，该指示与书面形式的指示具有同等法律效力，但必须在发出口头指示后24小时内补发书面监理指示，补发的书面监理指示应与口头指示一致。

监理人发出的指示应送达承包人项目经理或经项目经理授权接收的人员。因监理人未能按合同约定发出指示、指示延误或发出了错误指示而导致承包人费用增加和（或）工期延误的，由发包人承担相应责任。除专用合同条款另有约定外，总监理工程师不应将本通用合同条款第4.4款【商定或确定】约定应由总监理工程师作出确定的权利授权或委托给其他监理人员。

承包人对监理人发出的指示有疑问的，应向监理人提出书面异议，监理人应在48小时内对该指示予以确认、更改或撤销，监理人逾期未回复的，承包人有权拒绝执行上述指示。

监理人对承包人的任何工作、工程或其采用的材料和工程设备未在约定的或合理期限内提出意见的，视为批准，但不免除或减轻承包人对该工作、工程、材料、工程设备等应承担的责任和义务。

4. 商定或确定

合同当事人进行商定或确定时，总监理工程师应当会同合同当事人尽量通过协商达成一致，不能达成一致的，由总监理工程师按照合同约定审慎做出公正的确定。

总监理工程师应将确定以书面形式通知发包人和承包人，并附详细依据。合同当事人对总监理工程师的确定没有异议的，按照总监理工程师的确定执行。任何一方合同当事人有异议，按照本通用合同条款第 20 条【争议解决】约定处理。争议解决前，合同当事人暂按总监理工程师的确定执行；争议解决后，争议解决的结果与总监理工程师的确定不一致的，按照争议解决的结果执行，由此造成的损失由责任人承担。

3.4.4 不可抗力

1. 不可抗力

不可抗力是指合同当事人在签订合同时不可预见，在合同履行过程中不可避免且不能克服的自然灾害和社会性突发事件，如地震、海啸、瘟疫、骚乱、戒严、暴动、战争和专用合同条款中约定的其他情形。

2. 不可抗力发生后双方的工作

不可抗力发生后，发包人和承包人应收集证明不可抗力发生及不可抗力造成损失的证据，并及时认真统计所造成的损失。合同当事人对是否属于不可抗力或其损失的意见不一致的，由监理人按本通用合同条款第 4.4 款【商定或确定】约定处理。发生争议时，按本通用合同条款第 20 条【争议解决】约定处理。

不可抗力持续发生的，合同一方当事人应及时向合同另一方当事人和监理人提交中间报告，说明不可抗力和履行合同受阻的情况，并于不可抗力事件结束后 28 天内提交最终报告及有关资料。

3. 责任承担

不可抗力引起的后果及造成的损失由合同当事人按照法律规定及合同约定各自承担。不可抗力发生前已完成的工程应当按照合同约定进行计量支付。

（1）不可抗力导致的人员伤亡、财产损失、费用增加和（或）工期延误等后果，由合同当事人按以下原则承担。

① 永久工程、已运至施工现场的材料和工程设备的损坏，以及因工程损坏造成的第三方人员伤亡和财产损失由发包人承担。

② 承包人施工设备的损坏由承包人承担。

③ 发包人和承包人承担各自人员伤亡和财产的损失。

④ 因不可抗力影响承包人履行合同约定的义务，已经引起或将引起工期延误的，应当顺延工期，由此导致承包人停工的费用损失由发包人和承包人合理分担，停工期间必须支付的工人工资由发包人承担。

⑤ 因不可抗力引起或将引起工期延误，发包人要求赶工的，由此增加的赶工费用由发包人承担。

⑥ 承包人在停工期间按照发包人要求照管、清理和修复工程的费用由发包人承担。

不可抗力发生后，合同当事人均应采取措施尽量避免和减少损失的扩大，任何一方当事人没有采取有效措施导致损失扩大的，应对扩大的损失承担责任。

因合同一方迟延履行合同义务，在迟延履行期间遭遇不可抗力的，不免除其违约责任。

（2）因不可抗力解除合同。

因不可抗力导致合同无法履行连续超过 84 天或累计超过 140 天的，发包人和承包人均有权解除合同。合同解除后，由双方当事人按照本通用合同条款第 4.4 款【商定或确定】商定或确定发包人应支付的款项，该款项包括以下内容。

① 合同解除前承包人已完成工作的价款。

② 承包人为工程订购的并已交付给承包人，或承包人有责任接受交付的材料、工程设备和其他物品的价款。

③ 发包人要求承包人退货或解除订货合同而产生的费用，或因不能退货或解除合同而产生的损失。

④ 承包人撤离施工现场以及遣散承包人人员的费用。

⑤ 按照合同约定在合同解除前应支付给承包人的其他款项。

⑥ 扣减承包人按照合同约定应向发包人支付的款项。

⑦ 双方商定或确定的其他款项。

除专用合同条款另有约定外，合同解除后，发包人应在商定或确定上述款项后 28 天内完成上述款项的支付。

3.4.5　索赔

1. 承包人的索赔

（1）索赔程序。

根据合同约定，承包人认为有权得到追加付款和（或）延长工期的，应按以下程序向发包人提出索赔。

① 承包人应在知道或应当知道索赔事件发生后 28 天内，向监理人递交索赔意向通知书，并说明发生索赔事件的事由；承包人未在前述 28 天内发出索赔意向通知书的，丧失要求追加付款和（或）延长工期的权利；

② 承包人应在发出索赔意向通知书后 28 天内，向监理人正式递交索赔报告；索赔报告应详细说明索赔理由以及要求追加的付款金额和（或）延长的工期，并附必要的记录和证明材料；

③ 索赔事件具有持续影响的，承包人应按合理时间间隔继续递交延续索赔通知，说明持续影响的实际情况和记录，列出累计的追加付款金额和（或）工期延长天数；

④ 在索赔事件影响结束后 28 天内，承包人应向监理人递交最终索赔报告，说明最终要求索赔的追加付款金额和（或）延长的工期，并附必要的记录和证明材料。

（2）对承包人索赔的处理。

对承包人索赔的处理如下。

① 监理人应在收到索赔报告后 14 天内完成审查并报送发包人。监理人对索赔报告存在异议的，有权要求承包人提交全部原始记录副本。

② 发包人应在监理人收到索赔报告或有关索赔的进一步证明材料后的 28 天内，由监理人向承包人出具经发包人签认的索赔处理结果。发包人逾期答复的，则视为认可承包人的索赔要求。

③ 承包人接受索赔处理结果的，索赔款项在当期进度款中进行支付；承包人不接受索赔处理结果的，按照本通用合同条款第 20 款【争议解决】约定处理。

2. 发包人的索赔

（1）索赔程序。

根据合同约定，发包人认为有权得到赔付金额和（或）延长缺陷责任期的，监理人应向承包人发出通知并附有详细的证明。

发包人应在知道或应当知道索赔事件发生后 28 天内通过监理人向承包人提出索赔意向通知书，发包人未在前述 28 天内发出索赔意向通知书的，丧失要求赔付金额和（或）延长缺陷责任期的权利。发包人应在发出索赔意向通知书后 28 天内，通过监理人向承包人正式递交索赔报告。

（2）对发包人索赔的处理。

对发包人索赔的处理如下。

① 承包人收到发包人提交的索赔报告后，应及时审查索赔报告的内容、查验发包人证明材料。

② 承包人应在收到索赔报告或有关索赔的进一步证明材料后 28 天内，将索赔处理结果答复发包人。如果承包人未在上述期限内做出答复的，则视为对发包人索赔要求的认可。

③ 承包人接受索赔处理结果的，发包人可从应支付给承包人的合同价款中扣除赔付的金额或延长缺陷责任期；发包人不接受索赔处理结果的，按照本通用合同条款第 20 条【争议解决】约定处理。

3.4.6　合同争议的解决方式

1. 和解

合同当事人可以就争议自行和解，自行和解达成协议的经双方签字并盖章后作为合同补充文件，双方均应遵照执行。

2. 调解

合同当事人可以就争议请求建设行政主管部门、行业协会或其他第三方进行调解，调解达成协议的，经双方签字并盖章后作为合同补充文件，双方均应遵照执行。

3. 争议评审

合同当事人在专用合同条款中约定采取争议评审方式解决争议以及评审规则，并按下列约定执行。

① 合同当事人可以共同选择一名或三名争议评审员，组成争议评审小组。除专用合同

条款另有约定外，合同当事人应当自合同签订后 28 天内，或者争议发生后 14 天内，选定争议评审员。

② 选择一名争议评审员的，由合同当事人共同确定；选择三名争议评审员的，各自选定一名，第三名成员为首席争议评审员，由合同当事人共同确定或由合同当事人委托已选定的争议评审员共同确定，或由专用合同条款约定的评审机构指定第三名首席争议评审员。

③ 除专用合同条款另有约定外，评审员报酬由发包人和承包人各承担一半。

④ 合同当事人可在任何时间将与合同有关的任何争议共同提请争议评审小组进行评审。争议评审小组应秉持客观、公正原则，充分听取合同当事人的意见，依据相关法律、规范、标准、案例经验及商业惯例等，自收到争议评审申请报告后 14 天内作出书面决定，并说明理由。合同当事人可以在专用合同条款中对本项事项另行约定。

⑤ 争议评审小组作出的书面决定经合同当事人签字确认后，对双方具有约束力，双方应遵照执行。

⑥ 任何一方当事人不接受争议评审小组决定或不履行争议评审小组决定的，双方可选择采用其他争议解决方式。

4. 仲裁或诉讼

因合同及合同有关事项产生的争议，合同当事人可以在专用合同条款中约定以下一种方式解决争议。

（1）向约定的仲裁委员会申请仲裁。

（2）向有管辖权的人民法院起诉。

习　题

1. 简述《建设工程施工合同（示范文本）》（GF—2017—0201）的基本组成。

2. 简述《建设工程施工合同（示范文本）》（GF—2017—0201）约定的隐蔽工程检验程序。

3. 根据《建设工程施工合同（示范文本）》（GF—2017—0201）约定，可以调整合同价款的因素有哪些？

4. 试述构成建设工程施工合同的文件和优先解释顺序。

5. 建设工程竣工验收应具备的条件是什么？

6. 简述质量保修的范围和质量保修的责任。

7. 根据《建设工程施工合同（示范文本）》（GF—2017—0201）约定，简述工程款（进度款）支付的程序和责任。

8. 简述工程分包与工程转包的区别。施工合同对工程分包有何规定？

9. 不可抗力所造成的损失应如何分担？

10. 简述承包人向发包人索赔的程序。

11. 简述施工合同争议的解决方式。

第4章
建设工程其他合同

教学提示

工程建设活动必须由多个不同利益主体参与。这些主体相互之间是由合同构建起来的经济法律关系。各主体的利益目的正是通过履行合同义务和实现合同权利来达到的。建设工程合同种类繁多，除了施工合同外，还有勘察合同、设计合同和监理合同等。近年来，随着投资体制和建设行业的发展变革，工程总承包 EPC 合同、政府和社会资本合作 PPP 合同的运用也越来越多。

教学要求

本章要求学生掌握建设工程勘察和设计合同、建设工程监理合同、工程总承包（EPC）合同、政府和社会资本合作（PPP）合同示范文本的概念及其内容，特别要掌握合同条款的含义；熟悉订立合同的程序和注意事项；了解我国关于建设工程勘察和设计、建设工程监理、工程总承包以及政府和社会资本合作等方面的有关法规。

4.1 建设工程勘察和设计合同

4.1.1 建设工程勘察和设计合同概述

工程勘察和设计是工程建设活动必不可少的程序。建设工程在施工之前，必须查明、分析、评价建设场地的地质、地理、环境特征和岩土工程条件，还要对建设工程所需的技术、经济、资源、环境等条件进行综合分析和论证，并在此基础上进行建筑工程施工设计。根据建设工程的要求所进行的上述活动就是工程勘察和设计。

工程勘察和设计活动都是专业性极强的活动，必须由具备法定条件的专门机构和专业人员来完成。通常，建设工程的发包人与从事工程勘察和设计的专门机构签订勘察和设计合同来完成工程的勘察和设计。

《民法典》第 788 条规定：建设工程合同是承包人进行工程建设，发包人支付价款的合同。建设工程合同包括工程勘察、设计、施工合同。《民法典》第 789 条规定：建设工程合同应当采用书面形式。上述规定说明，勘察、设计合同必须采用书面形式订立。

由于勘察和设计活动的内容相当复杂，规定发包人和承包人权利义务的合同内容十分专业化，为使勘察和设计合同的签订和履行能够顺利进行，中华人民共和国住房和城乡建设部联合国家工商行政管理总局于 2016 年 9 月颁布了《建设工程勘察合同（示范文本）》（GF—2016—0203），于 2015 年 3 月颁布了《建设工程设计合同示范文本(房屋建筑工程)》（GF—2015—0209）和《建设工程设计合同示范文本（专业建设工程）》（GF—2015—0210）。上述示范文本虽不强制使用，但由于其条款设计的科学性和完备性有利于明确双方的技术经济责任、保护双方的合法权益，从而成为勘察设计活动中发包人和承包人的明智选择。

《建设工程勘察合同（示范文本）》（GF—2016—0203）适用于岩土工程勘察、岩土工程设计、岩土工程物探/测试/检测/监测、水文地质勘察及工程测量等工程勘察活动，岩土工程设计也可使用《建设工程设计合同示范文本（专业建设工程）》（GF—2015—0210）。

《建设工程设计合同示范文本（房屋建筑工程）》（GF—2015—0209）适用于建设用地规划许可证范围内的建筑物构筑物设计、室外工程设计、民用建筑修建的地下工程设计及住宅小区、工厂厂前区、工厂生活区、小区规划设计及单体设计等，以及所包含的相关专业的设计内容（总平面布置、竖向设计、各类管网管线设计、景观设计、室内外环境设计及建筑装饰、道路、消防、智能、安保、通信、防雷、人防、供配电、照明、废水治理、空调设施、抗震加固等）等工程设计活动。

房屋建筑工程以外的各行业建设工程统称为专业建设工程，具体包括煤炭、化工石化医药、石油天然气（海洋石油）、电力、冶金、军工、机械、商物粮、核工业、电子通信广电、轻纺、建材、铁道、公路、水运、民航、市政、农林、水利、海洋等工程。《建设工程设计合同示范文本（专业建设工程）》（GF—2015—0210）适用于上述房屋建筑工程以外各行业建设工程项目的主体工程和配套工程（含厂/矿区内的自备电站、道路、专用铁路、通信、各种管网管线和配套的建筑物等全部配套工程）以及与主体工程、配套工程相关的工艺、土木、建筑、环境保护、水土保持、消防、安全、卫生、节能、防雷、抗震、照明工程等工程设计活动。

4.1.2 **《建设工程勘察合同（示范文本）》（GF—2016—0203）的内容**

第一部分　合同协议书

发包人（全称）： _____

勘察人（全称）： _____

根据《中华人民共和国民法典》《中华人民共和国建筑法》《中华人民共和国招标投标法》等相关法律法规的规定，遵循平等、自愿、公平和诚实信用的原则，双方就_____项目工程勘察有关事项协商一致，达成如下协议。

一、工程概况

1. **工程名称：** _____

2. 工程地点: _____

3. 工程规模、特征: _____

二、勘察范围和阶段、技术要求及工作量

1. 勘察范围和阶段: _____

2. 技术要求: _____

3. 工作量: _____

三、合同工期

1. 开工日期: _____

2. 成果提交日期: _____

3. 合同工期（总日历天数）_____天

四、质量标准

质量标准: _____

五、合同价款

1. 合同价款金额: 人民币（大写）_____（¥_____元）

2. 合同价款形式: _____

六、合同文件构成

组成本合同的文件包括:

（1）合同协议书;

（2）专用合同条款及其附件;

（3）通用合同条款;

（4）中标通知书（如果有）;

（5）投标文件及其附件（如果有）;

（6）技术标准和要求;

（7）图纸;

（8）其他合同文件。

在合同履行过程中形成的与合同有关的文件构成合同文件组成部分。

七、承诺

1. 发包人承诺按照法律规定履行项目审批手续，按照合同约定提供工程勘察条件和相关资料，并按照合同约定的期限和方式支付合同价款。

2. 勘察人承诺按照法律法规和技术标准规定及合同约定提供勘察技术服务。

八、词语定义

本合同协议书中词语含义与合同第二部分《通用合同条款》中的词语含义相同。

九、签订时间

本合同于_____年____月____日签订。

十、签订地点

本合同在_____签订。

十一、合同生效

本合同自_____生效。

十二、合同份数

本合同一式_____份，具有同等法律效力，发包人执_____份，勘察人执_____份。

发包人：(印章)_____   勘察人：(印章)_____

法定代表人或其委托代理人：   法定代表人或其委托代理人：

(签字)   (签字)

统一社会信用代码：_____   统一社会信用代码：_____

地　　　　　址：_____   地　　　　　址：_____

邮　政　编　码：_____   邮　政　编　码：_____

电　　　　　话：_____   电　　　　　话：_____

传　　　　　真：_____   传　　　　　真：_____

电　子　邮　箱：_____   电　子　邮　箱：_____

开　户　银　行：_____   开　户　银　行：_____

账　　　　　号：_____   账　　　　　号：_____

第二部分　通用合同条款

第1条　一般约定

1.1　词语定义

下列词语除专用合同条款另有约定外，应具有本条所赋予的含义。

1.1.1　合同：指根据法律规定和合同当事人约定具有约束力的文件，构成合同的文件包括合同协议书、专用合同条款及其附件、通用合同条款、中标通知书（如果有）、投标文件及其附件（如果有）、技术标准和要求、图纸以及其他合同文件。

1.1.2　合同协议书：指构成合同的由发包人和勘察人共同签署的称为"合同协议书"的书面文件。

1.1.3　通用合同条款：是根据法律、行政法规规定及建设工程勘察的需要订立，通用于建设工程勘察的合同条款。

1.1.4　专用合同条款：是发包人与勘察人根据法律、行政法规规定，结合具体工程实际，经协商达成一致意见的合同条款，是对通用合同条款的细化、完善、补充、修改或另行约定。

1.1.5　发包人：指与勘察人签订合同协议书的当事人以及取得该当事人资格的合法继承人。

1.1.6　勘察人：指在合同协议书中约定，被发包人接受的具有工程勘察资质的当事人以及取得该当事人资格的合法继承人。

1.1.7　工程：指发包人与勘察人在合同协议书中约定的勘察范围内的项目。

1.1.8　勘察任务书：指由发包人就工程勘察范围、内容和技术标准等提出要求的书面文件。勘察任务书构成合同文件组成部分。

1.1.9　合同价款：指合同当事人在合同协议书中约定，发包人用以支付勘察人完成合同约定范围内工程勘察工作的款项。

1.1.10　费用：指为履行合同所发生的或将要发生的必需的支出。

1.1.11　工期：指合同当事人在合同协议书中约定，按总日历天数（包括法定节假日）计算的工作天数。

1.1.12 天：除特别指明外，均指日历天。约定按天计算时间的，开始当天不计入，从次日开始计算。时限的最后一天是休息日或者其他法定节假日的，以节假日次日为时限的最后一天，时限的最后一天的截止时间为当日24时。

1.1.13 开工日期：指合同当事人在合同中约定，勘察人开始工作的绝对或相对日期。

1.1.14 成果提交日期：指合同当事人在合同中约定，勘察人完成合同范围内工作并提交成果资料的绝对或相对日期。

1.1.15 图纸：指由发包人提供或由勘察人提供并经发包人认可，满足勘察人开展工作需要的所有图件，包括相关说明和资料。

1.1.16 作业场地：指工程勘察作业的场所以及发包人具体指定的供工程勘察作业使用的其他场所。

1.1.17 书面形式：指合同书、信件和数据电文（包括电报、电传、传真、电子数据交换和电子邮件）等可以有形地表现所载内容的形式。

1.1.18 索赔：指在合同履行过程中，一方违反合同约定，直接或间接地给另一方造成实际损失，受损方向违约方提出经济赔偿和（或）工期顺延的要求。

1.1.19 不利物质条件：指勘察人在作业场地遇到的不可预见的自然物质条件、非自然的物质障碍和污染物。

1.1.20 后期服务：指勘察人提交成果资料后，为发包人提供的后续技术服务工作和程序性工作，如报告成果咨询、基槽检验、现场交桩和竣工验收等。

1.2 合同文件及优先解释顺序

1.2.1 合同文件应能相互解释，互为说明。除专用合同条款另有约定外，组成本合同的文件及优先解释顺序如下：

（1）合同协议书；
（2）专用合同条款及其附件；
（3）通用合同条款；
（4）中标通知书（如果有）；
（5）投标文件及其附件（如果有）；
（6）技术标准和要求；
（7）图纸；
（8）其他合同文件。

上述合同文件包括合同当事人就该项合同文件所作出的补充和修改，属于同一类内容的文件，应以最新签署的为准。

1.2.2 当合同文件内容含糊不清或不相一致时，在不影响工作正常进行的情况下，由发包人和勘察人协商解决。双方协商不成时，按第16条〔争议解决〕的约定处理。

1.3 适用法律法规、技术标准

1.3.1 适用法律法规

本合同文件适用中华人民共和国法律、行政法规、部门规章以及工程所在地的地方性法规、自治条例、单行条例和地方政府规章等。其他需要明示的规范性文件，由合同当事人在专用合同条款中约定。

1.3.2 适用技术标准

适用于工程的现行有效国家标准、行业标准、工程所在地的地方标准以及相应的规范、规程为本合同文件适用的技术标准。合同当事人有特别要求的，应在专用合同条款中约定。发包人要求使用国外技术标准的，应在专用合同条款中约定所使用技术标准的名称及提供方，并约定技术标准原文版、中译本的份数、时间及费用承担等事项。

1.4 语言文字

本合同文件使用汉语语言文字书写、解释和说明。如专用合同条款约定使用两种以上（含两种）语言时，汉语为优先解释和说明本合同的语言。

1.5 联络

1.5.1 与合同有关的批准文件、通知、证明、证书、指示、指令、要求、请求、意见、确定和决定等，均应采用书面形式或合同双方确认的其他形式，并应在合同约定的期限内送达接收人。

1.5.2 发包人和勘察人应在专用合同条款中约定各自的送达接收人、送达形式及联系方式。合同当事人指定的接收人、送达地点或联系方式发生变动的，应提前3天以书面形式通知对方，否则视为未发生变动。

1.5.3 发包人、勘察人应及时签收对方送达至约定送达地点和指定接收人的来往信函；如确有充分证据证明一方无正当理由拒不签收的，视为拒绝签收一方认可往来信函的内容。

1.6 严禁贿赂

合同当事人不得以贿赂或变相贿赂的方式，牟取非法利益或损害对方权益。因一方的贿赂造成对方损失的，应赔偿损失并承担相应的法律责任。

1.7 保密

除法律法规规定或合同另有约定外，未经发包人同意，勘察人不得将发包人提供的图纸、文件以及声明需要保密的资料信息等商业秘密泄露给第三方。

除法律法规规定或合同另有约定外，未经勘察人同意，发包人不得将勘察人提供的技术文件、成果资料、技术秘密及声明需要保密的资料信息等商业秘密泄露给第三方。

第2条 发包人

2.1 发包人权利

2.1.1 发包人对勘察人的勘察工作有权依照合同约定实施监督，并对勘察成果予以验收。

2.1.2 发包人对勘察人无法胜任工程勘察工作的人员有权提出更换。

2.1.3 发包人拥有勘察人为其项目编制的所有文件资料的使用权，包括投标文件、成果资料和数据等。

2.2 发包人义务

2.2.1 发包人应以书面形式向勘察人明确勘察任务及技术要求。

2.2.2 发包人应提供开展工程勘察工作所需要的图纸及技术资料，包括总平面图、地形图、已有水准点和坐标控制点等，若上述资料由勘察人负责搜集时，发包人应承担相关费用。

2.2.3 发包人应提供工程勘察作业所需的批准及许可文件，包括立项批复、占用和挖掘道路许可等。

2.2.4 发包人应为勘察人提供具备条件的作业场地及进场通道（包括土地征用、障碍物清除、场地平整、提供水电接口和青苗赔偿等）并承担相关费用。

2.2.5 发包人应为勘察人提供作业场地内地下埋藏物（包括地下管线、地下构筑物等）的资料、图纸，没有资料、图纸的地区，发包人应委托专业机构查清地下埋藏物。若因发包人未提供上述资料、图纸，或提供的资料、图纸不实，致使勘察人在工程勘察工作过程中发生人身伤害或造成经济损失时，由发包人承担赔偿责任。

2.2.6 发包人应按照法律法规规定为勘察人安全生产提供条件并支付安全生产防护费用，发包人不得要求勘察人违反安全生产管理规定进行作业。

2.2.7 若勘察现场需要看守，特别是在有毒、有害等危险现场作业时，发包人应派人负责安全保卫工作；按国家有关规定，对从事危险作业的现场人员进行保健防护，并承担费用。发包人对安全文明施工有特殊要求时，应在专用合同条款中另行约定。

2.2.8 发包人应对勘察人满足质量标准的已完工作，按照合同约定及时支付相应的工程勘察合同价款及费用。

2.3 发包人代表

发包人应在专用合同条款中明确其负责工程勘察的发包人代表的姓名、职务、联系方式及授权范围等事项。发包人代表在发包人的授权范围内，负责处理合同履行过程中与发包人有关的具体事宜。

第3条 勘察人

3.1 勘察人权利

3.1.1 勘察人在工程勘察期间，根据项目条件和技术标准、法律法规规定等方面的变化，有权向发包人提出增减合同工作量或修改技术方案的建议。

3.1.2 除建设工程主体部分的勘察外，根据合同约定或经发包人同意，勘察人可以将建设工程其他部分的勘察分包给其他具有相应资质等级的建设工程勘察单位。发包人对分包的特殊要求应在专用合同条款中另行约定。

3.1.3 勘察人对其编制的所有文件资料，包括投标文件、成果资料、数据和专利技术等拥有知识产权。

3.2 勘察人义务

3.2.1 勘察人应按勘察任务书和技术要求并依据有关技术标准进行工程勘察工作。

3.2.2 勘察人应建立质量保证体系，按本合同约定的时间提交质量合格的成果资料，并对其质量负责。

3.2.3 勘察人在提交成果资料后，应为发包人继续提供后期服务。

3.2.4 勘察人在工程勘察期间遇到地下文物时，应及时向发包人和文物主管部门报告并妥善保护。

3.2.5 勘察人开展工程勘察活动时应遵守有关职业健康及安全生产方面的各项法律法规的规定，采取安全防护措施，确保人员、设备和设施的安全。

3.2.6 勘察人在燃气管道、热力管道、动力设备、输水管道、输电线路、临街交通要道及地下通道（地下隧道）附近等风险性较大的地点，以及在易燃易爆地段及放射、有毒环境中进行工程勘察作业时，应编制安全防护方案并制定应急预案。

3.2.7 勘察人应在勘察方案中列明环境保护的具体措施，并在合同履行期间采取合理措施保护作业现场环境。

3.3　勘察人代表

勘察人接受任务时，应在专用合同条款中明确其负责工程勘察的勘察人代表的姓名、职务、联系方式及授权范围等事项。勘察人代表在勘察人的授权范围内，负责处理合同履行过程中与勘察人有关的具体事宜。

第4条　工期

4.1　开工及延期开工

4.1.1　勘察人应按合同约定的工期进行工程勘察工作，并接受发包人对工程勘察工作进度的监督、检查。

4.1.2　因发包人原因不能按照合同约定的日期开工，发包人应以书面形式通知勘察人，推迟开工日期并相应顺延工期。

4.2　成果提交日期

勘察人应按照合同约定的日期或双方同意顺延的工期提交成果资料，具体可在专用合同条款中约定。

4.3　发包人造成的工期延误

4.3.1　因以下情形造成工期延误，勘察人有权要求发包人延长工期、增加合同价款和（或）补偿费用：

（1）发包人未能按合同约定提供图纸及开工条件；

（2）发包人未能按合同约定及时支付定金、预付款和（或）进度款；

（3）变更导致合同工作量增加；

（4）发包人增加合同工作内容；

（5）发包人改变工程勘察技术要求；

（6）发包人导致工期延误的其他情形。

4.3.2　除专用合同条款对期限另有约定外，勘察人在第4.3.1款情形发生后7天内，应就延误的工期以书面形式向发包人提出报告。发包人在收到报告后7天内予以确认；逾期不予确认也不提出修改意见，视为同意顺延工期。补偿费用的确认程序参照第7.1款〔合同价款与调整〕执行。

4.4　勘察人造成的工期延误

勘察人因以下情形不能按照合同约定的日期或双方同意顺延的工期提交成果资料的，勘察人承担违约责任：

（1）勘察人未按合同约定开工日期开展工作造成工期延误的；

（2）勘察人管理不善、组织不力造成工期延误的；

（3）因弥补勘察人自身原因导致的质量缺陷而造成工期延误的；

（4）因勘察人成果资料不合格返工造成工期延误的；

（5）勘察人导致工期延误的其他情形。

4.5　恶劣气候条件

恶劣气候条件影响现场作业，导致现场作业难以进行，造成工期延误的，勘察人有权要求发包人延长工期，具体可参照第4.3.2款处理。

第5条 成果资料

5.1 成果质量

5.1.1 成果质量应符合相关技术标准和深度规定，且满足合同约定的质量要求。

5.1.2 双方对工程勘察成果质量有争议时，由双方同意的第三方机构鉴定，所需费用及因此造成的损失，由责任方承担；双方均有责任的，由双方根据其责任分别承担。

5.2 成果份数

勘察人应向发包人提交成果资料四份，发包人要求增加的份数，在专用合同条款中另行约定，发包人另行支付相应的费用。

5.3 成果交付

勘察人按照约定时间和地点向发包人交付成果资料，发包人应出具书面签收单，内容包括成果名称、成果组成、成果份数、提交和签收日期、提交人与接收人的亲笔签名等。

5.4 成果验收

勘察人向发包人提交成果资料后，如需对勘察成果组织验收的，发包人应及时组织验收。除专用合同条款对期限另有约定外，发包人14天内无正当理由不予组织验收，视为验收通过。

第6条 后期服务

6.1 后续技术服务

勘察人应派专业技术人员为发包人提供后续技术服务，发包人应为其提供必要的工作和生活条件，后续技术服务的内容、费用和时限应由双方在专用合同条款中另行约定。

6.2 竣工验收

工程竣工验收时，勘察人应按发包人要求参加竣工验收工作，并提供竣工验收所需相关资料。

第7条 合同价款与支付

7.1 合同价款与调整

7.1.1 依照法定程序进行招标工程的合同价款由发包人和勘察人依据中标价格载明在合同协议书中；非招标工程的合同价款由发包人和勘察人议定，并载明在合同协议书中。合同价款在合同协议书中约定后，除合同条款约定的合同价款调整因素外，任何一方不得擅自改变。

7.1.2 合同当事人可任选下列一种合同价款的形式，双方可在专用合同条款中约定：

（1）总价合同

双方在专用合同条款中约定合同价款包含的风险范围和风险费用的计算方法，在约定的风险范围内合同价款不再调整。风险范围以外的合同价款调整因素和方法，应在专用合同条款中约定。

（2）单价合同

合同价款根据工作量的变化而调整，合同单价在风险范围内一般不予调整，双方可在专用合同条款中约定合同单价调整因素和方法。

（3）其他合同价款形式

合同当事人可在专用合同条款中约定其他合同价格形式。

7.1.3 需调整合同价款时，合同一方应及时将调整原因、调整金额以书面形式通知对方，双方共同确认调整金额后作为追加或减少的合同价款，与进度款同期支付。除专用合同条款对期限另有约定外，一方在收到对方的通知后7天内不予确认也不提出修改意见，视为已经同意该项调整。合同当事人就调整事项不能达成一致的，则按照第16条〔争议解决〕的约定处理。

7.2 定金或预付款

7.2.1 实行定金或预付款的，双方应在专用合同条款中约定发包人向勘察人支付定金或预付款数额，支付时间应不迟于约定的开工日期前7天。发包人不按约定支付，勘察人向发包人发出要求支付的通知，发包人收到通知后仍不能按要求支付，勘察人可在发出通知后推迟开工日期，并由发包人承担违约责任。

7.2.2 定金或预付款在进度款中抵扣，抵扣办法可在专用合同条款中约定。

7.3 进度款支付

7.3.1 发包人应按照专用合同条款约定的进度款支付方式、支付条件和支付时间进行支付。

7.3.2 第7.1款〔合同价款与调整〕和第8.2款〔变更合同价款确定〕确定调整的合同价款及其他条款中约定的追加或减少的合同价款，应与进度款同期调整支付。

7.3.3 发包人超过约定的支付时间不支付进度款，勘察人可向发包人发出要求付款的通知，发包人收到勘察人通知后仍不能按要求付款，可与勘察人协商签订延期付款协议，经勘察人同意后可延期支付。

7.3.4 发包人不按合同约定支付进度款，双方又未达成延期付款协议，勘察人可停止工程勘察作业和后期服务，由发包人承担违约责任。

7.4 合同价款结算

除专用合同条款另有约定外，发包人应在勘察人提交成果资料后28天内，依据第7.1款〔合同价款与调整〕和第8.2款〔变更合同价款确定〕的约定进行最终合同价款确定，并予以全额支付。

第8条　变更与调整

8.1 变更范围与确认

8.1.1 变更范围

本合同变更是指在合同签订日后发生的以下变更：

（1）法律法规及技术标准的变化引起的变更；

（2）规划方案或设计条件的变化引起的变更；

（3）不利物质条件引起的变更；

（4）发包人的要求变化引起的变更；

（5）因政府临时禁令引起的变更；

（6）其他专用合同条款中约定的变更。

8.1.2　变更确认

当引起变更的情形出现，除专用合同条款对期限另有约定外，勘察人应在7天内就调整后的技术方案以书面形式向发包人提出变更要求，发包人应在收到报告后7天内予以确认，逾期不予确认也不提出修改意见，视为同意变更。

8.2　变更合同价款确定

8.2.1　变更合同价款按下列方法进行：

（1）合同中已有适用于变更工程的价格，按合同已有的价格变更合同价款；

（2）合同中只有类似于变更工程的价格，可以参照类似价格变更合同价款；

（3）合同中没有适用或类似于变更工程的价格，由勘察人提出适当的变更价格，经发包人确认后执行。

8.2.2　除专用合同条款对期限另有约定外，一方应在双方确定变更事项后14天内向对方提出变更合同价款报告，否则视为该项变更不涉及合同价款的变更。

8.2.3　除专用合同条款对期限另有约定外，一方应在收到对方提交的变更合同价款报告之日起14天内予以确认。逾期无正当理由不予确认的，则视为该项变更合同价款报告已被确认。

8.2.4　一方不同意对方提出的合同价款变更，按第16条〔争议解决〕的约定处理。

8.2.5　因勘察人自身原因导致的变更，勘察人无权要求追加合同价款。

第9条　知识产权

9.1　除专用合同条款另有约定外，发包人提供给勘察人的图纸、发包人为实施工程自行编制或委托编制的反映发包人要求或其他类似性质的文件的著作权属于发包人，勘察人可以为实现本合同目的而复制、使用此类文件，但不能用于与本合同无关的其他事项。未经发包人书面同意，勘察人不得为了本合同以外的目的而复制、使用上述文件或将之提供给任何第三方。

9.2　除专用合同条款另有约定外，勘察人为实施工程所编制的成果文件的著作权属于勘察人，发包人可因本工程的需要而复制、使用此类文件，但不能擅自修改或用于与本合同无关的其他事项。未经勘察人书面同意，发包人不得为了本合同以外的目的而复制、使用上述文件或将之提供给任何第三方。

9.3　合同当事人保证在履行本合同过程中不侵犯对方及第三方的知识产权。勘察人在工程勘察时，因侵犯他人的专利权或其他知识产权所引起的责任，由勘察人承担；因发包人提供的基础资料导致侵权的，由发包人承担责任。

9.4　在不损害对方利益情况下，合同当事人双方均有权在申报奖项、制作宣传印刷品及出版物时使用有关项目的文字和图片材料。

9.5　除专用合同条款另有约定外，勘察人在合同签订前和签订时已确定采用的专利、专有技术、技术秘密的使用费已包含在合同价款中。

第10条　不可抗力

10.1　不可抗力的确认

10.1.1　不可抗力是在订立合同时不可合理预见，在履行合同中不可避免地发生且不能克服的自然灾害和社会突发事件，如地震、海啸、瘟疫、洪水、骚乱、暴动、战争以及专用合同条款约定的其他自然灾害和社会突发事件。

10.1.2　不可抗力发生后，发包人和勘察人应收集不可抗力发生及造成损失的证据。合同当事双方对是否属于不可抗力或其损失发生争议时，按第16条〔争议解决〕的约定处理。

10.2 不可抗力的通知

10.2.1 遇有不可抗力发生时，发包人和勘察人应立即通知对方，双方应共同采取措施减少损失。除专用合同条款对期限另有约定外，不可抗力持续发生，勘察人应每隔7天向发包人报告一次受害损失情况。

10.2.2 除专用合同条款对期限另有约定外，不可抗力结束后2天内，勘察人向发包人通报受害损失情况及预计清理和修复的费用；不可抗力结束后14天内，勘察人向发包人提交清理和修复费用的正式报告及有关资料。

10.3 不可抗力后果的承担

10.3.1 因不可抗力发生的费用及延误的工期由双方按以下方法分别承担：

（1）发包人和勘察人人员伤亡由合同当事人双方自行负责，并承担相应费用；

（2）勘察人机械设备损坏及停工损失，由勘察人承担；

（3）停工期间，勘察人应发包人要求留在作业场地的管理人员及保卫人员的费用由发包人承担；

（4）作业场地发生的清理、修复费用由发包人承担；

（5）延误的工期相应顺延。

10.3.2 因合同一方迟延履行合同后发生不可抗力的，不能免除迟延履行方的相应责任。

第11条 合同生效与终止

11.1 双方在合同协议书中约定合同生效方式。

11.2 发包人、勘察人履行合同全部义务，合同价款支付完毕，本合同即告终止。

11.3 合同的权利义务终止后，合同当事人应遵循诚实信用原则，履行通知、协助和保密等义务。

第12条 合同解除

12.1 有下列情形之一的，发包人、勘察人可以解除合同：

（1）因不可抗力致使合同无法履行；

（2）发生未按第7.2款〔定金或预付款〕或第7.3款〔进度款支付〕约定按时支付合同价款的情况，停止作业超过28天，勘察人有权解除合同，由发包人承担违约责任；

（3）勘察人将其承包的全部工程转包给他人或者肢解以后以分包的名义分别转包给他人，发包人有权解除合同，由勘察人承担违约责任；

（4）发包人和勘察人协商一致可以解除合同的其他情形。

12.2 一方依据第12.1款约定要求解除合同的，应以书面形式向对方发出解除合同的通知，并在发出通知前不少于14天告知对方，通知到达对方时合同解除。对解除合同有争议的，按第16条〔争议解决〕的约定处理。

12.3 因不可抗力致使合同无法履行时，发包人应按合同约定向勘察人支付已完工作量相对应比例的合同价款后解除合同。

12.4 合同解除后，勘察人应按发包人要求将自有设备和人员撤出作业场地，发包人应为勘察人撤出提供必要条件。

第 13 条　责任与保险

13.1　勘察人应运用一切合理的专业技术和经验，按照公认的职业标准尽其全部职责和谨慎、勤勉地履行其在本合同项下的责任和义务。

13.2　合同当事人可按照法律法规的要求在专用合同条款中约定履行本合同所需要的工程勘察责任保险，并使其于合同责任期内保持有效。

13.3　勘察人应依照法律法规的规定为勘察作业人员参加工伤保险、人身意外伤害险和其他保险。

第 14 条　违约

14.1　发包人违约

14.1.1 发包人违约情形

（1）合同生效后，发包人无故要求终止或解除合同；

（2）发包人未按第 7.2 款〔定金或预付款〕约定按时支付定金或预付款；

（3）发包人未按第 7.3 款〔进度款支付〕约定按时支付进度款；

（4）发包人不履行合同义务或不按合同约定履行义务的其他情形。

14.1.2 发包人违约责任

（1）合同生效后，发包人无故要求终止或解除合同，勘察人未开始勘察工作的，不退还发包人已付的定金或发包人按照专用合同条款约定向勘察人支付违约金；勘察人已开始勘察工作的，若完成计划工作量不足 50%的，发包人应支付勘察人合同价款的 50%;完成计划工作量超过 50%的，发包人应支付勘察人合同价款的 100%。

（2）发包人发生其他违约情形时，发包人应承担由此增加的费用和工期延误损失，并给予勘察人合理赔偿。双方可在专用合同条款内约定发包人赔偿勘察人损失的计算方法或者发包人应支付违约金的数额或计算方法。

14.2　勘察人违约

14.2.1 勘察人违约情形

（1）合同生效后，勘察人因自身原因要求终止或解除合同；

（2）因勘察人原因不能按照合同约定的日期或合同当事人同意顺延的工期提交成果资料；

（3）因勘察人原因造成成果资料质量达不到合同约定的质量标准；

（4）勘察人不履行合同义务或未按约定履行合同义务的其他情形。

14.2.2 勘察人违约责任

（1）合同生效后，勘察人因自身原因要求终止或解除合同，勘察人应双倍返还发包人已支付的定金或勘察人按照专用合同条款约定向发包人支付违约金。

（2）因勘察人原因造成工期延误的，应按专用合同条款约定向发包人支付违约金。

（3）因勘察人原因造成成果资料质量达不到合同约定的质量标准，勘察人应负责无偿给予补充完善使其达到质量合格。因勘察人原因导致工程质量安全事故或其他事故时，勘察人除负责采取补救措施外，应通过所投工程勘察责任保险向发包人承担赔偿责任或根据直接经济损失程度按专用合同条款约定向发包人支付赔偿金。

（4）勘察人发生其他违约情形时，勘察人应承担违约责任并赔偿因其违约给发包人造成的损失，双方可在专用合同条款内约定勘察人赔偿发包人损失的计算方法和赔偿金额。

第15条 索赔

15.1 发包人索赔

勘察人未按合同约定履行义务或发生错误以及应由勘察人承担责任的其他情形，造成工期延误及发包人的经济损失，除专用合同条款另有约定外，发包人可按下列程序以书面形式向勘察人索赔：

（1）违约事件发生后7天内，向勘察人发出索赔意向通知；

（2）发出索赔意向通知后14天内，向勘察人提出经济损失的索赔报告及有关资料；

（3）勘察人在收到发包人送交的索赔报告和有关资料或补充索赔理由、证据后，于28天内给予答复；

（4）勘察人在收到发包人送交的索赔报告和有关资料后28天内未予答复或未对发包人作进一步要求，视为该项索赔已被认可；

（5）当该违约事件持续进行时，发包人应阶段性向勘察人发出索赔意向，在违约事件终了后21天内，向勘察人送交索赔的有关资料和最终索赔报告。索赔答复程序与本款第（3）、（4）项约定相同。

15.2 勘察人索赔

发包人未按合同约定履行义务或发生错误以及应由发包人承担责任的其他情形，造成工期延误和（或）勘察人不能及时得到合同价款及勘察人的经济损失，除专用合同条款另有约定外，勘察人可按下列程序以书面形式向发包人索赔：

（1）违约事件发生后7天内，勘察人可向发包人发出要求其采取有效措施纠正违约行为的通知；发包人收到通知14天内仍不履行合同义务，勘察人有权停止作业，并向发包人发出索赔意向通知。

（2）发出索赔意向通知后14天内，向发包人提出延长工期和（或）补偿经济损失的索赔报告及有关资料；

（3）发包人在收到勘察人送交的索赔报告和有关资料或补充索赔理由、证据后，于28天内给予答复；

（4）发包人在收到勘察人送交的索赔报告和有关资料后28天内未予答复或未对勘察人作进一步要求，视为该项索赔已被认可；

（5）当该索赔事件持续进行时，勘察人应阶段性向发包人发出索赔意向，在索赔事件终了后21天内，向发包人送交索赔的有关资料和最终索赔报告。索赔答复程序与本款第（3）、（4）项约定相同。

第16条 争议解决

16.1 和解

因本合同以及与本合同有关事项发生争议的，双方可以就争议自行和解。自行和解达成协议的，经签字并盖章后作为合同补充文件，双方均应遵照执行。

16.2　调解

因本合同以及与本合同有关事项发生争议的，双方可以就争议请求行政主管部门、行业协会或其他第三方进行调解。调解达成协议的，经签字并盖章后作为合同补充文件，双方均应遵照执行。

16.3　仲裁或诉讼

因本合同以及与本合同有关事项发生争议的，当事人不愿和解、调解或者和解、调解不成的，双方可以在专用合同条款内约定以下一种方式解决争议：

（1）双方达成仲裁协议，向约定的仲裁委员会申请仲裁；

（2）向有管辖权的人民法院起诉。

第17条　补充条款

双方根据有关法律法规规定，结合实际经协商一致，可对通用合同条款内容具体化、补充或修改，并在专用合同条款内约定。

第三部分　专用合同条款

第1条　一般约定

1.1　词语定义

1.2　合同文件及优先解释顺序

1.2.1 合同文件组成及优先解释顺序：_____

1.3　适用法律法规、技术标准

1.3.1 适用法律法规

需要明示的规范性文件：_____

1.3.2 适用技术标准

特别要求：_____

使用国外技术标准的名称、提供方、原文版、中译本的份数、时间及费用承担：

_____

1.4　语言文字

本合同除使用汉语外，还使用_____语言文字。

1.5　联络

1.5.1 发包人和勘察人应在_____天内将与合同有关的通知、批准、证明、证书、指示、指令、要求、请求、同意、意见、确定和决定等书面函件送达对方当事人。

1.5.2 发包人接收文件的地点：_____

发包人指定的接收人：_____

发包人指定的联系方式：_____

勘察人接收文件的地点：_____

勘察人指定的接收人：_____

勘察人指定的联系方式：_____

1.7　保密

合同当事人关于保密的约定：_____

第2条 发包人

2.2 发包人义务

2.2.2 发包人委托勘察人搜集的资料：＿＿＿＿＿＿＿＿＿＿＿＿＿＿＿

2.2.7 发包人对安全文明施工的特别要求：＿＿＿＿＿＿＿＿＿＿＿

2.3 发包人代表

姓名：＿＿＿＿＿ 职务：＿＿＿＿＿ 联系方式：＿＿＿＿＿＿＿＿

授权范围：＿＿＿＿＿＿＿＿＿＿＿＿＿＿＿＿＿＿＿＿＿＿＿＿＿

第3条 勘察人

3.1 勘察人权利

3.1.2 关于分包的约定：＿＿＿＿＿＿＿＿＿＿＿＿＿＿＿＿＿

3.3 勘察人代表

姓名：＿＿＿＿＿ 职务：＿＿＿＿＿ 联系方式：＿＿＿＿＿＿＿＿

授权范围：＿＿＿＿＿＿＿＿＿＿＿＿＿＿＿＿＿＿＿＿＿＿＿＿＿

第4条 工期

4.2 成果提交日期

双方约定工期顺延的其他情况：＿＿＿＿＿＿＿＿＿＿＿＿＿＿＿＿

4.3 发包人造成的工期延误

4.3.2 双方就工期顺延确定期限的约定：＿＿＿＿＿＿＿＿＿＿＿＿

第5条 成果资料

5.2 成果份数

勘察人应向发包人提交成果资料四份，发包人要求增加的份数为＿＿＿＿＿份。

5.4 成果验收

双方就成果验收期限的约定：＿＿＿＿＿＿＿＿＿＿＿＿＿＿＿＿＿

第6条 后期服务

6.1 后续技术服务

后续技术服务内容约定：＿＿＿＿＿＿＿＿＿＿＿＿＿＿＿＿＿＿＿

后续技术服务费用约定：＿＿＿＿＿＿＿＿＿＿＿＿＿＿＿＿＿＿＿

后续技术服务时限约定：＿＿＿＿＿＿＿＿＿＿＿＿＿＿＿＿＿＿＿

第7条 合同价款与支付

7.1 合同价款与调整

7.1.1 双方约定的合同价款调整因素和方法：＿＿＿＿＿＿＿＿＿＿＿

7.1.2 本合同价款采用＿＿＿＿＿＿＿＿＿＿＿方式确定。

（1）采用总价合同，合同价款中包括的风险范围：＿＿＿＿＿＿＿＿

风险费用的计算方法：＿＿＿＿＿＿＿＿＿＿＿＿＿＿＿＿＿＿＿＿＿

风险范围以外合同价款调整因素和方法：＿＿＿＿＿＿＿＿＿＿＿＿＿

（2）采用单价合同，合同价款中包括的风险范围：＿＿＿＿＿＿＿

风险范围以外合同单价调整因素和方法：＿＿＿＿＿＿＿＿＿＿＿

（3）采用的其他合同价款形式及调整因素和方法：＿＿＿＿＿＿

7.1.3 双方就合同价款调整确认期限的约定：＿＿＿＿＿＿＿＿

7.2 定金或预付款

7.2.1 发包人向勘察人支付定金金额：＿＿＿＿＿＿＿或预付款的金额：＿＿＿＿＿＿

7.2.2 定金或预付款在进度款中的抵扣办法：＿＿＿＿＿＿＿＿＿

7.3 进度款支付

7.3.1 双方约定的进度款支付方式、支付条件和支付时间：＿＿＿＿＿

7.4 合同价款结算

最终合同价款支付的约定：＿＿＿＿＿＿＿＿＿＿＿＿＿＿

第8条　变更与调整

8.1 变更范围与确认

8.1.1 变更范围

变更范围的其他约定：＿＿＿＿＿＿＿＿＿＿＿＿＿＿＿

8.1.2 变更确认

变更提出和确认期限的约定：＿＿＿＿＿＿＿＿＿＿＿＿＿

8.2 变更合同价款确定

8.2.2 提出变更合同价款报告期限的约定：＿＿＿＿＿＿＿＿＿

8.2.3 确认变更合同价款报告时限的约定：＿＿＿＿＿＿＿＿＿

第9条　知识产权

9.1 关于发包人提供给勘察人的图纸、发包人为实施工程自行编制或委托编制的反映发包人要求或其他类似性质的文件的著作权的归属：＿＿＿＿＿＿＿＿＿＿＿＿＿＿

关于发包人提供的上述文件的使用限制的要求：＿＿＿＿＿＿＿＿＿＿＿

9.2 关于勘察人为实施工程所编制文件的著作权的归属：＿＿＿＿＿＿＿

关于勘察人提供的上述文件的使用限制的要求：＿＿＿＿＿＿＿＿＿

9.5 勘察人在工作过程中所采用的专利、专有技术、技术秘密的使用费的承担方式：

＿＿＿＿＿＿＿

第10条　不可抗力

10.1 不可抗力的确认

10.1.1 双方关于不可抗力的其他约定（如政府临时禁令）：＿＿＿＿＿＿＿＿＿

10.2 不可抗力的通知

10.2.1 不可抗力持续发生，勘察人报告受害损失期限的约定：＿＿＿＿＿＿＿＿

10.2.2 勘察人向发包人通报受害损失情况及费用期限的约定：＿＿＿＿＿＿＿

第13条　责任与保险

13.2　工程勘察责任保险的约定：＿＿＿＿＿＿＿＿＿＿＿＿＿＿＿＿＿＿＿

第14条　违约

14.1　发包人违约

14.1.2　发包人违约责任

（1）发包人支付勘察人的违约金：＿＿＿＿＿＿＿＿＿＿＿＿＿＿＿＿＿＿

（2）发包人发生其他违约情形应承担的违约责任：＿＿＿＿＿＿＿＿＿＿＿

14.2　勘察人违约

14.2.2　勘察人违约责任

（1）勘察人支付发包人的违约金：＿＿＿＿＿＿＿＿＿＿＿＿＿＿＿＿＿＿

（2）勘察人造成工期延误应承担的违约责任：＿＿＿＿＿＿＿＿＿＿＿＿＿

（3）因勘察人原因导致工程质量安全事故或其他事故时的赔偿金上限：＿＿＿＿＿

（4）勘察人发生其他违约情形应承担的违约责任：＿＿＿＿＿＿＿＿＿＿＿

第15条　索赔

15.1　发包人索赔

索赔程序和期限的约定：＿＿＿＿＿＿＿＿＿＿＿＿＿＿＿＿＿＿＿＿＿＿

15.2　勘察人索赔

索赔程序和期限的约定：＿＿＿＿＿＿＿＿＿＿＿＿＿＿＿＿＿＿＿＿＿＿

第16条　争议解决

16.3　仲裁或诉讼

双方约定在履行合同过程中产生争议时，采取下列第＿＿＿＿＿＿＿种方式解决：

（1）向＿＿＿＿＿＿＿＿＿＿仲裁委员会提请仲裁；

（2）向＿＿＿＿＿＿＿＿＿＿人民法院提起诉讼。

第17条　补充条款

双方根据有关法律法规规定，结合实际经协商一致，补充约定如下：＿＿＿＿＿＿＿

附件

附件 A　勘察任务书及技术要求

附件 B　发包人向勘察人提交有关资料及文件一览表

附件 C　进度计划

附件 D　工作量和费用明细表

如同《建设工程施工合同（示范文本）》（GF—2017—0201）一样，《建设工程勘察合同（示范文本）》（GF—2016—0203）也采用"合同协议书+通用合同条款+专用合同条款"的形式。

合同协议书第 6 条【合同文件构成】罗列了合同文件清单，并且强调，在后期的合同履行过程中形成的与合同有关的文件也将构成合同文件组成部分。例如，勘察实施过程中出现的不确定性因素引发变更，会使双方的权利义务发生改变。

通用合同条款第 2.2.2 项规定了发包人向勘察人提供图纸及技术资料的义务。实践中，由于专业的原因，发包人往往会要求由勘察人收集这些资料文件。为此，示范文本特别规定，如果勘察人进行了该项工作，所需费用由发包人在已约定的勘察费之外另行承担。

通用合同条款第 2.2.7 项规定了有毒有害等危险作业勘察现场的安全保卫工作及有关人员的保健防护费用由发包人承担。实践中，发包人经常会要求勘察人承担该项义务。

通用合同条款第 3.2.3 项强调勘察人的义务不止于提交勘察成果资料，还包括提供后期服务。例如通用合同条款第 6.2 款规定，该工程完工后进行竣工验收时，勘察人必须参加验收并提供必要资料。

通用合同条款第 4.5 款规定了恶劣气候影响现场作业造成工期延误，勘察人有权要求延长工期。但是否能够获得费用补偿，则取决于恶劣气候发生的具体状况。

通用合同条款第 7.2 款给出了双方可选用的两种保证方式。其中，定金属于法定担保形式，违约方必须接受相当于定金数额的惩罚；而采用预付款方式，则对违约方的处罚力度则取决于双方的约定。另外，无论是定金还是预付款，都是对发包人对其全部合同义务的保证。发包人的义务会随着其支付进度款而逐渐减小，因此通用合同条款第 7.2.2 项规定了定金或预付款可以在进度款中逐渐抵扣，具体抵扣办法由双方在同款号的专用合同条款中约定。

通用合同条款第 9 条规定：双方提供的各种有关文件的著作权归各方所有，对方为本合同目的可以复制、使用，但不得为本合同目的以外而复制、使用或提供给第三方。

通用合同条款第 10.3 款划分了不可抗力后果的责任。本条所述的【不可抗力】与通用合同条款第 4.5 款所述的【恶劣气候条件】是有区别的。不可抗力具有三个特征：订立合同时不可预见、履行合同中不可避免以及不可克服。对于不可抗力造成的损害后果，通用合同条款第 10.3 款明确了双方的各自承担的责任范围。但是【恶劣气候条件】不属于不可抗力，因为在多数情况下，恶劣气候条件是可以被预见的，只有在偶然情况下会出现超出可预见的特殊"恶劣气候"。通用合同条款第 4.5 款规定，勘察方可以就工期和费用向发包人提出补偿要求，具体的补偿结果由双方商定。

通用合同条款第 13.2 款说明，勘察人可以通过投保专业责任保险将自身的风险适当转移。通用合同条款第 14.2.2 项（3）的规定说明，当勘察人因自身原因导致工程质量事故时，可以通过上述专业责任保险向发包人承担赔偿责任。通用合同条款第 14.1.2 项对于发包人无故终止或解除合同应对勘察人支付合同价款的比例做出了规定。以上两条的规定一定程度上体现了示范文本对处于相对弱势的勘察人的保护，这有助于维护两方当事人法律地位的实质公平。

通用合同条款第 16 条规定了当事人可自行选择几种解决争议的方式。实践中，因和解或调解能迅速而低成本地解决争议，所以常被纠纷双方首选采用。和解和调解都不具法律效力。当和解或调解不能解决争议，或者双方不愿进行和解或调解时，可以直接选择通过一种具有法律效力的途径解决纠纷。示范文本提供了两种选择，即仲裁或诉讼。现实中，仲裁由于其专业、保密、快速、低成本且不失公正而成为当事人的首选。

4.1.3　《建设工程设计合同示范文本》的内容

1. 《建设工程设计合同示范文本（房屋建筑工程）》（GF—2015—0209）的内容

第一部分 合同协议书

发包人（全称）： _____

勘察人（全称）： _____

根据《中华人民共和国合同法》《中华人民共和国建筑法》及有关法律规定，遵循平等、自愿、公平和诚实信用的原则，双方就_____工程设计及有关事项协商一致，共同达成如下协议：

一、工程概况

1. 工程名称：_____。
2. 工程地点：_____。
3. 规划占地面积：_____平方米，总建筑面积：_____平方米（其中地上约_____平方米，地下约_____平方米）；地上_____层，地下_____层；建筑高度_____米。
4. 建筑功能：_____、_____、_____等。
5. 投资估算：约_____元人民币。

二、工程设计范围、阶段与服务内容

1. 工程设计范围：_____。
2. 工程设计阶段：_____。
3. 工程设计服务内容：_____。

工程设计范围、阶段与服务内容详见专用合同条款附件1。

三、工程设计周期

计划开始设计日期：_____年____月____日。

计划完成设计日期：_____年____月____日。

具体工程设计周期以专用合同条款及其附件的约定为准。

四、合同价格形式与签约合同价

1. 合同价格形式：_____；
2. 签约合同价为：人民币（大写）_____（¥_____元）。

五、发包人代表与设计人项目负责人

发包人代表：_____。

设计人项目负责人：_____。

六、合同文件构成

本协议书与下列文件一起构成合同文件：

（1）专用合同条款及其附件；

（2）通用合同条款；

（3）中标通知书（如果有）；

（4）投标函及其附录（如果有）；

（5）发包人要求；

（6）技术标准；

（7）发包人提供的上一阶段图纸（如果有）；

（8）其他合同文件。

在合同履行过程中形成的与合同有关的文件均构成合同文件组成部分。

上述各项合同文件包括合同当事人就该项合同文件所作出的补充和修改，属于同一类内容的文件，应以最新签署的为准。

七、承诺

1. 发包人承诺按照法律规定履行项目审批手续，按照合同约定提供设计依据，并按合同约定的期限和方式支付合同价款。

2. 设计人承诺按照法律和技术标准规定及合同约定提供工程设计服务。

八、词语含义

本协议书中词语含义与第二部分通用合同条款中赋予的含义相同。

九、签订地点

本合同在_____签订。

十、补充协议

合同未尽事宜，合同当事人另行签订补充协议，补充协议是合同的组成部分。

十一、合同生效

本合同自_____生效。

十二、合同份数

本合同正本一式____份、副本一式____份，均具有同等法律效力，发包人执正本____份、副本____份，设计人执正本____份、副本____份。

发包人：　　　　　（盖章）　　　　设计人：　　　　　（盖章）
法定代表人或其委托代理人：　　　　法定代表人或其委托代理人：
（签字）　　　　　　　　　　　　　（签字）
组织机构代码：_____　　　　组织机构代码：_____
纳税人识别码：_____　　　　纳税人识别码：_____
地　　　　址：_____　　　　地　　　　址：_____
邮 政 编 码：_____　　　　邮 政 编 码：_____
法 定 代 表 人：_____　　　　法 定 代 表 人：_____
委 托 代 理 人：_____　　　　委 托 代 理 人：_____
电　　　　话：_____　　　　电　　　　话：_____
传　　　　真：_____　　　　传　　　　真：_____
电 子 信 箱：_____　　　　电 子 信 箱：_____
开 户 银 行：_____　　　　开 户 银 行：_____
账　　　　号：　　　　　　　　　　账　　　　号：
时　　　　间：____年____月____日　时　　　　间：____年____月____日

第二部分　通用合同条款

1. 一般约定

1.1 词语定义与解释

合同协议书、通用合同条款、专用合同条款中的下列词语具有本款所赋予的含义：

1.1.1 合同

1.1.1.1 合同：是指根据法律规定和合同当事人约定具有约束力的文件，构成合同的文件包括合同协议书、专用合同条款及其附件、通用合同条款、中标通知书（如果有）、投标函及其附录（如果有）、发包人要求、技术标准、发包人提供的上一阶段图纸（如果有）以及其他合同文件。

1.1.1.2 合同协议书：是指构成合同的由发包人和设计人共同签署的称为"合同协议书"的书面文件。

1.1.1.3 中标通知书：是指构成合同的由发包人通知设计人中标的书面文件。

1.1.1.4 投标函：是指构成合同的由设计人填写并签署的用于投标的称为"投标函"的文件。

1.1.1.5 投标函附录：是指构成合同的附在投标函后的称为"投标函附录"的文件。

1.1.1.6 发包人要求：是指构成合同文件组成部分的，由发包人就工程项目的目的、范围、功能要求及工程设计文件审查的范围和内容等提出相应要求的书面文件，又称设计任务书。

1.1.1.7 技术标准：是指构成合同的设计应当遵守的或指导设计的国家、行业或地方的技术标准和要求，以及合同约定的技术标准和要求。

1.1.1.8 其他合同文件：是指经合同当事人约定的与工程设计有关的具有合同约束力的文件或书面协议。合同当事人可以在专用合同条款中进行约定。

1.1.2 合同当事人及其他相关方

1.1.2.1 合同当事人：是指发包人和（或）设计人。

1.1.2.2 发包人：是指与设计人签订合同协议书的当事人及取得该当事人资格的合法继承人。

1.1.2.3 设计人：是指与发包人签订合同协议书的，具有相应工程设计资质的当事人及取得该当事人资格的合法继承人。

1.1.2.4 分包人：是指按照法律规定和合同约定，分包部分工程设计工作，并与设计人签订分包合同的具有相应资质的法人。

1.1.2.5 发包人代表：是指由发包人指定负责工程设计方面在发包人授权范围内行使发包人权利的人。

1.1.2.6 项目负责人：是指由设计人任命负责工程设计，在设计人授权范围内负责合同履行，且按照法律规定具有相应资格的项目主持人。

1.1.2.7 联合体：是指两个以上设计人联合，以一个设计人身份为发包人提供工程设计服务的临时性组织。

1.1.3 工程设计服务、资料与文件

1.1.3.1 工程设计服务：是指设计人按照合同约定履行的服务，包括工程设计基本服务、工程设计其他服务。

1.1.3.2 工程设计基本服务：是指设计人根据发包人的委托，提供编制房屋建筑工程方案设计文件、初步设计文件（含初步设计概算）、施工图设计文件服务，并相应提供设计技术交底、解决施工中的设计技术问题、参加竣工验收等服务。基本服务费用包含在设计费中。

1.1.3.3 工程设计其他服务：是指发包人根据工程设计实际需要，要求设计人另行提供且发包人应当单独支付费用的服务，包括总体设计服务、主体设计协调服务、采用标准设计和复用设计服务、非标准设备设计文件编制服务、施工图预算编制服务、竣工图编制服务等。

1.1.3.4 暂停设计：是指发生设计人不能按照合同约定履行全部或部分义务情形而暂时中断工程设计服务的行为。

1.1.3.5 工程设计资料：是指根据合同约定，发包人向设计人提供的用于完成工程设计范围与内容所需要的资料。

1.1.3.6 工程设计文件：指按照合同约定和技术要求，由设计人向发包人提供的阶段性成果、最终工作成果等，且应当采用合同中双方约定的载体。

1.1.4 日期和期限

1.1.4.1 开始设计日期：包括计划开始设计日期和实际开始设计日期。计划开始设计日期是指合同协议书约定的开始设计日期；实际开始设计日期是指发包人发出的开始设计通知中载明的开始设计日期。

1.1.4.2 完成设计日期：包括计划完成设计日期和实际完成设计日期。计划完成设计日期是指合同协议书约定的完成设计及相关服务的日期；实际完成设计日期是指设计人交付全部或阶段性设计成果及提供相关服务日期。

1.1.4.3 设计周期又称设计工期：是指在合同协议书约定的设计人完成工程设计及相关服务所需的期限，包括按照合同约定所作的期限变更。

1.1.4.4 基准日期：招标发包的工程设计以投标截止日前28天的日期为基准日期，直接发包的工程设计以合同签订日前28天的日期为基准日期。

1.1.4.5 天：除特别指明外，均指日历天。合同中按天计算时间的，开始当天不计入，从次日开始计算，期限最后一天的截止时间为当天24:00。

1.1.5 合同价格

1.1.5.1 签约合同价：是指发包人和设计人在合同协议书中确定的总金额。

1.1.5.2 合同价格又称设计费：是指发包人用于支付设计人按照合同约定完成工程设计范围内全部工作的金额，包括合同履行过程中按合同约定发生的价格变化。

1.1.6 其他

1.1.6.1 书面形式：是指合同书、信件和数据电文（包括电报、电传、传真、电子数据交换和电子邮件）等可以有形地表现所载内容的形式。

1.2 语言文字

合同以中国的汉语简体文字编写、解释和说明。合同当事人在专用合同条款中约定使用两种以上语言时，汉语为优先解释和说明合同的语言。

1.3 法律

合同所称法律是指中华人民共和国法律、行政法规、部门规章，以及工程所在地的地方性法规、自治条例、单行条例和地方政府规章等。

合同当事人可以在专用合同条款中约定合同适用的其他规范性文件。

1.4 技术标准

1.4.1 适用于工程的现行有效的国家标准、行业标准、工程所在地的地方性标准，以及相应的规范、规程等，合同当事人有特别要求的，应在专用合同条款中约定。

1.4.2 发包人要求使用国外技术标准的，发包人与设计人在专用合同条款中约定原文版本和中文译本提供方及提供标准的名称、份数、时间及费用承担等事项。

1.4.3 发包人对工程的技术标准、功能要求高于或严于现行国家、行业或地方标准的，应当在专用合同条款中予以明确。除专用合同条款另有约定外，应视为设计人在签订合同前已充分预见前述技术标准和功能要求的复杂程度，签约合同价中已包含由此产生的设计费用。

1.5 合同文件的优先顺序

组成合同的各项文件应互相解释，互为说明。除专用合同条款另有约定外，解释合同文件的优先顺序如下：

（1）合同协议书；

（2）专用合同条款及其附件；

（3）通用合同条款；

（4）中标通知书（如果有）；

（5）投标函及其附录（如果有）；

（6）发包人要求；

（7）技术标准；

（8）发包人提供的上一阶段图纸（如果有）；

（9）其他合同文件。

上述各项合同文件包括合同当事人就该项合同文件所作出的补充和修改，属于同一类内容的文件，应以最新签署的为准。

在合同履行过程中形成的与合同有关的文件均构成合同文件组成部分，并根据其性质确定优先解释顺序。

1.6 联络

1.6.1 与合同有关的通知、批准、证明、证书、指示、指令、要求、请求、同意、确定和决定等，均应采用书面形式，并应在合同约定的期限内送达接收人和送达地点。

1.6.2 发包人和设计人应在专用合同条款中约定各自的送达接收人、送达地点、电子邮箱。任何一方合同当事人指定的接收人或送达地点或电子邮箱发生变动的，应提前3天以书面形式通知对方，否则视为未发生变动。

1.6.3 发包人和设计人应当及时签收另一方送达至送达地点和指定接收人的来往信函，如确有充分证据证明一方无正当理由拒不签收的，视为拒绝签收一方认可往来信函的内容。

1.7 严禁贿赂

合同当事人不得以贿赂或变相贿赂的方式，牟取非法利益或损害对方权益。因一方合同当事人的贿赂造成对方损失的，应赔偿损失，并承担相应的法律责任。

1.8 保密

除法律规定或合同另有约定外，未经发包人同意，设计人不得将发包人提供的图纸、文件以及声明需要保密的资料信息等商业秘密泄露给第三方。

除法律规定或合同另有约定外，未经设计人同意，发包人不得将设计人提供的技术文件、技术成果、技术秘密及声明需要保密的资料信息等商业秘密泄露给第三方。

保密期限由发包人与设计人在专用合同条款中约定。

2. 发包人

2.1 发包人一般义务

2.1.1 发包人应遵守法律，并办理法律规定由其办理的许可、核准或备案，包括但不限于建设用地规划许可证、建设工程规划许可证、建设工程方案设计批准、施工图设计审查等许可、核准或备案。

发包人负责本项目各阶段设计文件向规划设计管理部门的送审报批工作，并负责将报批结果书面通知设计人。因发包人原因未能及时办理完毕前述许可、核准或备案手续，导致设计工作量增加和（或）设计周期延长时，由发包人承担由此增加的设计费用和（或）延长的设计周期。

2.1.2　发包人应当负责工程设计的所有外部关系（包括但不限于当地政府主管部门等）的协调，为设计人履行合同提供必要的外部条件。

2.1.3　专用合同条款约定的其他义务。

2.2　发包人代表

发包人应在专用合同条款中明确其负责工程设计的发包人代表的姓名、职务、联系方式及授权范围等事项。发包人代表在发包人的授权范围内，负责处理合同履行过程中与发包人有关的具体事宜。发包人代表在授权范围内的行为由发包人承担法律责任。发包人更换发包人代表的，应在专用合同条款约定的期限内提前书面通知设计人。

发包人代表不能按照合同约定履行其职责及义务，并导致合同无法继续正常履行的，设计人可以要求发包人撤换发包人代表。

2.3　发包人决定

2.3.1　发包人在法律允许的范围内有权对设计人的设计工作、设计项目和/或设计文件作出处理决定，设计人应按照发包人的决定执行，涉及设计周期和（或）设计费用等问题按本合同第11条〔工程设计变更与索赔〕的约定处理。

2.3.2　发包人应在专用合同条款约定的期限内对设计人书面提出的事项作出书面决定，如发包人不在确定时间内作出书面决定，设计人的设计周期相应延长。

2.4　支付合同价款

发包人应按合同约定向设计人及时足额支付合同价款。

2.5　设计文件接收

发包人应按合同约定及时接收设计人提交的工程设计文件。

3.　设计人

3.1　设计人一般义务

3.1.1　设计人应遵守法律和有关技术标准的强制性规定，完成合同约定范围内的房屋建筑工程方案设计、初步设计、施工图设计，提供符合技术标准及合同要求的工程设计文件，提供施工配合服务。

设计人应当按照专用合同条款约定配合发包人办理有关许可、核准或备案手续的，因设计人原因造成发包人未能及时办理许可、核准或备案手续，导致设计工作量增加和（或）设计周期延长时，由设计人自行承担由此增加的设计费用和（或）设计周期延长的责任。

3.1.2　设计人应当完成合同约定的工程设计其他服务。

3.1.3　专用合同条款约定的其他义务。

3.2　项目负责人

3.2.1　项目负责人应为合同当事人所确认的人选，并在专用合同条款中明确项目负责的姓名、执业资格及等级、注册执业证书编号、联系方式及授权范围等事项，项目负责人经设计人授权后代表设计人负责履行合同。

3.2.2 设计人需要更换项目负责人的，应在专用合同条款约定的期限内提前书面通知发包人，并征得发包人书面同意。通知中应当载明继任项目负责人的注册执业资格、管理经验等资料，继任项目负责人继续履行第 3.2.1 项约定的职责。未经发包人书面同意，设计人不得擅自更换项目负责人。设计人擅自更换项目负责人的，应按照专用合同条款的约定承担违约责任。对于设计人项目负责人确因患病、与设计人解除或终止劳动关系、工伤等原因更换项目负责人的，发包人无正当理由不得拒绝更换。

3.2.3 发包人有权书面通知设计人更换其认为不称职的项目负责人，通知中应当载明要求更换的理由。对于发包人有理由的更换要求，设计人应在收到书面更换通知后在专用合同条款约定的期限内进行更换，并将新任命的项目负责人的注册执业资格、管理经验等资料书面通知发包人。继任项目负责人继续履行第 3.2.1 项约定的职责。设计人无正当理由拒绝更换项目负责人的，应按照专用合同条款的约定承担违约责任。

3.3　设计人员

3.3.1 除专用合同条款对期限另有约定外，设计人应在接到开始设计通知后 7 天内，向发包人提交设计人项目管理机构及人员安排的报告，其内容应包括建筑、结构、给排水、暖通、电气等专业负责人名单及其岗位、注册执业资格等。

3.3.2 设计人委派到工程设计中的设计人员应相对稳定。设计过程中如有变动，设计人应及时向发包人提交工程设计人员变动情况的报告。设计人更换专业负责人时，应提前 7 天书面通知发包人，除专业负责人无法正常履职情形外，还应征得发包人书面同意。通知中应当载明继任人员的注册执业资格、执业经验等资料。

3.3.3 发包人对于设计人主要设计人员的资格或能力有异议的，设计人应提供资料证明被质疑人员有能力完成其岗位工作或不存在发包人所质疑的情形。发包人要求撤换不能按照合同约定履行职责及义务的主要设计人员的，设计人认为发包人有理由的，应当撤换。设计人无正当理由拒绝撤换的，应按照专用合同条款的约定承担违约责任。

3.4　设计分包

3.4.1 设计分包的一般约定

设计人不得将其承包的全部工程设计转包给第三人，或将其承包的全部工程设计肢解后以分包的名义转包给第三人。设计人不得将工程主体结构、关键性工作及专用合同条款中禁止分包的工程设计分包给第三人，工程主体结构、关键性工作的范围由合同当事人按照法律规定在专用合同条款中予以明确。设计人不得进行违法分包。

3.4.2 设计分包的确定

设计人应按专用合同条款的约定或经过发包人书面同意后进行分包，确定分包人。按照合同约定或经过发包人书面同意后进行分包的，设计人应确保分包人具有相应的资质和能力。工程设计分包不减轻或免除设计人的责任和义务，设计人和分包人就分包工程设计向发包人承担连带责任。

3.4.3 设计分包管理

设计人应按照专用合同条款的约定向发包人提交分包人的主要工程设计人员名单、注册执业资格及执业经历等。

3.4.4 分包工程设计费

（1）除本项第（2）目约定的情况或专用合同条款另有约定外，分包工程设计费由设计人与分包人结算，未经设计人同意，发包人不得向分包人支付分包工程设计费;

（2）生效的法院判决书或仲裁裁决书要求发包人向分包人支付分包工程设计费的，发包人有权从应付设计人合同价款中扣除该部分费用。

3.5 联合体

3.5.1 联合体各方应共同与发包人签订合同协议书。联合体各方应为履行合同向发包人承担连带责任。

3.5.2 联合体协议，应当约定联合体各成员工作分工，经发包人确认后作为合同附件。在履行合同过程中，未经发包人同意，不得修改联合体协议。

3.5.3 联合体牵头人负责与发包人联系，并接受指示，负责组织联合体各成员全面履行合同。

3.5.4 发包人向联合体支付设计费用的方式在专用合同条款中约定。

4. 工程设计资料

4.1 提供工程设计资料

发包人应当在工程设计前或专用合同条款附件 2 约定的时间向设计人提供工程设计所必需的工程设计资料，并对所提供资料的真实性、准确性和完整性负责。

按照法律规定确需在工程设计开始后方能提供的设计资料，发包人应及时地在相应工程设计文件提交给发包人前的合理期限内提供，合理期限应以不影响设计人的正常设计为限。

4.2 逾期提供的责任

发包人提交上述文件和资料超过约定期限的，超过约定期限 15 天以内，设计人按本合同约定的交付工程设计文件时间相应顺延；超过约定期限 15 天以外时，设计人有权重新确定提交工程设计文件的时间。工程设计资料逾期提供导致增加了设计工作量的，设计人可以要求发包人另行支付相应设计费用，并相应延长设计周期。

5. 工程设计要求

5.1 工程设计一般要求

5.1.1 对发包人的要求

5.1.1.1 发包人应当遵守法律和技术标准，不得以任何理由要求设计人违反法律和工程质量、安全标准进行工程设计，降低工程质量。

5.1.1.2 发包人要求进行主要技术指标控制的，钢材用量、混凝土用量等主要技术指标控制值应当符合有关工程设计标准的要求，且应当在工程设计开始前书面向设计人提出，经发包人与设计人协商一致后以书面形式确定作为本合同附件。

5.1.1.3 发包人应当严格遵守主要技术指标控制的前提条件，由于发包人的原因导致工程设计文件超出主要技术指标控制值的，发包人承担相应责任。

5.1.2 对设计人的要求

5.1.2.1 设计人应当按法律和技术标准的强制性规定及发包人要求进行工程设计。有关工程设计的特殊标准或要求由合同当事人在专用合同条款中约定。

设计人发现发包人提供的工程设计资料有问题的,设计人应当及时通知发包人并经发包人确认。

5.1.2.2 除合同另有约定外,设计人完成设计工作所应遵守的法律以及技术标准,均应视为在基准日期适用的版本。基准日期之后,前述版本发生重大变化,或者有新的法律以及技术标准实施的,设计人应就推荐性标准向发包人提出遵守新标准的建议,对强制性的规定或标准应当遵照执行。因发包人采纳设计人的建议或遵守基准日期后新的强制性的规定或标准,导致增加设计费用和(或)设计周期延长的,由发包人承担。

5.1.2.3 设计人应当根据建筑工程的使用功能和专业技术协调要求,合理确定基础类型、结构体系、结构布置、使用荷载及综合管线等。

5.1.2.4 设计人应当严格执行其双方书面确认的主要技术指标控制值,由于设计人的原因导致工程设计文件超出在专用合同条款中约定的主要技术指标控制值比例的,设计人应当承担相应的违约责任。

5.1.2.5 设计人在工程设计中选用的材料、设备,应当注明其规格、型号、性能等技术指标及适应性,满足质量、安全、节能、环保等要求。

5.2 工程设计保证措施

5.2.1 发包人的保证措施

发包人应按照法律规定及合同约定完成与工程设计有关的各项工作。

5.2.2 设计人的保证措施

设计人应做好工程设计的质量与技术管理工作,建立健全工程设计质量保证体系,加强工程设计全过程的质量控制,建立完整的设计文件的设计、复核、审核、会签和批准制度,明确各阶段的责任人。

5.3 工程设计文件的要求

5.3.1 工程设计文件的编制应符合法律、技术标准的强制性规定及合同的要求。

5.3.2 工程设计依据应完整、准确、可靠,设计方案论证充分,计算成果可靠,并能够实施。

5.3.3 工程设计文件的深度应满足本合同相应设计阶段的规定要求,并符合国家和行业现行有效的相关规定。

5.3.4 工程设计文件必须保证工程质量和施工安全等方面的要求,按照有关法律法规规定在工程设计文件中提出保障施工作业人员安全和预防生产安全事故的措施建议。

5.3.5 应根据法律、技术标准要求,保证房屋建筑工程的合理使用寿命年限,并应在工程设计文件中注明相应的合理使用寿命年限。

5.4 不合格工程设计文件的处理

5.4.1 因设计人原因造成工程设计文件不合格的,发包人有权要求设计人采取补救措施,直至达到合同要求的质量标准,并按第14.2款〔设计人违约责任〕的约定承担责任。

5.4.2 因发包人原因造成工程设计文件不合格的,设计人应当采取补救措施,直至达到合同要求的质量标准,由此增加的设计费用和(或)设计周期的延长由发包人承担。

6.　工程设计进度与周期

6.1　工程设计进度计划

6.1.1　工程设计进度计划的编制

设计人应按照专用合同条款约定提交工程设计进度计划，工程设计进度计划的编制应当符合法律规定和一般工程设计实践惯例，工程设计进度计划经发包人批准后实施。工程设计进度计划是控制工程设计进度的依据，发包人有权按照工程设计进度计划中列明的关键性控制节点检查工程设计进度情况。

工程设计进度计划中的设计周期应由发包人与设计人协商确定，明确约定各阶段设计任务的完成时间区间，包括各阶段设计过程中设计人与发包人的交流时间，但不包括相关政府部门对设计成果的审批时间及发包人的审查时间。

6.1.2　工程设计进度计划的修订

工程设计进度计划不符合合同要求或与工程设计的实际进度不一致的，设计人应向发包人提交修订的工程设计进度计划，并附具有关措施和相关资料。除专用合同条款对期限另有约定外，发包人应在收到修订的工程设计进度计划后 5 天内完成审核和批准或提出修改意见，否则视为发包人同意设计人提交的修订的工程设计进度计划。

6.2　工程设计开始

发包人应按照法律规定获得工程设计所需的许可。发包人发出的开始设计通知应符合法律规定，一般应在计划开始设计日期 7 天前向设计人发出开始工程设计工作通知，工程设计周期自开始设计通知中载明的开始设计的日期起算。

设计人应当在收到发包人提供的工程设计资料及专用合同条款约定的定金或预付款后，开始工程设计工作。

各设计阶段的开始时间均以设计人收到的发包人发出开始设计工作的书面通知书中载明的开始设计的日期起算。

6.3　工程设计进度延误

6.3.1　因发包人原因导致工程设计进度延误

在合同履行过程中，发包人导致工程设计进度延误的情形主要有：

（1）发包人未能按合同约定提供工程设计资料或所提供的工程设计资料不符合合同约定或存在错误或疏漏的；

（2）发包人未能按合同约定日期足额支付定金或预付款、进度款的；

（3）发包人提出影响设计周期的设计变更要求的；

（4）专用合同条款中约定的其他情形。

因发包人原因未按计划开始设计日期开始设计的，发包人应按实际开始设计日期顺延完成设计日期。

除专用合同条款对期限另有约定外，设计人应在发生上述情形后 5 天内向发包人发出要求延期的书面通知，在发生该情形后 10 天内提交要求延期的详细说明供发包人审查。除专用合同条款对期限另有约定外，发包人收到设计人要求延期的详细说明后，应在 5 天内进行审查并就是否延长设计周期及延期天数向设计人进行书面答复。

如果发包人在收到设计人提交要求延期的详细说明后，在约定的期限内未予答复，则视为设计人要求的延期已被发包人批准。如果设计人未能按本款约定的时间内发出要求延期的通知并提交详细资料，则发包人可拒绝作出任何延期的决定。

发包人上述工程设计进度延误情形导致增加了设计工作量的，发包人应当另行支付相应设计费用。

6.3.2 因设计人原因导致工程设计进度延误

因设计人原因导致工程设计进度延误的，设计人应当按照第 14.2 款〔设计人违约责任〕承担责任。设计人支付逾期完成工程设计违约金后，不免除设计人继续完成工程设计的义务。

6.4 暂停设计

6.4.1 发包人原因引起的暂停设计

因发包人原因引起暂停设计的，发包人应及时下达暂停设计指示。

因发包人原因引起的暂停设计，发包人应承担由此增加的设计费用和（或）延长的设计周期。

6.4.2 设计人原因引起的暂停设计

因设计人原因引起的暂停设计，设计人应当尽快向发包人发出书面通知并按第 14.2 款〔设计人违约责任〕承担责任，且设计人在收到发包人复工指示后 15 天内仍未复工的，视为设计人无法继续履行合同的情形，设计人应按第 16 条〔合同解除〕的约定承担责任。

6.4.3 其他原因引起的暂停设计

当出现非设计人原因造成的暂停设计，设计人应当尽快向发包人发出书面通知。

在上述情形下设计人的设计服务暂停，设计人的设计周期应当相应延长，复工应有发包人与设计人共同确认的合理期限。

当发生本项约定的情况，导致设计人增加设计工作量的，发包人应当另行支付相应设计费用。

6.4.4 暂停设计后的复工

暂停设计后，发包人和设计人应采取有效措施积极消除暂停设计的影响。当工程具备复工条件时，发包人向设计人发出复工通知，设计人应按照复工通知要求复工。

除设计人原因导致暂停设计外，设计人暂停设计后复工所增加的设计工作量，发包人应当另行支付相应设计费用。

6.5 提前交付工程设计文件

6.5.1 发包人要求设计人提前交付工程设计文件的，发包人应向设计人下达提前交付工程设计文件指示，设计人应向发包人提交提前交付工程设计文件建议书，提前交付工程设计文件建议书应包括实施的方案、缩短的时间、增加的合同价格等内容。发包人接受该提前交付工程设计文件建议书的，发包人和设计人协商采取加快工程设计进度的措施，并修订工程设计进度计划，由此增加的设计费用由发包人承担。设计人认为提前交付工程设计文件的指示无法执行的，应向发包人提出书面异议，发包人应在收到异议后 7 天内予以答复。任何情况下，发包人不得压缩合理设计周期。

6.5.2 发包人要求设计人提前交付工程设计文件，或设计人提出提前交付工程设计文件的
建议能够给发包人带来效益的，合同当事人可以在专用合同条款中约定提前交付工程设计文件的奖励。

7. 工程设计文件交付

7.1 工程设计文件交付的内容

7.1.1 工程设计图纸及设计说明。

7.1.2 发包人可以要求设计人提交专用合同条款约定的具体形式的电子版设计文件。

7.2 工程设计文件的交付方式

设计人交付工程设计文件给发包人，发包人应当出具书面签收单，内容包括图纸名称、图纸内容、图纸形式、份数、提交和签收日期、提交人与接收人的亲笔签名。

7.3 工程设计文件交付的时间和份数

工程设计文件交付的名称、时间和份数在专用合同条款附件3中约定。

8. 工程设计文件审查

8.1 设计人的工程设计文件应报发包人审查同意。审查的范围和内容在发包人要求中约定。审查的具体标准应符合法律规定、技术标准要求和本合同约定。

除专用合同条款对期限另有约定外，自发包人收到设计人的工程设计文件以及设计人的通知之日起，发包人对设计人的工程设计文件审查期不超过15天。

发包人不同意工程设计文件的，应以书面形式通知设计人，并说明不符合合同要求的具体内容。设计人应根据发包人的书面说明，对工程设计文件进行修改后重新报送发包人审查，审查期重新起算。

合同约定的审查期满，发包人没有做出审查结论也没有提出异议的，视为设计人的工程设计文件已获发包人同意。

8.2 设计人的工程设计文件不需要政府有关部门审查或批准的，设计人应当严格按照经发包人审查同意的工程设计文件进行修改，如果发包人的修改意见超出或更改了发包人要求，发包人应当根据第11条〔工程设计变更与索赔〕的约定，向设计人另行支付费用。

8.3 工程设计文件需政府有关部门审查或批准的，发包人应在审查同意设计人的工程设计文件后在专用合同条款约定的期限内，向政府有关部门报送工程设计文件，设计人应予以协助。

对于政府有关部门的审查意见，不需要修改发包人要求的，设计人需按该审查意见修改设计人的工程设计文件；需要修改发包人要求的，发包人应重新提出发包人要求，设计人应根据新提出的发包人要求修改设计人的工程设计文件，发包人应当根据第11条〔工程设计变更与索赔〕的约定，向设计人另行支付费用。

8.4 发包人需要组织审查会议对工程设计文件进行审查的，审查会议的审查形式和时间安排，在专用合同条款中约定。发包人负责组织工程设计文件审查会议，并承担会议费用及发包人的上级单位、政府有关部门参加的审查会议的费用。

设计人按第7条〔工程设计文件交付〕的约定向发包人提交工程设计文件，有义务参加发包人组织的设计审查会议，向审查者介绍、解答、解释其工程设计文件，并提供有关补充资料。

发包人有义务向设计人提供设计审查会议的批准文件和纪要。设计人有义务按照相关设计审查会议批准的文件和纪要，并依据合同约定及相关技术标准，对工程设计文件进行修改、补充和完善。

8.5 因设计人原因，未能按第 7 条〔工程设计文件交付〕约定的时间向发包人提交工程设计文件，致使工程设计文件审查无法进行或无法按期进行，造成设计周期延长、窝工损失及发包人增加费用的，设计人应按第 14.2 款〔设计人违约责任〕的约定承担责任。

因发包人原因，致使工程设计文件审查无法进行或无法按期进行，造成设计周期延长、窝工损失及设计人增加的费用，由发包人承担。

8.6 因设计人原因造成工程设计文件不合格致使工程设计文件审查无法通过的，发包人有权要求设计人采取补救措施，直至达到合同要求的质量标准，并按第 14.2 款〔设计人违约责任〕的约定承担责任。

因发包人原因造成工程设计文件不合格致使工程设计文件审查无法通过的，由此增加的设计费用和（或）延长的设计周期由发包人承担。

8.7 工程设计文件的审查，不减轻或免除设计人依据法律应当承担的责任。

9．施工现场配合服务

9.1 除专用合同条款另有约定外，发包人应为设计人派赴现场的工作人员提供工作、生活及交通等方面的便利条件。

9.2 设计人应当提供设计技术交底、解决施工中设计技术问题和竣工验收服务。如果发包人在专用合同条款约定的施工现场服务时限外仍要求设计人负责上述工作的，发包人应按所需工作量向设计人另行支付服务费用。

10．合同价款与支付

10.1 合同价款组成

发包人和设计人应当在专用合同条款附件 6 中明确约定合同价款各组成部分的具体数额，主要包括：

（1）工程设计基本服务费用；

（2）工程设计其他服务费用；

（3）在未签订合同前发包人已经同意或接受或已经使用的设计人为发包人所做的各项工作的相应费用等。

10.2 合同价格形式

发包人和设计人应在合同协议书中选择下列一种合同价格形式：

（1）单价合同

单价合同是指合同当事人约定以建筑面积（包括地上建筑面积和地下建筑面积）每平方米单价或实际投资总额的一定比例等进行合同价格计算、调整和确认的建设工程设计合同，在约定的范围内合同单价不做调整。合同当事人应在专用合同条款中约定单价包含的风险范围和风险费用的计算方法，并约定风险范围以外的合同价格的调整方法。

（2）总价合同

总价合同是指合同当事人约定以发包人提供的上一阶段工程设计文件及有关条件进行合同价格计算、调整和确认的建设工程设计合同，在约定的范围内合同总价不做调整。合同当事人应在专用合同条款中约定总价包含的风险范围和风险费用的计算方法，并约定风险范围以外的合同价格的调整方法。

（3）其他价格形式

合同当事人可在专用合同条款中约定其他合同价格形式。

10.3　定金或预付款

10.3.1　定金或预付款的比例

定金的比例不应超过合同总价款的 20%。预付款的比例由发包人与设计人协商确定，一般不低于合同总价款的 20%。

10.3.2　定金或预付款的支付

定金或预付款的支付按照专用合同条款约定执行，但最迟应在开始设计通知载明的开始设计日期前专用合同条款约定的期限内支付。

发包人逾期支付定金或预付款超过专用合同条款约定的期限的，设计人有权向发包人发出要求支付定金或预付款的催告通知，发包人收到通知后 7 天内仍未支付的，设计人有权不开始设计工作或暂停设计工作。

10.4　进度款支付

10.4.1　发包人应当按照专用合同条款附件 6 约定的付款条件及时向设计人支付进度款。

10.4.2　进度付款的修正

在对已付进度款进行汇总和复核中发现错误、遗漏或重复的，发包人和设计人均有权提出修正申请。经发包人和设计人同意的修正，应在下期进度付款中支付或扣除。

10.5　合同价款的结算与支付

10.5.1　对于采取固定总价形式的合同，发包人应当按照专用合同条款附件 6 的约定及时支付尾款。

10.5.2　对于采取固定单价形式的合同，发包人与设计人应当按照专用合同条款附件 6 约定的结算方式及时结清工程设计费，并将结清未支付的款项一次性支付给设计人。

10.5.3　对于采取其他价格形式的，也应按专用合同条款的约定及时结算和支付。

10.6　支付账户

发包人应将合同价款支付至合同协议书中约定的设计人账户。

11. 工程设计变更与索赔

11.1　发包人变更工程设计的内容、规模、功能、条件等，应当向设计人提供书面要求，设计人在不违反法律规定以及技术标准强制性规定的前提下应当按照发包人要求变更工程设计。

11.2　发包人变更工程设计的内容、规模、功能、条件或因提交的设计资料存在错误或作较大修改时，发包人应按设计人所耗工作量向设计人增付设计费，设计人可按本条约定和专用合同条款附件 7 的约定，与发包人协商对合同价格和/或完工时间做可共同接受的修改。

11.3　如果由于发包人要求更改而造成的项目复杂性的变更或性质的变更使得设计人的设计工作减少，发包人可按本条约定和专用合同条款附件 7 的约定，与设计人协商对合同价格和/或完工时间做可共同接受的修改。

11.4　基准日期后，与工程设计服务有关的法律、技术标准的强制性规定的颁布及修改，由此增加的设计费用和（或）延长的设计周期由发包人承担。

11.5 如果发生设计人认为有理由提出增加合同价款或延长设计周期的要求事项，除专用合同条款对期限另有约定外，设计人应于该事项发生后 5 天内书面通知发包人。除专用合同条款对期限另有约定外，在该事项发生后 10 天内，设计人应向发包人提供证明设计人要求的书面声明，其中包括设计人关于因该事项引起的合同价款和设计周期的变化的详细计算。除专用合同条款对期限另有约定外，发包人应在接到设计人书面声明后的 5 天内，予以书面答复。逾期未答复的，视为发包人同意设计人关于增加合同价款或延长设计周期的要求。

12. 专业责任与保险

12.1 设计人应运用一切合理的专业技术和经验知识，按照公认的职业标准尽其全部职责和谨慎、勤勉地履行其在本合同项下的责任和义务。

12.2 除专用合同条款另有约定外，设计人应具有发包人认可的、履行本合同所需要的工程设计责任保险并使其于合同责任期内保持有效。

12.3 工程设计责任保险应承担由于设计人的疏忽或过失而引发的工程质量事故所造成的建设工程本身的物质损失以及第三者人身伤亡、财产损失或费用的赔偿责任。

13. 知识产权

13.1 除专用合同条款另有约定外，发包人提供给设计人的图纸、发包人为实施工程自行编制或委托编制的技术规格书以及反映发包人要求的或其他类似性质的文件的著作权属于发包人，设计人可以为实现合同目的而复制、使用此类文件，但不能用于与合同无关的其他事项。未经发包人书面同意，设计人不得为了合同以外的目的而复制、使用上述文件或将之提供给任何第三方。

13.2 除专用合同条款另有约定外，设计人为实施工程所编制的文件的著作权属于设计人，发包人可因实施工程的运行、调试、维修、改造等目的而复制、使用此类文件，但不能擅自修改或用于与合同无关的其他事项。未经设计人书面同意，发包人不得为了合同以外的目的而复制、使用上述文件或将之提供给任何第三方。

13.3 合同当事人保证在履行合同过程中不侵犯对方及第三方的知识产权。设计人在工程设计时，因侵犯他人的专利权或其他知识产权所引起的责任，由设计人承担；因发包人提供的工程设计资料导致侵权的，由发包人承担责任。

13.4 合同当事人双方均有权在不损害对方利益和保密约定的前提下，在自己宣传用的印刷品或其他出版物上，或申报奖项时等情形下公布有关项目的文字和图片材料。

13.5 除专用合同条款另有约定外，设计人在合同签订前和签订时已确定采用的专利、专有技术的使用费应包含在签约合同价中。

14. 违约责任

14.1 发包人违约责任

14.1.1 合同生效后，发包人因非设计人原因要求终止或解除合同，设计人未开始设计工作的，不退还发包人已付的定金或发包人按照专用合同条款的约定向设计人支付违约金；已开始设计工作的，发包人应按照设计人已完成的实际工作量计算设计费，完成工作量不足一半时，按该阶段设计费的一半支付设计费；超过一半时，按该阶段设计费的全部支付设计费。

14.1.2 发包人未按专用合同条款附件 6 约定的金额和期限向设计人支付设计费的，应按专用合同条款约定向设计人支付违约金。逾期超过 15 天时,设计人有权书面通知发包人中止设计工作。自中止设计工作之日起 15 天内发包人支付相应费用的,设计人应及时根据发包人要求恢复设计工作;自中止设计工作之日起超过 15 天后发包人支付相应费用的,设计人有权确定重新恢复设计工作的时间,且设计周期相应延长。

14.1.3 发包人的上级或设计审批部门对设计文件不进行审批或本合同工程停建、缓建,发包人应在事件发生之日起 15 天内按本合同第 16 条〔合同解除〕的约定向设计人结算并支付设计费。

14.1.4 发包人擅自将设计人的设计文件用于本工程以外的工程或交第三方使用时,应承担相应法律责任,并应赔偿设计人因此遭受的损失。

14.2 设计人违约责任

14.2.1 合同生效后,设计人因自身原因要求终止或解除合同,设计人应按发包人已支付的定金金额双倍返还给发包人或设计人按照专用合同条款约定向发包人支付违约金。

14.2.2 由于设计人原因,未按专用合同条款附件 3 约定的时间交付工程设计文件的,应按专用合同条款的约定向发包人支付违约金,前述违约金经双方确认后可在发包人应付设计费中扣减。

14.2.3 设计人对工程设计文件出现的遗漏或错误负责修改或补充。由于设计人原因产生的设计问题造成工程质量事故或其他事故时,设计人除负责采取补救措施外,应当通过所投建设工程设计责任保险向发包人承担赔偿责任或者根据直接经济损失程度按专用合同条款约定向发包人支付赔偿金。

14.2.4 由于设计人原因,工程设计文件超出发包人与设计人书面约定的主要技术指标控制值比例的,设计人应当按照专用合同条款的约定承担违约责任。

14.2.5 设计人未经发包人同意擅自对工程设计进行分包的,发包人有权要求设计人解除未经发包人同意的设计分包合同,设计人应当按照专用合同条款的约定承担违约责任。

15. 不可抗力

15.1 不可抗力的确认

不可抗力是指合同当事人在签订合同时不可预见,在合同履行过程中不可避免且不能克服的自然灾害和社会性突发事件,如地震、海啸、瘟疫、骚乱、戒严、暴动、战争和专用合同条款中约定的其他情形。

不可抗力发生后,发包人和设计人应收集证明不可抗力发生及不可抗力造成损失的证据,并及时认真统计所造成的损失。合同当事人对是否属于不可抗力或其损失发生争议时,按第 17 条〔争议解决〕的约定处理。

15.2 不可抗力的通知

合同一方当事人遇到不可抗力事件,使其履行合同义务受到阻碍时,应立即通知合同另一方当事人,书面说明不可抗力和受阻碍的详细情况,并在合理期限内提供必要的证明。

不可抗力持续发生的,合同一方当事人应及时向合同另一方当事人提交中间报告,说明不可抗力和履行合同受阻的情况,并于不可抗力事件结束后 28 天内提交最终报告及有关资料。

15.3 不可抗力后果的承担

不可抗力引起的后果及造成的损失由合同当事人按照法律规定及合同约定各自承担。不可抗力发生前已完成的工程设计应当按照合同约定进行支付。

不可抗力发生后，合同当事人均应采取措施尽量避免和减少损失的扩大，任何一方当事人没有采取有效措施导致损失扩大的，应对扩大的损失承担责任。

因合同一方迟延履行合同义务，在迟延履行期间遭遇不可抗力的，不免除其违约责任。

16. 合同解除

16.1 发包人与设计人协商一致，可以解除合同。

16.2 有下列情形之一的，合同当事人一方或双方可以解除合同：

（1）设计人工程设计文件存在重大质量问题，经发包人催告后，在合理期限内修改后仍不能满足国家现行深度要求或不能达到合同约定的设计质量要求的，发包人可以解除合同；

（2）发包人未按合同约定支付设计费用，经设计人催告后，在30天内仍未支付的，设计人可以解除合同；

（3）暂停设计期限已连续超过180天，专用合同条款另有约定的除外；

（4）因不可抗力致使合同无法履行；

（5）因一方违约致使合同无法实际履行或实际履行已无必要；

（6）因本工程项目条件发生重大变化，使合同无法继续履行。

16.3 任何一方因故需解除合同时，应提前30天书面通知对方，对合同中的遗留问题应取得一致意见并形成书面协议。

16.4 合同解除后，发包人除应按第14.1.1项的约定及专用合同条款约定期限内向设计人支付已完工作的设计费外，应当向设计人支付由于非设计人原因合同解除导致设计人增加的设计费用，违约一方应当承担相应的违约责任。

17. 争议解决

17.1 和解

合同当事人可以就争议自行和解，自行和解达成协议的经双方签字并盖章后作为合同补充文件，双方均应遵照执行。

17.2 调解

合同当事人可以就争议请求相关行政主管部门、行业协会或其他第三方进行调解，调解达成协议的，经双方签字并盖章后作为合同补充文件，双方均应遵照执行。

17.3 争议评审

合同当事人在专用合同条款中约定采取争议评审方式解决争议以及评审规则，并按下列约定执行：

17.3.1 争议评审小组的确定

合同当事人可以共同选择一名或三名争议评审员，组成争议评审小组。除专用合同条款另有约定外，合同当事人应当自合同签订后28天内，或者争议发生后14天内，选定争议评审员。

选择一名争议评审员的，由合同当事人共同确定；选择三名争议评审员的，各自选定一名，第三名成员为首席争议评审员，由合同当事人共同确定或由合同当事人委托已选定的争议评审员共同确定，或由专用合同条款约定的评审机构指定第三名首席争议评审员。

除专用合同条款另有约定外，评审所发生的费用由发包人和设计人各承担一半。

17.3.2 争议评审小组的决定

合同当事人可在任何时间将与合同有关的任何争议共同提请争议评审小组进行评审。争议评审小组应秉持客观、公正原则，充分听取合同当事人的意见，依据相关法律、技术标准及行业惯例等，自收到争议评审申请报告后 14 天内作出书面决定，并说明理由。合同当事人可以在专用合同条款中对本事项另行约定。

17.3.3 争议评审小组决定的效力

争议评审小组作出的书面决定经合同当事人签字确认后，对双方具有约束力，双方应遵照执行。

任何一方当事人不接受争议评审小组决定或不履行争议评审小组决定的，双方可选择采用其他争议解决方式。

17.4 仲裁或诉讼

因合同及合同有关事项产生的争议，合同当事人可以在专用合同条款中约定以下一种方式解决争议：

（1）向约定的仲裁委员会申请仲裁；

（2）向有管辖权的人民法院起诉。

17.5 争议解决条款效力

合同有关争议解决的条款独立存在，合同的变更、解除、终止、无效或者被撤销均不影响其效力。

第三部分 专用合同条款

1. 一般约定

1.1 词语定义与解释

1.1.1 合同

1.1.1.8 其他合同文件包括：_____。

1.3 法律

适用于合同的其他规范性文件：_____。

1.4 技术标准

1.4.1 适用于工程的技术标准包括：_____。

1.4.2 国外技术标准原文版本和中文译本的提供方：_____；

提供国外技术标准的名称：_____；

提供国外技术标准的份数：_____；

提供国外技术标准的时间：_____；

提供国外技术标准的费用承担：_____。

1.4.3 发包人对工程的技术标准和功能要求的特殊要求：_____。

1.5 合同文件的优先顺序

合同文件组成及优先顺序为：_____。

1.6　联络

1.6.1　发包人和设计人应当在_____天内将与合同有关的通知、批准、证明、证书、指示、指令、要求、请求、同意、确定和决定等书面函件送达对方当事人。

1.6.2　发包人与设计人联系信息

发包人接收文件的地点：_____；

发包人指定的接收人为：_____；

发包人指定的联系电话及传真号码：_____；

发包人指定的电子邮箱：_____。

设计人接收文件的地点：_____；

设计人指定的接收人为：_____；

设计人指定的联系电话及传真号码：_____；

设计人指定的电子邮箱：_____。

1.8　保密

保密期限：_____。

2.　发包人

2.1　发包人一般义务

2.1.3　发包人其他义务：_____。

2.2　发包人代表

发包人代表：

姓　　名：_____；

身份证号：_____；

职　　务：_____；

联系电话：_____；

电子信箱：_____；

通信地址：_____。

发包人对发包人代表的授权范围如下：_____。

发包人更换发包人代表的，应当提前_____天书面通知设计人。

2.3　发包人决定

2.3.2　发包人应在_____天内对设计人书面提出的事项作出书面决定。

3.　设计人

3.1　设计人一般义务

3.1.1　设计人_____（需/不需）配合发包人办理有关许可、批准或备案手续。

3.1.3　设计人其他义务：_____。

3.2　项目负责人

3.2.1　项目负责人

姓　　名：_____；

执业资格及等级：_____；

注册证书号: _____ ;

联系电话: _____ ;

电子信箱: _____ ;

通信地址: _____ ;

设计人对项目负责人的授权范围如下: _____ 。

3.2.2 设计人更换项目负责人的, 应提前____天书面通知发包人。

设计人擅自更换项目负责人的违约责任: _____ 。

3.2.3 设计人应在收到书面更换通知后_____天内更换项目负责人。

设计人无正当理由拒绝更换项目负责人的违约责任: _____ 。

3.3 设计人人员

3.3.1 设计人提交项目管理机构及人员安排报告的期限_____。

3.3.3 设计人无正当理由拒绝撤换主要设计人员的违约责任:

3.4 设计分包

3.4.1 设计分包的一般约定

禁止设计分包的工程包括: _____ 。

主体结构、关键性工作的范围: _____ 。

3.4.2 设计分包的确定

允许分包的专业工程包括: _____ 。

其他关于分包的约定: _____ 。

3.4.3 设计人向发包人提交有关分包人资料包括: _____ 。

3.4.4 分包工程设计费支付方式: _____ 。

3.5 联合体

3.5.4 发包人向联合体支付设计费用的方式: _____ 。

5. 工程设计要求

5.1 工程设计一般要求

5.1.2.1 工程设计的特殊标准或要求: _____ 。

5.1.2.2 工程设计适用的技术标准: _____ 。

5.1.2.4 工程设计文件的主要技术指标控制值及比例: _____ 。

5.3 工程设计文件的要求

5.3.3 工程设计文件深度规定: _____ 。

5.3.5 建筑物及其功能设施的合理使用寿命年限: _____ 。

6. 工程设计进度与周期

6.1 工程设计进度计划

6.1.1 工程设计进度计划的编制

合同当事人约定的工程设计进度计划提交的时间: _____ 。

合同当事人约定的工程设计进度计划应包括的内容: _____ 。

6.1.2 工程设计进度计划的修订

发包人在收到工程设计进度计划后确认或提出修改意见的期限：＿＿＿＿＿＿。

6.3 工程设计进度延误

6.3.1 因发包人原因导致工程设计进度延误

（4）因发包人原因导致工程设计进度延误的其他情形：＿＿＿＿＿＿。

设计人应在发生进度延误的情形后＿＿＿＿＿天内向发包人发出要求延期的书面通知，在发生该情形后＿＿＿＿＿天内提交要求延期的详细说明。

发包人收到设计人要求延期的详细说明后，应在＿＿＿＿＿天内进行审查并书面答复。

6.5 提前交付工程设计文件

6.5.2 提前交付工程设计文件的奖励：＿＿＿＿＿＿＿＿＿＿＿。

7. 工程设计文件交付

7.1 工程设计文件交付的内容

7.1.2 发包人要求设计人提交电子版设计文件的具体形式为：＿＿＿＿＿＿＿＿。

8. 工程设计文件审查

8.1 发包人对设计人的设计文件审查期限不超过＿＿＿天。

8.3 发包人应在审查同意设计人的工程设计文件后在＿＿＿天内，向政府有关部门报送工程设计文件。

8.4 工程设计审查形式及时间安排：＿＿＿＿＿＿＿＿＿。

9. 施工现场配合服务

9.1 发包人为设计人派赴现场的工作人员提供便利条件的内容包括：＿＿＿＿＿＿。

9.2 设计人应当在交付施工图设计文件并经审查合格后＿＿＿时间内提供施工现场配合服务。

10. 合同价款与支付

10.2 合同价格形式

（1）单价合同

单价包含的风险范围：＿＿＿＿＿＿＿＿＿＿＿＿＿＿。

风险费用的计算方法：＿＿＿＿＿＿＿＿＿＿＿＿＿。

风险范围以外合同价格的调整方法：＿＿＿＿＿＿＿＿＿。

（2）总价合同

总价包含的风险范围：＿＿＿＿＿＿＿＿＿＿＿＿＿＿。

风险费用的计算方法：＿＿＿＿＿＿＿＿＿＿＿＿＿。

风险范围以外合同价格的调整方法：＿＿＿＿＿＿＿＿＿。

（3）其他价格形式：＿＿＿＿＿＿＿＿＿＿＿。

10.3 定金或预付款

10.3.1 定金或预付款的比例

定金的比例＿＿＿＿＿＿＿＿或预付款的比例＿＿＿＿＿＿＿＿。

10.3.2 定金或预付款的支付

定金或预付款的支付时间：_____，但最迟应在开始设计通知载明的开始设计日期_____天前支付。

11. 工程设计变更与索赔

11.5 设计人应于认为有理由提出增加合同价款或延长设计周期的要求事项发生后_____天内书面通知发包人。

设计人应在该事项发生后_____天内向发包人提供证明设计人要求的书面声明。

发包人应在接到设计人书面声明后的_____天内，予以书面答复。

12. 专业责任与保险

12.2 设计人_____（需/不需）有发包人认可的工程设计责任保险。

13. 知识产权

13.1 关于发包人提供给设计人的图纸、发包人为实施工程自行编制或委托编制的技术规格以及反映发包人关于合同要求或其他类似性质的文件的著作权的归属：_____。

关于发包人提供的上述文件的使用限制的要求：_____。

13.2 关于设计人为实施工程所编制文件的著作权的归属：_____。

关于设计人提供的上述文件的使用限制的要求：_____。

13.5 设计人在设计过程中所采用的专利、专有技术的使用费的承担方式：_____。

14. 违约责任

14.1 发包人违约责任

14.1.1 发包人支付设计人的违约金：_____。

14.1.2 发包人逾期支付设计费的违约金：_____。

14.2 设计人违约责任

14.2.1 设计人支付发包人的违约金：_____。

14.2.2 设计人逾期交付工程设计文件的违约金：_____。

设计人逾期交付工程设计文件的违约金的上限：_____。

附件

附件 1：工程设计范围、阶段与服务内容

附件 2：发包人向设计人提交的有关资料及文件一览表

附件 3：设计人向发包人交付的工程设计文件目录

附件 4：设计人主要设计人员表

附件 5：设计进度表

附件 6：设计费明细及支付方式

附件 7：设计变更计费依据和方法

附件 1：工程设计范围、阶段与服务内容

发包人与设计人可根据项目的具体情况，选择确定本附件内容。

一、本工程设计范围

规划土地内相关建筑物、构筑物的有关建筑、结构、给水排水、暖通空调、建筑电气、总图专业（不含住宅小区总图）的设计。

精装修设计、智能化专项设计、泛光立面照明设计、景观设计、娱乐工艺设计、声学设计、舞台机械设计、舞台灯光设计、厨房工艺设计、煤气设计、幕墙设计、气体灭火及其他特殊工艺设计等，另行约定。

二、本工程设计阶段划分

方案设计阶段、初步设计、施工图设计及施工配合四个阶段。

三、各阶段服务内容

1. 方案设计阶段

（1）与发包人及发包人聘用的顾问充分沟通，深入研究项目基础资料，协助发包人提出本项目的发展规划和市场潜力；

（2）完成总体规划和方案设计，提供满足深度的方案设计图纸，并制作符合政府部门要求的规划意见书与设计方案报批文件，协助发包人进行报批工作；

（3）根据政府部门的审批意见在本合同约定的范围内对设计方案进行修改和必要的调整，以通过政府部门审查批准；

（4）协调景观、交通、精装修等各专业顾问公司的工作，对其设计方案和技术经济指标进行审核，提供咨询意见。在保证与该项目总体方案设计一致的情况下，接受经发包人确认的顾问公司的合理化建议并对方案进行调整；

（5）配合发包人进行人防、消防、交通、绿化及市政管网等方面的咨询工作；

（6）负责完成人防、消防等规划方案，协助发包人完成报批工作。

2. 初步设计阶段

（1）负责完成并制作建筑、结构、给排水、暖通空调、电气、动力、室外管线综合等专业的初步设计文件，设计内容和深度应满足政府相关规定；

（2）制作报政府相关部门进行初步设计审查的设计图纸，配合发包人进行交通、园林、人防、消防、供电、市政、气象等各部门的报审工作，提供相关的工程用量参数，并负责有关解释和修改。

3. 施工图设计阶段

（1）负责完成并制作总图、建筑、结构、机电、室外管线综合等全部专业的施工图设计文件；

（2）对发包人的审核修改意见进行修改、完善，保证其设计意图的最终实现；

（3）根据项目开发进度要求及时提供各阶段报审图纸，协助发包人进行报审工作，根据审查结果在本合同约定的范围内进行修改调整，直至审查通过，并最终向发包人提交正式的施工图设计文件；

（4）协助发包人进行工程招标答疑。

4. 施工配合阶段

（1）负责工程设计交底，解答施工过程中施工承包人有关施工图的问题，项目负责人及各专业设计负责人，及时对施工中与设计有关的问题做出回应，保证设计满足施工要求；

（2）根据发包人要求，及时参加与设计有关的专题会，现场解决技术问题；

（3）协助发包人处理工程洽商和设计变更，负责有关设计修改，及时办理相关手续；

（4）参与与设计人相关的必要的验收以及项目竣工验收工作，并及时办理相关手续；

（5）提供产品选型、设备加工订货、建筑材料选择以及分包人考察等技术咨询工作；

（6）应发包人要求协助审核各分包人的设计文件是否满足接口条件并签署意见，以保证其与总体设计协调一致，并满足工程要求。

附件 2：发包人向设计人提交有关资料及文件一览表

序号	资料及文件名称	份数	提交日期	有关事宜
1	项目立项报告和审批文件	各 1	方案开始 3 天前	
2	发包人要求即设计任务书（含对建筑、结构、给水排水、暖通空调、建筑电气、总图等专业的具体要求）	1	方案开始 3 天前	
3	建筑红线图，建筑钉桩图	各 1	方案开始 3 天前	
4	当地规划部门的规划意见书	1	方案开始 3 天前	
5	工程勘察报告	2	方案设计开始前 3 天提供初步勘察报告；初步设计开始 3 天前提供详细勘察报告	
6	各阶段主管部门的审批意见	1	下一个阶段设计开始 3 天前提供上一个阶段审批意见	
7	方案设计确认单（含初设开工令）	1	初步设计开始 3 天前	
8	工程所在地地形图（1/500）电子版及区域位置图	1	初步设计开始 3 天前	
9	初步设计确认单（含施工图开工令）	1	施工图设计开始 3 天前	
10	施工图审查合格意见书	1	施工图审查通过后 5 天内	
11	市政条件（包括给排水、暖通、电力、道路、热力、通信等）	1	方案设计开始 3 天前	
12	其他设计资料	1	各设计阶段设计开始 3 天前	
13	竣工验收报告	1	工程竣工验收通过后 5 天内	

（上表内容仅供参考，发包人和设计人应当根据项目具体情况详细列举）

附件 3：设计人向发包人交付的工程设计文件目录

序号	资料及文件名称	份数	提交日期	有关事宜
1	方案设计文件		_____天	
2	初步设计文件		_____天	
3	施工图设计文件		_____天	

特别约定：

1. 在发包人所提供的设计资料（含设计确认单、规划部门批文、政府各部门批文等）能满足设计人进行各阶段设计的前提下开始计算各阶段的设计时间。

2. 上述设计时间不包括法定的节假日。

3. 图纸交付地点：设计人工作地（或发包人指定地）。发包人要求设计人提供电子版设计文件时，设计人有权对电子版设计文件采取加密、设置访问权限、限期使用等保护措施。

4. 如发包人要求提供超过合同约定份数的工程设计文件，则设计人仍应按发包人的要求提供，但发包人应向设计人支付工本费。

附件4：设计人主要设计人员表

名称	姓名	职务	注册执业资格	承担过的主要项目
一、总部人员				
项目主管				
其他人员				
二、项目组成员				
项目负责人				
项目副负责人				
建筑专业负责人				
结构专业负责人				
给水排水专业负责人				
暖通空调专业负责人				
建筑电气专业负责人				

附件5：设计进度表（略）

附件6：设计费明细及支付方式

一、设计费总额： _____

二、设计费总额构成：

1. 工程设计基本服务费用：固定总价：_____

固定单价：_____元/平方米或费率_____%

2. 工程设计其他服务费用：_____

3. 合同签订前设计人已完成工作的费用：_____

4. 特别约定：

（1）工程设计基本服务费用包含设计人员赴工地现场的旅差费_____人次日，每人每次不超2天；不含长期驻现场的设计工地代表和现场服务费。

（2）采用固定单价形式的设计费，实际设计费按初步设计批准（或通过审查的施工图设计）的建筑面积（或投资额）和本合同约定的单价（或费率）核定，多退少补。

（3）超过上述约定人次日赴项目现场所发生的费用（包括往返机票费、机场建设费、交通费、食宿费、保险费等）和人工费由发包人另行支付。其中人工费支付标准为_____。（建议参照本单位年人均产值确定人工费标准）

（4）其他：_____。

三、设计费明细计算表

四、设计费支付方式

经发包人、设计人双方确认，如果发包人委托设计人负责全过程工程设计服务，各阶段的设计费比例为：方案设计阶段的设计费占本合同设计费总额的20%，初步设计阶段的设计费占本合同设计费总额的30%，施工图设计阶段的设计费占本合同设计费总额的40%，施工配合阶段占本合同设计费总额的 10%；如果发包人委托设计人负责部分工程设计服务，则每个阶段的设计费比例，双方另行协商确定。

具体支付时间如下：

1. 本合同生效后 7 天内，发包人向设计人支付设计费总额的_____%作为定金（或预付款），计_____元，设计合同履行完毕后，定金（或预付款）抵作部分工程设计费。

2. 设计人向发包人提交方案设计文件后 7 天内，发包人向设计人支付设计费总额的 10%，计_____元。

3. 设计人向发包人提交初步设计文件后 7 天内，发包人向设计人支付设计费总额的 20%，计_____元。

4. 设计人向发包人提交施工图设计文件后 7 天内，发包人向设计人支付设计费总额的 30%，计_____元。

5. 施工图设计文件通过审查后 7 天内或施工图设计文件提交后 3 个月内，发包人向设计人支付设计费总额的 10%，计_____元。

6. 工程结构封顶后 7 天内，发包人向设计人支付设计费总额的 5%，计_____元。

7. 工程竣工验收后 7 天内，发包人向设计人支付全部剩余设计费，共计_____元。

注：上述支付方式供发包人、设计人参考使用。

附件 7：设计变更计费依据和方法（略）

2. 《建设工程设计合同示范文本（专业建设工程）》（GF—2015—0210）的内容

该示范文本的内容与《建设工程设计合同示范文本（房屋建筑工程）》（GF—2015—0209）的大部分内容一致，具体参见二维码里的文档（内容不同之处，已用颜色进行标注）。

3. 《建设工程设计合同示范文本》分析

《建设工程设计合同示范文本》按照房屋建筑工程和专业建设工程分别制定。《建设工程设计合同示范文本》依然采用"合同协议书+通用合同条款+专用合同条款"的形式。

在内容上，设计合同与勘察合同有许多相似之处。

《房屋建筑工程示范文本》（以下简称 GF—2015—0209）大量用于房地产开发商与施工企业之间，《专业建设工程示范文本》（以下简称 GF—2015—0210）则主要用于房屋建筑工程以外的各行业建设项目的投资者与施工企业之间。这两种示范文本通用合同条款的绝大部分内容相同，只是个别条款有所区别。

通用合同条款第 5.1.1 项是对发包人的要求。GF—2015—0209 限制发包人以节约成本为目的要求设计人违反法律和质量安全标准进行工程设计，降低工程质量。发包人如果提出限额设计要求，则主要技术指标应当符合有关工程设计标准要求，并且要在合同中固定。而 GF—2015—0210 则在这一条款中要求发包人鼓励设计人使用新技术和新材料。

通用合同条款第 5.1.2 项是对设计人的要求。GF—2015—0209 要求设计人严格执行合同约定的技术指标控制值，同时根据工程本身的性质和特点确定适宜的设计方案。而 GF—2015—0210 则强调设计人应按合同约定采用技术、工艺和设备。

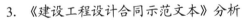

《建设工程设计合同示范文本（专业建设工程）》（GF—2015—0210）

通用合同条款第 12 条是关于专业责任与保险的约定。建设工程设计责任保险具有保护投资者投资安全的功能，投资者可在设计责任事故造成损失时得到经济补偿。

通用合同条款第 13 条是关于知识产权的约定。设计活动作为一项富有创造性的智力劳动，知识产权保护是对设计人创新与发展的鼓励，有助于工程建设行业的进步。合同当事人可在专用合同条款部分对权利归属、权利行使范围另行作出约定。否则，将适用通用合同条款的约定，即发包人提供给设计人的图纸、发包人为实施工程自行编制或委托编制的技术规格书以及反映发包人要求的或其他类似性质的文件的著作权属于发包人，设计人为实施工程所编制的文件的著作权属于设计人。

通用合同条款第 14 条是关于违约责任的约定。第 14.2.3 项规定，由于设计人原因造成工程质量事故，应当通过其所投建设工程设计责任保险向发包人赔偿，该规定保证了发包人与设计人的利益平衡。在建设工程实践中，工程的投资远大于工程设计费，通常情况下，如出现由于设计人原因导致的工程质量损害，其赔偿的金额也可能远远大于工程设计费，设计人往往无力赔偿。设计人可以通过在合同中约定最高损害赔偿数额的办法来缩小损害赔偿的责任范围，或通过专业责任保险来提高其损害赔偿能力。如果工程损害是由于合同双方或合同以外第三方混合过错造成，应采取过错与责任相当的原则处理。

通用合同条款第 17 条是关于争议解决的约定。工程设计合同的争议往往涉及很强的专业性和技术性，并且目前尚缺乏有关工程设计质量的鉴定标准，因此，引进争议评审作为工程设计合同争议解决的方式之一就十分必要。争议评审是由合同双方聘请具有专业知识背景的专家对争议提出解决建议。该制度源于西方发达国家，因其能够快速、简便、低成本地解决争议的特点而被广为采纳。需要说明的是，争议评审并非仲裁或诉讼之前的必经程序，具有法律效力的争议解决途径是仲裁或诉讼。

4.1.4　合同双方对勘察和设计合同的管理

1. 发包人对勘察和设计合同的管理

工程勘察设计活动从业单位应具备相应资质是法定条件，因此发包人应首先对勘察设计人的资质进行验证。这是保证合同生效的前提条件之一。

勘察设计合同明确规定发包人应按期为承包人提供各种依据资料、文件，并对其质量和准确性负责。现实中，发包人应注意不要由于身处相对有利的合同地位从而忽视应当承担的义务。

如果发包人因故要求修改设计，一般来说，设计文件的提交时间应由双方另行商定，发包人还应按承包人实际返工修改的工作量增付设计费。

当承包人不能按期、按质、按量完成勘察设计任务时，发包人有权向其提出索赔。

2. 承包人对勘察和设计合同的管理

由于勘察设计活动主要是由承包人具体实施完成，承包人对勘察设计合同的管理更应充分重视。

首先，勘察人和设计人应在各自的项目组织中设立专门的合同管理机构，该机构甚至可以是其项目组织中最早设立的部门。它早在勘察设计项目的投标阶段就开始投入工作，从事勘察设计项目的投标工作。中标后，起草、分析合同条款以及签署合同的工作就由这个机构负责实施。签约后，研究、分析、分解合同条款也由该机构完成。

其次，勘察设计人应随时随地跟踪合同，将合同履行的实际情况与合同条款进行比对，如勘察设计活动是否符合法定规范、进度是否符合合同约定、发生的费用是否在合同价款之内等。如果实际情况与合同或计划存在差异，则要找出产生差异的原因，提出解决的办法，以采取措施纠正偏差。

再次，勘察设计活动的每一环节，从投标直到勘察设计成果提交，都要有完整的文档资料。这些文档资料是勘察设计人履行合同规定义务的数量和质量的证明。因此要十分注意对文档资料的管理。

最后，索赔是法律赋予合同当事人的合法权利。充分利用索赔权利，能够有效维护承包人的经济利益。勘察设计方在下列情况下可以按合同的规定向发包人提出相应索赔要求。

（1）发包人不按合同要求按时、按质、按量提供资料，致使承包人无法正常开展工作。

（2）发包人在合同履行中途提出变更要求。

（3）发包人不按合同规定支付合同价款。

（4）因其他发包人责任给承包人造成利益损害的情况。

4.2　建设工程监理合同

4.2.1　建设工程监理合同概述

建设工程监理，是指具有相应资质的监理单位受工程项目发包人的委托，依据国家有关法规和合同，对工程的建设实施的专业化监督和管理。

18 世纪 60 年代，西方国家的产业革命导致了建筑业空前繁荣。习惯于自己从事建设管理和监督的发包人对日渐复杂、技术难度大的建设项目的管理逐渐感到力不从心，他们急需求助于有专门知识和经验技能的专业人员来代替自己从事建设项目的管理和监督活动。于是，建设工程监理行业出现了。20 世纪 80 年代以后，一些发展中国家和地区开始仿效这种做法。许多国际金融机构也把实行监理制度作为提供建设项目贷款的条件之一。在这种大环境和国内经济体制改革的双重前提下，建设部于 1988 年 7 月 25 日发出《关于开展建设监理工作的通知》，标志着我国建设监理制度的起步。

《中华人民共和国建筑法》第 30 条规定：国家推行建筑工程监理制度。国务院可以规定实行强制监理的建筑工程的范围。第 31 条规定：实行监理的建筑工程，由建设单位委托具有相应资质条件的工程监理单位监理。建设单位与其委托的工程监理单位应当订立书面委托监理合同。《民法典》第 796 条规定：建设工程实行监理的，发包人应当与监理人采用书面形式订立委托监理合同。发包人与监理人的权利和义务以及法律责任，应当依照本法委托合同以及其他有关法律、行政法规的规定。

由此可见，建设项目的发包人（建设监理的委托人）与建设监理单位（建设监理的受托人）之间是由委托合同所确立的权利义务关系；这个委托监理合同又是监理单位开展监理工作的最主要的直接依据之一。监理合同的适当订立和履行不仅关系到建设项目监理工作的成败和建设项目控制目标的实现与否，而且还关系到合同双方的直接利益。正因为如此，发包人和监理单位都应当十分重视监理合同的订立和履行。

由于建设项目本身具有复杂性的特点，监理合同的内容不仅复杂而且十分专业化。一般而言，建设项目的发包人不具有关于建筑工程和监理的知识经验，没有能力在平等的基础上与监理人签订内容完善、合乎科学规律的监理合同。因此，监理合同示范文本十分必要。中华人民共和国住房和城乡建设部会同国家工商行政管理总局于 2012 年 3 月 27 日联合发布了《建设工程监理合同（示范文本）》（GF—2012—0202）。

4.2.2 《建设工程监理合同（示范文本）》（GF—2012—0202）的内容

第一部分 协议书

委托人（全称）：_____

监理人（全称）：_____

根据《中华人民共和国合同法》《中华人民共和国建筑法》及其他有关法律、法规，遵循平等、自愿、公平和诚信的原则，双方就下述工程委托监理与相关服务事项协商一致，订立本合同。

一、工程概况

1. 工程名称：_____；
2. 工程地点：_____；
3. 工程规模：_____；
4. 工程概算投资额或建筑安装工程费：_____。

二、词语限定

协议书中相关词语的含义与通用条件中的定义与解释相同。

三、组成本合同的文件

1. 协议书；
2. 中标通知书（适用于招标工程）或委托书（适用于非招标工程）；
3. 投标文件（适用于招标工程）或监理与相关服务建议书（适用于非招标工程）；
4. 专用条件；
5. 通用条件；
6. 附录，即：

附录 A 相关服务的范围和内容

附录 B 委托人派遣的人员和提供的房屋、资料、设备

本合同签订后，双方依法签订的补充协议也是本合同文件的组成部分。

四、总监理工程师

总监理工程师姓名：_____，身份证号码：_____，注册号：_____。

五、签约酬金

签约酬金（大写）：_____（¥_____）。

包括:

1. 监理酬金: _____。

2. 相关服务酬金: _____。

其中:

(1) 勘察阶段服务酬金: _____。

(2) 设计阶段服务酬金: _____。

(3) 保修阶段服务酬金: _____。

(4) 其他相关服务酬金: _____。

六、期限

1. 监理期限: 自_____年_____月_____日始, 至_____年_____月_____日止。

2. 相关服务期限:

(1) 勘察阶段服务期限自_____年_____月_____日始, 至_____年_____月_____日止。

(2) 设计阶段服务期限自_____年_____月_____日始, 至_____年_____月_____日止。

(3) 保修阶段服务期限自_____年_____月_____日始, 至_____年_____月_____日止。

(4) 其他相关服务期限自_____年_____月_____日始, 至_____年_____月_____日止。

七、双方承诺

1. 监理人向委托人承诺, 按照本合同约定提供监理与相关服务。

2. 委托人向监理人承诺, 按照本合同约定派遣相应的人员, 提供房屋、资料、设备, 并按本合同约定支付酬金。

八、合同订立

1. 订立时间: _____年_____月_____日。

2. 订立地点: _____。

3. 本合同一式_____份, 具有同等法律效力, 双方各执_____份。

委托人: _____(盖章)　　　　监理人: _____(盖章)

住所: _____　　　住所: _____

邮政编码: _____　　　邮政编码: _____

法定代表人或其授权　　　　　　　　　法定代表人或其授权

的代理人: _____(签字)　　　　的代理人: _____(签字)

开户银行: _____　　　开户银行: _____

账号: _____　　　账号: _____

电话: _____　　　电话: _____

传真: _____　　　传真: _____

电子邮箱: _____　　　电子邮箱: _____

第二部分　通用条件

1. 定义与解释

1.1　定义

除根据上下文另有其意义外, 组成本合同的全部文件中的下列名词和用语应具有本款所

赋予的含义:

1.1.1 "工程"是指按照本合同约定实施监理与相关服务的建设工程。

1.1.2 "委托人"是指本合同中委托监理与相关服务的一方，及其合法的继承人或受让人。

1.1.3 "监理人"是指本合同中提供监理与相关服务的一方，及其合法的继承人。

1.1.4 "承包人"是指在工程范围内与委托人签订勘察、设计、施工等有关合同的当事人，及其合法的继承人。

1.1.5 "监理"是指监理人受委托人的委托，依照法律法规、工程建设标准、勘察设计文件及合同，在施工阶段对建设工程质量、进度、造价进行控制，对合同、信息进行管理，对工程建设相关方的关系进行协调，并履行建设工程安全生产管理法定职责的服务活动。

1.1.6 "相关服务"是指监理人受委托人的委托，按照本合同约定，在勘察、设计、保修等阶段提供的服务活动。

1.1.7 "正常工作"指本合同订立时通用条件和专用条件中约定的监理人的工作。

1.1.8 "附加工作"是指本合同约定的正常工作以外监理人的工作。

1.1.9 "项目监理机构"是指监理人派驻工程负责履行本合同的组织机构。

1.1.10 "总监理工程师"是指由监理人的法定代表人书面授权，全面负责履行本合同、主持项目监理机构工作的注册监理工程师。

1.1.11 "酬金"是指监理人履行本合同义务，委托人按照本合同约定给付监理人的金额。

1.1.12 "正常工作酬金"是指监理人完成正常工作，委托人应给付监理人并在协议书中载明的签约酬金额。

1.1.13 "附加工作酬金"是指监理人完成附加工作，委托人应给付监理人的金额。

1.1.14 "一方"是指委托人或监理人；"双方"是指委托人和监理人；"第三方"是指除委托人和监理人以外的有关方。

1.1.15 "书面形式"是指合同书、信件和数据电文（包括电报、电传、传真、电子数据交换和电子邮件）等可以有形地表现所载内容的形式。

1.1.16 "天"是指第一天零时至第二天零时的时间。

1.1.17 "月"是指按公历从一个月中任何一天开始的一个公历月时间。

1.1.18 "不可抗力"是指委托人和监理人在订立本合同时不可预见，在工程施工过程中不可避免发生并不能克服的自然灾害和社会性突发事件，如地震、海啸、瘟疫、水灾、骚乱、暴动、战争和专用条件约定的其他情形。

1.2 解释

1.2.1 本合同使用中文书写、解释和说明。如专用条件约定使用两种及以上语言文字时，应以中文为准。

1.2.2 组成本合同的下列文件彼此应能相互解释、互为说明。除专用条件另有约定外，本合同文件的解释顺序如下：

（1）协议书；

（2）中标通知书（适用于招标工程）或委托书（适用于非招标工程）；

（3）专用条件及附录A、附录B；

（4）通用条件；

（5）投标文件（适用于招标工程）或监理与相关服务建议书（适用于非招标工程）。

双方签订的补充协议与其他文件发生矛盾或歧义时，属于同一类内容的文件，应以最新签署的为准。

2. 监理人的义务

2.1 监理的范围和工作内容

2.1.1 监理范围在专用条件中约定。

2.1.2 除专用条件另有约定外，监理工作内容包括：

（1）收到工程设计文件后编制监理规划，并在第一次工地会议7天前报委托人。根据有关规定和监理工作需要，编制监理实施细则；

（2）熟悉工程设计文件，并参加由委托人主持的图纸会审和设计交底会议；

（3）参加由委托人主持的第一次工地会议；主持监理例会并根据工程需要主持或参加专题会议；

（4）审查施工承包人提交的施工组织设计，重点审查其中的质量安全技术措施、专项施工方案与工程建设强制性标准的符合性；

（5）检查施工承包人工程质量、安全生产管理制度及组织机构和人员资格；

（6）检查施工承包人专职安全生产管理人员的配备情况；

（7）审查施工承包人提交的施工进度计划，核查承包人对施工进度计划的调整；

（8）检查施工承包人的试验室；

（9）审核施工分包人资质条件；

（10）查验施工承包人的施工测量放线成果；

（11）审查工程开工条件，对条件具备的签发开工令；

（12）审查施工承包人报送的工程材料、构配件、设备质量证明文件的有效性和符合性，并按规定对用于工程的材料采取平行检验或见证取样方式进行抽检；

（13）审核施工承包人提交的工程款支付申请，签发或出具工程款支付证书，并报委托人审核、批准；

（14）在巡视、旁站和检验过程中，发现工程质量、施工安全存在事故隐患的，要求施工承包人整改并报委托人；

（15）经委托人同意，签发工程暂停令和复工令；

（16）审查施工承包人提交的采用新材料、新工艺、新技术、新设备的论证材料及相关验收标准；

（17）验收隐蔽工程、分部分项工程；

（18）审查施工承包人提交的工程变更申请，协调处理施工进度调整、费用索赔、合同争议等事项；

（19）审查施工承包人提交的竣工验收申请，编写工程质量评估报告；

（20）参加工程竣工验收，签署竣工验收意见；

（21）审查施工承包人提交的竣工结算申请并报委托人；

（22）编制、整理工程监理归档文件并报委托人。

2.1.3 相关服务的范围和内容在附录 A 中约定。

2.2 监理与相关服务依据

2.2.1 监理依据包括:

(1) 适用的法律、行政法规及部门规章;

(2) 与工程有关的标准;

(3) 工程设计及有关文件;

(4) 本合同及委托人与第三方签订的与实施工程有关的其他合同。

双方根据工程的行业和地域特点,在专用条件中具体约定监理依据。

2.2.2 相关服务依据在专用条件中约定。

2.3 项目监理机构和人员

2.3.1 监理人应组建满足工作需要的项目监理机构,配备必要的检测设备。项目监理机构的主要人员应具有相应的资格条件。

2.3.2 本合同履行过程中,总监理工程师及重要岗位监理人员应保持相对稳定,以保证监理工作正常进行。

2.3.3 监理人可根据工程进展和工作需要调整项目监理机构人员。监理人更换总监理工程师时,应提前 7 天向委托人书面报告,经委托人同意后方可更换;监理人更换项目监理机构其他监理人员,应以相当资格与能力的人员替换,并通知委托人。

2.3.4 监理人应及时更换有下列情形之一的监理人员:

(1) 严重过失行为的;

(2) 有违法行为不能履行职责的;

(3) 涉嫌犯罪的;

(4) 不能胜任岗位职责的;

(5) 严重违反职业道德的;

(6) 专用条件约定的其他情形。

2.3.5 委托人可要求监理人更换不能胜任本职工作的项目监理机构人员。

2.4 履行职责

监理人应遵循职业道德准则和行为规范,严格按照法律法规、工程建设有关标准及本合同履行职责。

2.4.1 在监理与相关服务范围内,委托人和承包人提出的意见和要求,监理人应及时提出处置意见。当委托人与承包人之间发生合同争议时,监理人应协助委托人、承包人协商解决。

2.4.2 当委托人与承包人之间的合同争议提交仲裁机构仲裁或人民法院审理时,监理人应提供必要的证明资料。

2.4.3 监理人应在专用条件约定的授权范围内,处理委托人与承包人所签订合同的变更事宜。如果变更超过授权范围,应以书面形式报委托人批准。

在紧急情况下,为了保护财产和人身安全,监理人所发出的指令未能事先报委托人批准时,应在发出指令后的 24 小时内以书面形式报委托人。

2.4.4 除专用条件另有约定外,监理人发现承包人的人员不能胜任本职工作的,有权要求承包人予以调换。

2.5 提交报告

监理人应按专用条件约定的种类、时间和份数向委托人提交监理与相关服务的报告。

2.6 文件资料

在本合同履行期内，监理人应在现场保留工作所用的图纸、报告及记录监理工作的相关文件。工程竣工后，应当按照档案管理规定将监理有关文件归档。

2.7 使用委托人的财产

监理人无偿使用附录 B 中由委托人派遣的人员和提供的房屋、资料、设备。除专用条件另有约定外，委托人提供的房屋、设备属于委托人的财产，监理人应妥善使用和保管，在本合同终止时将这些房屋、设备的清单提交委托人，并按专用条件约定的时间和方式移交。

3. 委托人的义务

3.1 告知

委托人应在委托人与承包人签订的合同中明确监理人、总监理工程师和授予项目监理机构的权限。如有变更，应及时通知承包人。

3.2 提供资料

委托人应按照附录 B 约定，无偿向监理人提供工程有关的资料。在本合同履行过程中，委托人应及时向监理人提供最新的与工程有关的资料。

3.3 提供工作条件

委托人应为监理人完成监理与相关服务提供必要的条件。

3.3.1 委托人应按照附录 B 约定，派遣相应的人员，提供房屋、设备，供监理人无偿使用。

3.3.2 委托人应负责协调工程建设中所有外部关系，为监理人履行本合同提供必要的外部条件。

3.4 委托人代表

委托人应授权一名熟悉工程情况的代表，负责与监理人联系。委托人应在双方签订本合同后 7 天内，将委托人代表的姓名和职责书面告知监理人。当委托人更换委托人代表时，应提前 7 天通知监理人。

3.5 委托人意见或要求

在本合同约定的监理与相关服务工作范围内，委托人对承包人的任何意见或要求应通知监理人，由监理人向承包人发出相应指令。

3.6 答复

委托人应在专用条件约定的时间内，对监理人以书面形式提交并要求作出决定的事宜，给予书面答复。逾期未答复的，视为委托人认可。

3.7 支付

委托人应按本合同约定，向监理人支付酬金。

4. 违约责任

4.1 监理人的违约责任

监理人未履行本合同义务的，应承担相应的责任。

4.1.1 因监理人违反本合同约定给委托人造成损失的，监理人应当赔偿委托人损失。赔偿金额的确定方法在专用条件中约定。监理人承担部分赔偿责任的，其承担赔偿金额由双方协商确定。

4.1.2 监理人向委托人的索赔不成立时，监理人应赔偿委托人由此发生的费用。

4.2 委托人的违约责任

委托人未履行本合同义务的，应承担相应的责任。

4.2.1 委托人违反本合同约定造成监理人损失的，委托人应予以赔偿。

4.2.2 委托人向监理人的索赔不成立时，应赔偿监理人由此引起的费用。

4.2.3 委托人未能按期支付酬金超过 28 天，应按专用条件约定支付逾期付款利息。

4.3 除外责任

因非监理人的原因，且监理人无过错，发生工程质量事故、安全事故、工期延误等造成的损失，监理人不承担赔偿责任。

因不可抗力导致本合同全部或部分不能履行时，双方各自承担其因此而造成的损失、损害。

5. 支付

5.1 支付货币

除专用条件另有约定外，酬金均以人民币支付。涉及外币支付的，所采用的货币种类、比例和汇率在专用条件中约定。

5.2 支付申请

监理人应在本合同约定的每次应付款时间的 7 天前，向委托人提交支付申请书。支付申请书应当说明当期应付款总额，并列出当期应支付的款项及其金额。

5.3 支付酬金

支付的酬金包括正常工作酬金、附加工作酬金、合理化建议奖励金额及费用。

5.4 有争议部分的付款

委托人对监理人提交的支付申请书有异议时，应当在收到监理人提交的支付申请书后 7 天内，以书面形式向监理人发出异议通知。无异议部分的款项应按期支付，有异议部分的款项按第 7 条约定办理。

6. 合同生效、变更、暂停、解除与终止

6.1 生效

除法律另有规定或者专用条件另有约定外，委托人和监理人的法定代表人或其授权代理人在协议书上签字并盖单位章后本合同生效。

6.2 变更

6.2.1 任何一方提出变更请求时，双方经协商一致后可进行变更。

6.2.2 除不可抗力外，因非监理人原因导致监理人履行合同期限延长、内容增加时，监理人应当将此情况与可能产生的影响及时通知委托人。增加的监理工作时间、工作内容应视为附加工作。附加工作酬金的确定方法在专用条件中约定。

6.2.3 合同生效后，如果实际情况发生变化使得监理人不能完成全部或部分工作时，

监理人应立即通知委托人。除不可抗力外，其善后工作以及恢复服务的准备工作应为附加工作，附加工作酬金的确定方法在专用条件中约定。监理人用于恢复服务的准备时间不应超过 28 天。

6.2.4 合同签订后，遇有与工程相关的法律法规、标准颁布或修订的，双方应遵照执行。由此引起监理与相关服务的范围、时间、酬金变化的，双方应通过协商进行相应调整。

6.2.5 因非监理人原因造成工程概算投资额或建筑安装工程费增加时，正常工作酬金应做相应调整。调整方法在专用条件中约定。

6.2.6 因工程规模、监理范围的变化导致监理人的正常工作量减少时，正常工作酬金应做相应调整。调整方法在专用条件中约定。

6.3　暂停与解除

除双方协商一致可以解除本合同外，当一方无正当理由未履行本合同约定的义务时，另一方可以根据本合同约定暂停履行本合同直至解除本合同。

6.3.1 在本合同有效期内，由于双方无法预见和控制的原因导致本合同全部或部分无法继续履行或继续履行已无意义，经双方协商一致，可以解除本合同或监理人的部分义务。在解除之前，监理人应作出合理安排，使开支减至最小。

因解除本合同或解除监理人的部分义务导致监理人遭受的损失，除依法可以免除责任的情况外，应由委托人予以补偿，补偿金额由双方协商确定。

解除本合同的协议必须采取书面形式，协议未达成之前，本合同仍然有效。

6.3.2 在本合同有效期内，因非监理人的原因导致工程施工全部或部分暂停，委托人可通知监理人要求暂停全部或部分工作。监理人应立即安排停止工作，并将开支减至最小。除不可抗力外，由此导致监理人遭受的损失应由委托人予以补偿。

暂停部分监理与相关服务时间超过 182 天，监理人可发出解除本合同约定的该部分义务的通知；暂停全部工作时间超过 182 天，监理人可发出解除本合同的通知，本合同自通知到达委托人时解除。委托人应将监理与相关服务的酬金支付至本合同解除日，且应承担第 4.2 款约定的责任。

6.3.3 当监理人无正当理由未履行本合同约定的义务时，委托人应通知监理人限期改正。若委托人在监理人接到通知后的 7 天内未收到监理人书面形式的合理解释，则可在 7 天内发出解除本合同的通知，自通知到达监理人时本合同解除。委托人应将监理与相关服务的酬金支付至限期改正通知到达监理人之日，但监理人应承担第 4.1 款约定的责任。

6.3.4 监理人在专用条件 5.2 中约定的支付之日起 28 天后仍未收到委托人按本合同约定应付的款项，可向委托人发出催付通知。委托人接到通知 14 天后仍未支付或未提出监理人可以接受的延期支付安排，监理人可向委托人发出暂停工作的通知并可自行暂停全部或部分工作。暂停工作后 14 天内监理人仍未获得委托人应付酬金或委托人的合理答复，监理人可向委托人发出解除本合同的通知，自通知到达委托人时本合同解除。委托人应承担第 4.2.3 款约定的责任。

6.3.5 因不可抗力致使本合同部分或全部不能履行时，一方应立即通知另一方，可暂停或解除本合同。

6.3.6 本合同解除后，本合同约定的有关结算、清理、争议解决方式的条件仍然有效。

6.4 终止

以下条件全部满足时，本合同即告终止：

（1）监理人完成本合同约定的全部工作；

（2）委托人与监理人结清并支付全部酬金。

7. 争议解决

7.1 协商

双方应本着诚信原则协商解决彼此间的争议。

7.2 调解

如果双方不能在14天内或双方商定的其他时间内解决本合同争议，可以将其提交给专用条件约定的或事后达成协议的调解人进行调解。

7.3 仲裁或诉讼

双方均有权不经调解直接向专用条件约定的仲裁机构申请仲裁或向有管辖权的人民法院提起诉讼。

8. 其他

8.1 外出考察费用

经委托人同意，监理人员外出考察发生的费用由委托人审核后支付。

8.2 检测费用

委托人要求监理人进行的材料和设备检测所发生的费用，由委托人支付，支付时间在专用条件中约定。

8.3 咨询费用

经委托人同意，根据工程需要由监理人组织的相关咨询论证会以及聘请相关专家等发生的费用由委托人支付，支付时间在专用条件中约定。

8.4 奖励

监理人在服务过程中提出的合理化建议，使委托人获得经济效益的，双方在专用条件中约定奖励金额的确定方法。奖励金额在合理化建议被采纳后，与最近一期的正常工作酬金同期支付。

8.5 守法诚信

监理人及其工作人员不得从与实施工程有关的第三方处获得任何经济利益。

8.6 保密

双方不得泄露对方申明的保密资料，亦不得泄露与实施工程有关的第三方所提供的保密资料，保密事项在专用条件中约定。

8.7 通知

本合同涉及的通知均应当采用书面形式，并在送达对方时生效，收件人应书面签收。

8.8 著作权

监理人对其编制的文件拥有著作权。

监理人可单独或与他人联合出版有关监理与相关服务的资料。除专用条件另有约定外，如果监理人在本合同履行期间及本合同终止后两年内出版涉及本工程的有关监理与相关服务的资料，应当征得委托人的同意。

第三部分　专用条件

1. 定义与解释

1.2　解释

1.2.1 本合同文件除使用中文外，还可用_____。

1.2.2 约定本合同文件的解释顺序为：_____。

2. 监理人义务

2.1　监理的范围和内容

2.1.1 监理范围包括：_____。

2.1.2 监理工作内容还包括：_____。

2.2　监理与相关服务依据

2.2.1 监理依据包括：_____。

2.2.2 相关服务依据包括：_____。

2.3　项目监理机构和人员

2.3.4 更换监理人员的其他情形：_____。

2.4　履行职责

2.4.3 对监理人的授权范围：_____。

在涉及工程延期_____天内和（或）金额_____万元内的变更，监理人不需请示委托人即可向承包人发布变更通知。

2.4.4 监理人有权要求承包人调换其人员的限制条件：_____。

2.5　提交报告

监理人应提交报告的种类（包括监理规划、监理月报及约定的专项报告）、时间和份数：_____。

2.7　使用委托人的财产

附录 B 中由委托人无偿提供的房屋、设备的所有权属于：_____。

监理人应在本合同终止后_____天内移交委托人无偿提供的房屋、设备，移交的时间和方式为：_____。

3. 委托人义务

3.4　委托人代表

委托人代表为：_____。

3.6　答复

委托人同意在_____天内，对监理人书面提交并要求做出决定的事宜给予书面答复。

4. 违约责任

4.1　监理人的违约责任

4.1.1 监理人赔偿金额按下列方法确定：

赔偿金=直接经济损失×正常工作酬金÷工程概算投资额（或建筑安装工程费）

4.2 委托人的违约责任

4.2.3 委托人逾期付款利息按下列方法确定：

逾期付款利息=当期应付款总额×银行同期贷款利率×拖延支付天数

5. 支付

5.1 支付货币

币种为：_____，比例为：_____，汇率为：_____。

5.3 支付酬金

正常工作酬金的支付：

支付次数	支付时间	支付比例	支付金额（万元）
首付款	本合同签订后 7 天内		
第二次付款			
第三次付款			
……			
最后付款	监理与相关服务期届满 14 天内		

6. 合同生效、变更、暂停、解除与终止

6.1 生效

本合同生效条件：_____。

6.2 变更

6.2.2 除不可抗力外，因非监理人原因导致本合同期限延长时，附加工作酬金按下列方法确定：

附加工作酬金=本合同期限延长时间（天）×正常工作酬金÷协议书约定的监理与相关服务期限（天）

6.2.3 附加工作酬金按下列方法确定：

附加工作酬金=善后工作及恢复服务的准备工作时间（天）×正常工作酬金÷协议书约定的监理与相关服务期限（天）

6.2.5 正常工作酬金增加额按下列方法确定：

正常工作酬金增加额=工程投资额或建筑安装工程费增加额×正常工作酬金÷工程概算投资额（或建筑安装工程费）

6.2.6 因工程规模、监理范围的变化导致监理人的正常工作量减少时，按减少工作量的比例从协议书约定的正常工作酬金中扣减相同比例的酬金。

7. 争议解决

7.2 调解

本合同争议进行调解时，可提交_____进行调解。

7.3 仲裁或诉讼

合同争议的最终解决方式为下列第_____种方式：

（1）提请仲裁委员会进行仲裁。

（2）向_____人民法院提起诉讼。

8. 其他

8.2 检测费用

委托人应在检测工作完成后＿＿＿＿＿＿天内支付检测费用。

8.3 咨询费用

委托人应在咨询工作完成后＿＿＿＿＿＿天内支付咨询费用。

8.4 奖励

合理化建议的奖励金额按下列方法确定为：

奖励金额=工程投资节省额×奖励金额的比率；

奖励金额的比率为＿＿＿＿＿＿＿＿％。

8.6 保密

委托人申明的保密事项和期限：＿＿＿＿＿＿＿＿＿＿＿＿＿＿＿＿＿＿＿＿。

监理人申明的保密事项和期限：＿＿＿＿＿＿＿＿＿＿＿＿＿＿＿＿＿＿＿。

第三方申明的保密事项和期限：＿＿＿＿＿＿＿＿＿＿＿＿＿＿＿＿＿＿＿。

8.8 著作权

监理人在本合同履行期间及本合同终止后两年内出版涉及本工程的有关监理与相关服务的资料的限制条件：

＿＿＿＿＿＿＿＿＿＿＿＿＿＿＿＿＿＿＿＿＿＿＿＿＿＿＿＿＿＿＿＿＿＿＿＿＿＿＿

＿＿＿＿＿＿＿＿＿＿＿＿＿＿＿＿＿＿＿＿＿＿＿＿＿＿＿＿＿＿＿＿＿＿＿＿＿＿＿

9. 补充条款

＿＿＿＿＿＿＿＿＿＿＿＿＿＿＿＿＿＿＿＿＿＿＿＿＿＿＿＿＿＿＿＿＿＿＿＿＿＿＿

＿＿＿＿＿＿＿＿＿＿＿＿＿＿＿＿＿＿＿＿＿＿＿＿＿＿＿＿＿＿＿＿＿＿＿＿＿＿＿

附录A 相关服务的范围和内容

A-1 勘察阶段：＿＿＿＿＿＿＿＿＿＿＿＿＿＿＿＿＿＿＿＿＿＿＿＿＿＿＿＿＿。

A-2 设计阶段：＿＿＿＿＿＿＿＿＿＿＿＿＿＿＿＿＿＿＿＿＿＿＿＿＿＿＿＿＿。

A-3 保修阶段：＿＿＿＿＿＿＿＿＿＿＿＿＿＿＿＿＿＿＿＿＿＿＿＿＿＿＿＿＿。

A-4 其他（专业技术咨询、外部协调工作等）：＿＿＿＿＿＿＿＿＿＿＿＿＿。

附录B 委托人派遣的人员和提供的房屋、资料、设备

B-1 委托人派遣的人员

名称	数量	工作要求	提供时间
1. 工程技术人员			
2. 辅助工作人员			
3. 其他人员			

B-2　委托人提供的房屋

名称	数量	面积	提供时间
1. 办公用房			
2. 生活用房			
3. 试验用房			
4. 样品用房			
用餐及其他生活条件			

B-3　委托人提供的资料

名称	份数	提供时间	备注
1. 工程立项文件			
2. 工程勘察文件			
3. 工程设计及施工图纸			
4. 工程承包合同及其他相关合同			
5. 施工许可文件			
6. 其他文件			

B-4　委托人提供的设备

名称	数量	型号与规格	提供时间
1. 通信设备			
2. 办公设备			
3. 交通工具			
4. 检测和试验设备			

4.2.3　建设工程监理合同签订和履行中应注意的问题

建设工程监理合同的订立只是监理工作的开端，双方通过履行合同实现各自经济目的是双方最终意愿。合同双方，特别是监理人一方须实施有效管理，监理合同才能得以顺利履行。为此，在监理合同履行过程中应注意如下问题。

通用条件第 3.1 款规定的委托人告知义务，明确了委托人应当在施工合同中，将监理机构主要成员及分工、监理权限告知施工承包人，以便监理人能够顺利开展工作。

通用条件第 3.3.1 项规定，委托人应免费向监理人提供房屋和设备，并派遣相应人员协助监理人工作。应当注意的是，免费提供的房屋和设备，除了消耗品外，在建设工程监理合同履行完毕要交还给委托人。派遣协助工作的委托方人员由总监理工程师调动使用，但并不隶属于监理单位，而是隶属于发包人，他们与监理单位是合作关系。在工作中，他们主要的作用是协调监理单位与发包人单位各部门之间的关系。

通用条件第 3.3.2 项规定，委托人应负责协调工程建设中所有外部关系，为监理人履行本合同提供必要的外部条件。这里所说的外部关系是指委托人与政府有关职能管理部门、与工程所在地周边社区、与工程的总承包和分包单位等之间的关系。

通用条件第 3.6 款规定了委托人应在专用条件约定的时间内对监理人要求作答的事宜给予书面答复。监理人与发包人之间是委托合同关系，监理人是"受人之托"，按照我国《民法典》第 922 条的规定："受托人应当按照委托人的指示处理委托事务……"。监理人在履行监理职责过程中经常需要发包人对事务作出决定。发包人作出这些决定的速度直接影响工程的进度和监理人的工作。

专用条件第 2.1 款列明了监理服务的范围和内容，这些工作就是所谓的"正常工作"。但监理工作进行当中经常会发生订立合同时未能或不能合理预见而需要监理人完成的工作，这些工作就是所谓的"附加工作"。通用条件第 6.2 款列出了几种会导致附加工作的情形，并且明确规定监理人可以为此获得附加工作酬金，酬金计算办法在专用条件第 6.2 款中规定。需要注意的是，这部分工作一旦发生，也是监理人必须完成的。对于这些工作的懈怠会导致监理人法律意义上的"失职"从而可能承担相应的法律责任，因此在监理合同履行过程中需要谨慎对待。

通用条件第 7 条规定了争议解决方式。监理合同纠纷属于经济纠纷。经济纠纷可由当事人之间协商或他人出面调解解决。协商和调解不具有法律效力，从而也不是法定的纠纷解决的必经程序。具有法律效力的经济纠纷解决途径是诉讼或仲裁。《中华人民共和国民事诉讼法》和《中华人民共和国仲裁法》规定了"或审或裁"制度，即由纠纷当事人自行选择将其纠纷交由具有管辖权的人民法院审理或者交由当事人自己选定的仲裁机构进行裁决，二者仅可选择其一，并且法院的判决和仲裁机构的裁决都具有终局法律效力。专用条件第 7.3 款就用以记载委托人和监理人的这种选择。

通用条件第 8.4 款规定，监理人在服务过程中提出的合理化建议，使委托人得到了经济效益，委托人应按专用条件第 8.4 款中的约定给予经济奖励。对监理人实施奖励，以鼓励监理人积极运用其智力优势推行合理化建议，作用十分明显。

4.3 EPC 合同条件

4.3.1 国外通用合同条件分析

随着工程总承包的发展，国际上许多得到广泛认可的组织机构，如国际咨询工程师联合会（FIDIC），英国土木工程师学会（ICE），英国咨询建筑师学会（ACA），美国总承包人会（AGC），美国设计-施工学会（DBIA），日本工程促进协会（ENAA）等，也都编制了专门用于工程总承包的合同示范文本。在这些合同示范文本中对合同双方的权利、责任、义务进行了约定，对风险也进行了合理分配。而且也相应地规定了设计文件的版权、设计优化的奖励、支付程序、争端处理方式、履约担保等，甚至还提供了相应文件的模板。这里主要借鉴分析 FIDIC 的合同条件。

FIDIC 于 1999 年出版了四本新版的合同条件，是在继承了以往合同条件的优点的基础上，不仅在内容、结构和措辞等方面做了修改和调整，同时在适用范围上大大拓宽。这四种新版合同条件分别是：《施工合同条件》（新红皮书）（*Conditions of Contract for Construction*）、《生产设备和设计-施工合同条件》（新黄皮书）（*Conditions of Contract for Plant and Design-Build*）、《设计-采购-施工（EPC）/交钥匙工程合同条件》（银皮书）（*Conditions of Contract for EPC/Turnkey Projects*）、《简明合同格式》（绿皮书）（*Short Form of Contract*）。其中有两个专门适用于设计施工总承包的合同文本：《生产设备和设计-施工合同条件》（新黄皮书）和《设计-采购-施工（EPC）/交钥匙工程合同条件》（银皮书）。新红皮书、新黄皮书、银皮书采用统一格式，都包括 20 条合同条款，且大多数条款都一样；绿皮书更加简明，共包括 15 条合同条款。总体条件编制方法更"项目管理化"。

在新黄皮书、银皮书的合同条件中，设计职责都分配给了承包人。新黄皮书和银皮书将合同文件分为两个部分：核心文件、其他文件。其中核心文件在合同定义条款及第 1.5 款中列出。FIDIC 认为当事人可能还会把其他文件也作为合同条款，所以在协议书示范文本里将其他文件列出，如备忘录、补充文件等。而其他文件主要起到对招投标过程中一些事项进行解释和说明的作用，例如文件之间的矛盾歧义、文件模糊等。

1. 《生产设备和设计-施工合同条件》

《生产设备和设计-施工合同条件》（*Conditions of Contract for Plant and Design-Build*），简称新黄皮书。新黄皮书是结合了 1987 年版黄皮书《电气与机械工程合同条件》和 1995 年版橘皮书《设计-建造和交钥匙工程合同条件》的产物。该文件推荐用于电气和（或）机械设备供货和建筑或工程的设计与施工。在新黄皮书的合同条件下，承包人的基本义务是完成永久设备的设计、制造和安装；适用于承包人负责设备采购、设计和施工，咨询监理工程师，总价固定，但不可预见条件和物价变动可以调价，是一种发包人控制较多的总承包合同示范文本。

新黄皮书的 20 条合同条款如下。

（1）一般规定。

（2）雇主。

（3）工程师。

（4）承包人。

（5）设计。

（6）人员与劳工。

（7）生产设备、材料和工艺。

（8）开工、延误和暂停。

（9）竣工试验。

（10）雇主的接收。

（11）缺陷责任。

（12）竣工后试验。

（13）变更和调整。

（14）合同价格和付款。

（15）由雇主终止。

（16）由承包人暂停和终止。

（17）风险与责任。

（18）保险。

（19）不可抗力。

（20）索赔、争端与仲裁。

2. 《设计-采购-施工（EPC）/交钥匙工程合同条件》

《设计-采购-施工（EPC）/交钥匙工程合同条件》（*Conditions of Contract for EPC/Turnkey Projects*），简称"银皮书"。银皮书是完全对应原橘皮书的工程总承包合同示范文本。由承包人承担全部的设计、采购和施工，直到投产运行，合同价格总额包干，除不可抗力条件外，其他风险都由承包人承担。这种合同条件下，项目的最终价格和要求的工期具有更大程度的确定性，由承包人承担项目实施的全部责任，发包人只派代表管理项目，对于工程实施过程介入很少，是较彻底的工程总承包模式。

银皮书的 20 条合同条款如下。

（1）一般规定。

（2）雇主。

（3）雇主的管理。

（4）承包人。

（5）设计。

（6）员工。

（7）生产设备、材料和工艺。

（8）开工、延误和暂停。

（9）竣工试验。

（10）雇主的接收。

（11）缺陷责任。

（12）竣工后试验。

（13）变更和调整。

（14）合同价格和付款。

（15）由雇主终止。

（16）由承包人暂停和终止。

（17）风险与责任。

（18）保险。

（19）不可抗力。

（20）索赔、争端与仲裁。

4.3.2 国内合同示范文本分析

合同示范文本是工程项目建设内在规律和实践的总结，一个国家或地区与工程项目建设相关的法规和贸易惯例都在合同示范文本中得到集中体现。首先，合同示范文本可以为当事人在不支付高昂的律师费用的情况下提供一种签订合同的便捷方法。再次，在平衡合同各方利益、分配风险与责任方面，合同示范文本都能做到合理和公平，能为合同各方提供进行合同谈判的参照。

我国也陆续发布了许多合同示范文本，关于建设项目总承包的有：中华人民共和国住房和城乡建设部、国家工商行政管理总局于 2011 年 9 月联合发布的《建设项目工程总承包合同示范文本（试行）》（GF—2011—0216）；2020 年 11 月 25 日，中华人民共和国住房和城乡建设部、国家市场监督管理总局联合发布的《建设项目工程总承包合同（示范文本）》（GF—2020—0216）（以下简称《建设项目工程总承包合同》），从 2021 年 1 月 1 日起执行，原《建设项目工程总承包合同示范文本（试行）》（GF—2011—0216）同时废止。此外，国家发展和改革委员会会同其他八个部委于 2012 年还出台了的《中华人民共和国标准设计施工总承包招标文件》（以下简称《标准设计施工总承包招标文件》）。

以下从合同协议书、通用合同条件和专用合同条件 3 个部分对《建设项目工程总承包合同》和《标准设计施工总承包招标文件》文本进行对比分析。

1. 合同协议书

合同协议书是对双方当事人对合同权利、义务的集中描述，主要包括建设项目规模、功能、工期以及合同价格等内容。

《建设项目工程总承包合同》和《标准设计施工总承包招标文件》合同协议书条款对比分析见表 4-1。

表 4-1 合同协议书条款对比分析

《建设项目工程总承包合同》	《标准设计施工总承包招标文件》
1）工程概况 2）合同工期 3）质量标准 4）签约合同价与合同价格形式 5）工程总承包项目经理 6）合同文件构成 7）承诺 8）订立时间及地点 9）合同生效及合同份数	1）合同文件构成及解释顺序 2）签约合同价 3）承包人项目经理、设计负责人、施工负责人 4）工程质量标准 5）承包人承诺 6）发包人承诺 7）承包人计划开工时间、实际开工时间、工期、 8）协议书份数

2. 通用合同条件

通用合同条件是根据我国《建筑法》《民法典》以及其他有关法律、行政法规制定的，同时还要考虑工程施工中的惯例及合同签订、管理时的通常做法，必须具有较强的普遍性和通用性，以便通用于各类建设工程的基础合同条款。《建设项目工程总承包合同》中的通用合同条件有 20 条,《标准设计施工总承包招标文件》中的通用合同条件有 24 条。条件的名称都不尽相同,在表 4-2 中,通过质量控制、投资控制、进度控制三大内容对《建设项目工程总承包合同》和《标准设计施工总承包招标文件》中的通用合同条件进行对比分析。

表 4-2　《建设项目工程总承包合同》和《标准设计施工总承包招标文件》合同控制内容对比分析

合同控制内容		《建设项目工程总承包合同》	《标准设计施工总承包招标文件》
质量控制	施工质量	4.9 工程质量管理 7.6 隐蔽工程和中间验收 7.7 对施工质量结果的争议	13.1 工程质量要求 13.2 承包人的质量检查 13.3 监理人的质量检查 13.4 工程隐蔽部位覆盖前的检查 13.5 清除不合格工程 14 试验和检验
	设计质量	5.1 承包人的设计义务 5.2 承包人文件审查 5.3 承包人文件错误	5.1 承包人的设计义务 5.3 设计审查
	材料设备供应的质量控制	6.2.1 发包人提供的材料和工程设备 6.2.2 承包人提供的材料和工程设备 6.4 质量检查 6.5 由承包人试验和检验 6.6 缺陷和修复	6.1 承包人提供的材料和工程设备 6.2 发包人提供的材料和工程设备（A/B） 6.3 专用于工程的材料和工程设备 6.5 禁止使用不合格的材料和工程设备
	竣工验收	9.1 竣工试验的义务 9.2 延误的试验 9.3 重新试验 9.4 未能通过竣工验收 10.1 竣工验收 10.2 单位/区段工程的验收 10.5 竣工退场	18.1 竣工试验 18.3 竣工验收 18.4 国家验收 18.5 区段工程验收 18.9 竣工后试验（A/B）
	质量保修	11.1 工程保修的原则 11.2 缺陷责任期 11.3 缺陷调查 11.4 缺陷修复后的进一步试验 11.7 保修责任	19.1 缺陷责任期的起算时间 19.2 缺陷责任 19.3 缺陷责任期的延长 19.7 保修责任

合同控制内容		《建设项目工程总承包合同》	《标准设计施工总承包招标文件》
投资控制	合同价款及调整	13 变更与调整 14 合同价格与支付 15 违约 17 不可抗力 18 保险 19 索赔	15 变更 16 价格调整 17 合同价格与支付 20 保险 21 不可抗力 23 索赔
	工程预付款	14.2 预付款	17.2 预付款
	工程进度款	14.3 工程进度款 14.4 付款计划表	17.3 工程进度付款
	竣工结算	14.5 竣工结算 14.6 质量保证金 14.7 最终结清结清	17.4 质量保证金 17.5 竣工结算 17.6 最终结清
	质量保证金	14.6 质量保证金	17.4 质量保证金
进度控制	项目实施计划	8.3.1 项目实施计划的内容 8.3.2 项目实施计划的提交和修改	5.2 承包人设计进度计划
	项目进度计划	8.4.1 项目进度计划的提交和修改 8.4.2 项目进度计划的内容 8.4.3 项目进度计划的修订 8.5 进度报告 8.6 提前预警 8.7 工期延误 8.8 工期提前	11.1 开始工作 11.2 竣工 11.3 发包人引起的工期延误 11.4 异常恶劣的气候条件 11.5 承包人引起的工期延误 11.6 工期提前 11.7 行政审批的延迟
	暂停	8.9 暂停工作 8.10 复工	12.1 由发包人暂停工作 12.2 由承包人暂停工作 12.3 暂停工作后的照管 12.4 暂停工作后的复工 12.5 暂停工作 56 天以上

3. 专用合同条件

《标准设计施工总承包招标文件》中没有给出专用合同条件，招标人或招标代理机构可根据招标项目的实际需求和具体特点对专用合同条件进行细化和补充，但除通用合同条件明确规定可以做出不同的约定外，专用合同条件补充和细化的内容不得与通用合同条件中的内容相矛盾，否则此部分内容无效。

《建设项目工程总承包合同》中，针对不同工程的具体内容和差异及特点，专用合同条件作为体现建设工程的差异性的载体，专用于具体的建设工程项目。在与通用合同条件内容相对应的情况下，对较为笼统的约定进一步细化，对不适合的合同条件进行修改，对缺少的内容作出补充，从而使合同条件的操作性更强，让合同双方能相互理解进而顺利地实施合同中约定的内容。

4.4　PPP 合同条件

PPP（Public-Private-Partnership），又称 PPP 模式，即政府和社会资本合作，是公共基础设施中的一种项目运作模式，是我国在基础设施和公共服务领域，基于风险共担和合作共赢原则，由政府和社会资本共同开展融资、建设、运营的一种项目运作模式。近年来，PPP 模式在国内相关领域得到快速发展。

2014 年 12 月，为推进 PPP 项目实施，中华人民共和国财政部发布了《关于规范政府和社会资本合作合同管理工作的通知》（财金〔2014〕156 号），提出了 PPP 合同管理的 6 项核心原则：依法治理原则、平等合作原则、维护公益原则、诚实守信原则、公平效率原则和兼顾灵活原则。该文件还以附件形式发布了《PPP 项目合同指南（试行）》，此合同指南是现阶段我国 PPP 项目合同签订和履约管理的重要依据。

PPP 合同是一个复杂的合同体系，涵盖 PPP 项目咨询、社会资本采购、投融资、建设、运营和移交全过程，通常包括 PPP 项目合同、股东协议、履约合同（如勘察设计合同、工程监理合同、施工总承包合同或 EPC 总承包合同、招标采购合同、造价咨询合同、运营服务合同、原材料供应合同、检测合同等）、融资合同和保险合同。PPP 合同体系框架如图 4-1 所示。

在 PPP 项目中，政府授权实施机构与社会资本之间、政府授权出资机构与社会资本之间以及项目公司作为发起人通过招标采购或直接发包方式与其他项目参与方之间签订一系列合同实施 PPP 项目。其中，PPP 项目合同与股东协议是整个 PPP 项目合同体系的基础和核心。

PPP 项目合同的核心条款一般包括以下内容。

（1）引言、定义和解释。

（2）项目的范围和期限。

（3）前提条件。

（4）项目的产出。

（5）项目风险分配。

（6）项目的融资。

（7）项目用地。

（8）项目的建设。

（9）项目的运营。

（10）项目的维护。

（11）股权变更限制。

（12）付费及调价机制。

（13）履约担保。

（14）绩效考核。

（15）政府承诺。

（16）保险。

（17）守法义务及法律变更。

（18）不可抗力。

（19）政府方的监督和介入。

（20）违约、提前终止及终止后处理机制。

（21）项目的移交。

（22）适用法律及争议解决。

（23）知识产权保护。

（24）其他。

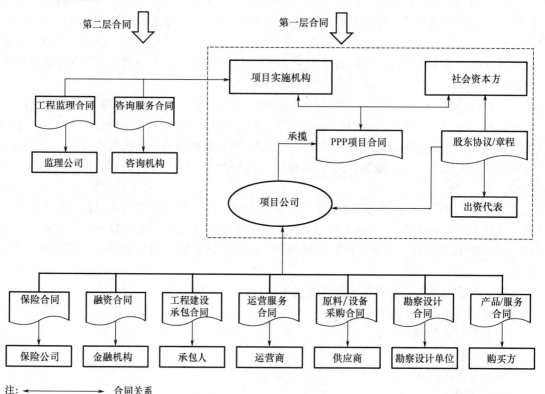

图 4.1   PPP 合同体系框架

以上是一般 PPP 项目合同的共性内容，特定行业 PPP 项目均有其特殊的行业惯例和管理规则，应随项目特点不同而加以调整。

PPP 项目合同体系中的其他合同参见本书中建设工程施工合同、建设工程监理合同、建设工程设计合同及 EPC 合同相关内容。

习　题

1．请说明建设工程勘察、设计和监理合同示范文本的作用。

2．建设工程设计合同示范文本的种类有哪些？各适用于哪些设计活动？

3．试比较《民法典》第 470 条所规定的合同内容与建设工程勘察、设计和监理合同示范文本的条款，并说明两者之间的关系。

4．分别阐述勘察、设计和监理合同的委托方与承包人应如何做好合同的管理工作？

5．监理人应当完成的工作有哪些？

6．监理人的酬金包括哪几部分？分别如何计算？

第5章
FIDIC合同条件

教学提示

本章简要介绍了 FIDIC 及不同版本的 FIDIC 合同条件；详细介绍了 FIDIC 在 1999 年及 2017 年出版的合同条件的特点及适用情况；重点介绍了 2017 版施工合同条件的内容，包括施工合同条件中的词语定义、各方的权利与义务、质量管理、进度管理、支付管理及其他管理性条款的内容。

教学要求

本章要求学生了解 FIDIC 出台的不同版本的合同条件；熟悉 2017 年 FIDIC 出台的三个合同条件的特点和适用条件；掌握 2017 版施工合同条件的内容。

5.1 FIDIC 及 FIDIC 合同简介

5.1.1 FIDIC 简介

FIDIC 是"国际咨询工程师联合会"的法文（Fédération Internationale des Ingénieurs-Conseils）缩写，其英文名称是 International Federation of Consulting Engineers。FIDIC 成立于 1913 年。

FIDIC 成立 100 多年来，对国际上实施工程建设项目的管理，以及促进国际经济技术合作的发展起到了重要作用。由该会编制的《雇主/咨询工程师标准服务协议书条件》（白皮书）、《土木工程施工合同条件》（红皮书）、《电气与机械工程合同条件》（黄皮书）、《工程总承包合同条件》（橘黄皮书）被世界银行、亚洲开发银行等国际和区域发展援助金融机构作为实施项目的合同和协议示范文本。这些合同和协议示范文本，条款内容严密，对履约各方和实施人员的职责义务做了明确的规定；对实施项目过程中可能出现的问题也都制定了较合理的规定，以利于遵循解决。这些协议性文件为实施项目进行科学管理提供了可靠的依据，有利于保证工程质量、工期和控制成本,使雇主、承包人以及咨询工程师等有关人员的合法权益得到尊重。此外,FIDIC还编辑出版了一些供雇主和咨询工程师使用的业务参考书籍和工作指南,以帮助雇主更好地选择咨询工程师,使咨询工程师更全面地了解业务工作范围和根据指南进行工作。该会制定的承包人标准资格预审表、招标程序、咨询项目分包协议等都有很实用的参考价值,在国际上受到普遍欢迎,得到了广泛承认和应用,FIDIC的名声也显著提高。

中国工程师咨询协会代表我国于1996年10月加入了该组织。

5.1.2 FIDIC 合同条件的发展历程

1. FIDIC 合同条件的演变

1957年,FIDIC与国际房屋建筑和公共工程联合会[现在的欧洲国际建筑联合会(FIEC)]在英国咨询工程师联合会(ACE)颁布的《土木工程合同文件格式》的基础上出版了《土木工程施工合同条件》(红皮书),常称为FIDIC合同条件。该条件分为两部分:第一部分是通用条件,第二部分为专用条件。

1963年,首次出版了适用于雇主和承包人的机械与设备供应和安装的《电气与机械工程合同条件》(黄皮书)。

1969年,红皮书出版了第2版。这版增加了第三部分(疏浚和填筑工程专用条件)。

1977年,FIDIC和欧洲国际建筑联合会(FIEC)联合编写 *Federation International Europeenne de la Construction*(巴黎),这是红皮书第3版。

1980年,黄皮书出版了第2版。

1987年9月,红皮书出版了第4版。这版将第二部分(专用条件)扩大了,单独成册出版,但其条款编号与第一部分一一对应,使两部分合在一起共同构成确定合同双方权利和义务的合同条件。第二部分必须根据合同的具体情况起草。为了方便第二部分的编写,其编有解释性说明以及条款的例子,为合同双方提供了必要且可供选择的条文。

同时出版的还有黄皮书第3版,分为三个独立的部分:序言、通用条件和专用条件。

1995年,出版了橘皮书《设计—建造和交钥匙合同条件》。

以上的红皮书(1987)、黄皮书(1987)、橘皮书(1995)和《土木工程施工分包合同条件》、蓝皮书(《招标程序》)、白皮书(《顾客/咨询工程师模式服务协议》)、《联合承包协议》和《咨询服务分包协议》共同构成FIDIC彩虹族系列合同文件。

1999年9月,FIDIC出版了一套4本全新的标准合同条件。

①《施工合同条件》(新红皮书)的全称是:由雇主设计的房屋和工程施工合同条件(Conditions of Contract for Construction for Building and Engineering Works Designed by the Employer)。

②《生产设备和设计-施工合同条件》(新黄皮书)的全称是:由承包人设计的电气和机械设备安装与民用和工程合同条件(Conditions of Contract for Plant and Designed-Build for Electrical and Mechanical Plant and Building and Engineering Works Designed by the Contractor)。

③《设计-采购-施工(EPC)/交钥匙工程合同条件》(*Conditions of Contract for EPC/Turnkey Projects*)—银皮书(Silver Book)。

④ FIDIC 还编写了适合于小规模项目的《简明合同格式》（*Short Form of contract*）—绿皮书（Green Book）。

2017 年 12 月，FIDIC 在伦敦举办的国际用户会议上，发布了 1999 版三本合同条件的第二版，分别是：

① 《施工合同条件》（红皮书）（*Conditions of Contract for Construction*）；

② 《生产设备和设计-施工合同条件》（黄皮书）（*Conditions of Contract for Plant and Design-Build*）；

③《设计-采购-施工（EPC）/交钥匙工程合同条件》（银皮书）（*Conditions of Contract for EPC/Turnkey Projects*）。

2. 2017 版与 1999 版合同对比总览

（1）合同的基本结构与适用范围基本保持不变。

由于 2017 版三个合同是在 1999 版基础上修订的，业界称为 1999 版的第二版，因而，2017 版与 1999 版相比，各版相对应合同条件的应用和适用范围，雇主和承包人的权利、职责和义务，雇主与承包人之间的风险分配原则，合同价格类型和支付方式，合同条件的总体结构都基本保持不变。只是 2017 版系列合同条件追求更加清晰、透明和确定（clarity, transparency and certainty），以减少合同双方争端的发生。2017 版系列合同条件加强了项目管理工具和机制的运用，进一步平衡了合同双方的风险及责任分配，融入了更强调合同双方对等关系的理念。

（2）合同的通用条件略有调整。

2017 版系列合同条件的通用条件总体结构和条款的排列顺序基本不变，有些条款的名称略有调整，但所涵盖的内容范围基本不变。

2017 版三本合同条件都将 1999 版的第 11 条【缺陷责任】改为了【接收后的缺陷】；将第 17 条【风险与责任】改为了【工程照管与保障】；将第 18 条与第 19 条调换了顺序，【不可抗力】被重新命名为【例外事件】；将 1999 版的第 20 条【索赔、争端与仲裁】，拆分成了第 20 条【雇主和承包人的索赔】和第 21 条【争端和仲裁】。

2017 版红皮书的第 5 条由原来的【指定分包人】（Nominated Subcontractor），改为【分包】（Subcontracting），改名后该条款内容包括了一般分包人和指定分包人；2017 版红皮书的第 12 条不变，仍为【计量与估价】（Measurement and Evaluation）。2017 版银皮书没有工程师这个角色，第 3 条与 1999 版一样，仍为【雇主的管理】（The Employer's Administration）；除第 3 条外，2017 版银皮书其他一级条款的名称及顺序均与黄皮书一致。

（3）2017 版系列合同条件融入更多的项目管理思维。

FIDIC 认识到工程合同虽然是法律文件，但工程合同不仅仅是给律师看的，更是给项目管理人员用的，所以 2017 版系列合同条件中融入了更多项目管理的思维，借鉴国际工程界有关项目管理的最佳实践做法，在通用条件各条款中增加了很多更加详细明确的项目管理方面的相关规定。

2017 版对进度计划、进度报告等的要求更加明确，内容大幅增加，如：要求每项进度计划必须包含逻辑关系、浮时和关键路径；对使用什么版本的进度计划软件等细节都要求在合同中详细规定；对项目实施过程中如何进行进度计划的修改和调整做出了更加具体的规定；还要求承包人在竣工试验开始前 42 天单独提交一份关于竣工试验的详细进度计划。

2017版借鉴了NEC（New Engineering Contract）合同中关于项目管理方面的一些成熟理念，在【工期的延长】条款中增加了一段旨在解决【共同延误】问题的规定。

2017版规定承包人需要准备和执行质量管理体系（Quality Management System，QMS）和合规性验证系统（Compliance Verification System, CVS）。此外，还要求承包人对QMS进行内部审核，并向工程师报告审核结果且按工程师要求提交一套完整的CVS记录。

2017版更加重视健康、安全和环境保护问题，明确规定承包人应按合同要求在开工日期之后21天内，向工程师提交健康和安全手册，并对手册的内容提出了具体要求等。

2017版还体现了对各方项目管理人员的重视，如：新增了关于承包人关键人员资质要求的条款，并将承包人代表的任命作为所有支付的前提条件；银皮书规定除非雇主同意，承包人代表要常驻现场（1999版银皮书没有此项要求），且在"雇主要求"文件中有对关键人员的要求；黄皮书和银皮书中对设计人员的资质提出了更加具体、严格的要求，对工程师（银皮书为雇主代表）人员的资质同样提出了更加具体的要求。

（4）2017版系列合同条件加强和拓展了工程师的地位和作用。

1999版FIDIC红皮书和黄皮书强调工程师就是为雇主服务的（1999版银皮书甚至取消了工程师这个角色，用雇主代表来替代）。

可能是考虑到业界希望工程师能在处理合同事务中发挥更大的作用，2017版红皮书和黄皮书（银皮书仍然没有工程师）都在1999版的基础上加强和拓展了工程师的地位和作用。在2017版红皮书和黄皮书的通用条件中说明工程师在代表雇主行事的同时，要求工程师做出决定时要保持中立（neutral），但这里的中立不能被理解成独立（independent）或公正（impartial），理解成无派别（non-partisan）似乎更为合适。

2017版对工程师人员的资质提出了更高、更详细的要求，也只有高水平、权威、专业且敬业的工程师才有可能做到中立。同时，增加了工程师代表这个角色，并要求工程师代表常驻现场，且工程师不能随意更换其代表。

2017版对工程师做出回复的时间给予了很多限制，促使其在合同管理过程中不能随意拖延回复承包人发出的通知或请求，主要体现在【视为】（deem/deemed provisions）规定上，如：承包人提交的初始进度计划，如果工程师没有在21天内（修订的进度计划为14天）回复，则视为其同意了此计划。

2017版使工程师无须经雇主同意即可根据【商定或决定】条款做出决定。与1999版不同，2017版要求工程师在处理合同事务时使用【商定或决定】条款，尤其是处理索赔问题时要保持中立，并强调此时工程师不应被视为代表雇主行事。

（5）2017版系列合同条件将索赔与争端区别对待。

索赔与争端是工程项目合同执行过程中的主要"摩擦力"。因此，FIDIC在2017版系列合同条件修订中，将索赔与争端作为重要议题来考虑，期望合理、及时地处理索赔问题，以尽量避免索赔升级为争端。FIDIC认为索赔仅仅是某一方依据合同对自己的权利提出的一种要求，不一定必然上升为争端，只有索赔部分或全部被拒绝时才可能会形成争端。

正因为如此，2017版对1999版的【索赔、争端与仲裁】条款进行了重组和扩展，拆分成了两个条款：第20条【雇主和承包人的索赔】和第21条【争端和仲裁】。

1999版中，第2.5款和第20.1款分别规定了雇主的索赔和承包人的索赔，但这两个条款对雇主索赔和承包人索赔的权利和义务的规定是不对等的，对承包人索赔的规定更加详细和严格。2017 版将这两个二级子条款合并为第 20 条【雇主和承包人的索赔】，要求雇主和承包人遵守相同的索赔处理程序。第 20 条的规定更加详细和明确，大幅度增加了 1999 版第 20.1 款【承包人的索赔】的内容。

2017 版对索赔的处理有两个时间限制规定：第一，要求索赔方在意识到（或本应意识到）索赔事件发生后的 28 天内尽快发出索赔通知；第二，要求索赔方在 84 天内（与第一条同一起点）提交完整详细的索赔支持资料和最终索赔报告。超过上述任何一个时间限制，索赔方都将失去索赔的权利。同时，2017 版还引入了第三类索赔——【其他索赔事项】，这类索赔由工程师根据【商定或决定】条款确定，且这类索赔不适用第 20 条的索赔程序。

2017 版规定由于变更引起的工期延长自动成立，不需要按照第 20 条索赔规定的程序处理，与 1999 版不同。

2017 版将 1999 版的"争端裁决委员会"（Dispute Adjudication Board，DAB）改为"争端避免/裁决委员会"（Dispute Avoidance/Adjudication Board，DAAB），并强调 DAAB 预警机制的作用。同时要求在项目开工之后尽快成立 DAAB，且强调 DAAB 是一个常设机构（1999 版仅红皮书要求 DAB 是常设机构，黄皮书与银皮书都可以不是），还对当事人未能任命 DAAB 成员的情况做了详细规定。DAAB 要定期与各方会面并进行现场考察。2017 版提出并强调 DAAB 非正式的避免纠纷的作用，DAAB 可应合同双方的共同要求，非正式地参与或尝试进行合同双方潜在问题或分歧的处理。FIDIC 希望各方用这种积极主动的态度，尽量避免和减少重大争端的发生。

（6）2017 版系列合同条件更强调合同双方的对等关系。

2017 版系列合同条件在 1999 版的基础上，更加强调雇主和承包人之间在风险与责任分配及各项处理程序上的相互对等关系，主要体现在以下方面。

① 强调雇主资金安排需要在合同数据中列明，如果有实质性改变，雇主应马上通知承包人并提供详细的支持资料；如果雇主没有遵守此规定，承包人甚至可以终止合同，该项规定与承包人向雇主提供履约担保对等。

② 很多关于通知的规定对合同双方的要求是对等的，如：雇主和承包人都有对已知或未来可能发生的事件提前向对方（及工程师）发出预警通知的义务。

③ 雇主和承包人都要遵守同样的保密条款。

④ 雇主和承包人都要遵守所有合同适用的法律。

⑤ 雇主和承包人都应协助对方获得相应的许可。

⑥ 对工程师及其代表（银皮书的雇主代表）的资质提出了更加明确具体的要求，与对承包人人员资质的详细、严格的要求对等。

⑦ 雇主和承包人都要对各自负责的设计部分承担相应的责任。

⑧ 雇主和承包人都不得雇佣对方的雇员。

⑨ 在出现工期共同延误时，雇主和承包人要承担相应的责任，并在专用条件的编写说明中给出了参考解决方案。

⑩ 保障条款将雇主对承包人的保障和承包人对雇主的保障对等分开，并增加了交叉责任条款。

⑪ 将雇主的索赔和承包人的索赔纳入同一处理程序，且要求双方均须遵守相同的 DAAB 程序。

⑫ 雇主和承包人合同终止条款中同时增加了未遵守工程师最终的具有约束力的决定、未遵守 DAAB 的决定、欺诈和贪污等行为作为终止合同的触发条件。

3. FIDIC 首次提出专用条件起草的五项黄金原则

FIDIC 一直倡导以公平和均衡原则在雇主和承包人之间分配风险和责任，随着 FIDIC 合同条件在业界的使用越来越广泛，一些用户虽然以 FIDIC 合同条件为蓝本，但直接或通过专用条件无限制地修改通用条件的内容，最终形成的合同文件严重背离了 FIDIC 相应合同条件的起草原则。针对业界存在的越来越多 FIDIC 合同条件被滥用的问题，在发布 2017 版系列合同条件的同时，FIDIC 首次提出了专用条件起草的五项黄金原则（FIDIC Golden Principles），以提醒用户在起草专用条件时慎重考虑。这五项原则是：

① 合同所有参与方的职责、权利、义务、角色以及责任一般都在通用条件中默示，并适应项目的需求；

② 专用条件的起草必须明确和清晰；

③ 专用条件不允许改变通用条件中风险与回报分配的平衡；

④ 合同中规定的各参与方履行义务的时间必须合理；

⑤ 所有正式的争端在提交仲裁之前必须提交 DAAB 取得临时性具有约束力的决定。

FIDIC 强调，通用条件为合同双方提供了一个基准，而专用条件的起草和对通用条件的修改可视为在特定情境下通过双方的博弈对基准的偏离。FIDIC 给出的五项黄金原则，力图确保在专用条件起草过程中对通用条件的风险与责任分配原则以及各项规定不发生严重的偏离。

4. 2017 版系列合同条件的适用范围

2017 版三个合同条件仍然沿用 1999 版适用范围。

《施工合同条件》（新红皮书）主要适用于承包人按照雇主提供的设计进行施工的项目（该项目也可由承包人承担某些土木、机械、电气和/或构筑物的设计，但承包人负责的设计工作一定不会太多），实践中，设计和施工两个阶段分离的 DBB（Design Bid Build）承包模式经常采用该合同条件。

《生产设备和设计-施工合同条件》（新黄皮书）适用于 DB（Design and Build）承包模式，在该模式下，承包人根据雇主要求，负责项目大部分的设计和施工工作，且可能负责设计并提供生产设备和（或）其他部分工程，还可以包括土木、机械、电气和/或构筑物的任何组合。

《设计-采购-施工（EPC）/交钥匙工程合同条件》（银皮书）适用于采用设计、采购和施工（Engineering，Procurement and Construction，EPC）及交钥匙模式的工厂、基础设施或类似工程。在这种模式下，雇主希望对价格和工期有更高的确定性，同时承包人承担项目的设计、采购和施工工作，并且在此过程中，雇主参与度不高。FIDIC 同时给出了三种不适用于银皮书的情况：① 如果投标人没有足够时间或资料以仔细研究和核查雇主要求，或进行他们的设计、风险评估和估算；② 如果工程涉及相当数量的地下工程，或投标人未能调查区域内的工程（除非在特殊条款对不可预见的条件予以说明）；③ 如果雇主要严密监督或控制承包人的工作，或要审核大部分施工图纸。FIDIC 建议，在上述三种情况下，可以使用黄皮书。

从项目的类型来看，红皮书适用于传统类型的土建、房屋及基础设施项目；黄皮书适用于传统的生产设备比较多的项目，如能源、供水、污水处理、厂房和工业综合体等；

银皮书主要用于大型基础设施项目、厂房以及工业综合体。银皮书的诞生源自私人雇主的需求，私人雇主往往比政府组织在融资或者资金链等方面有更加严格的要求，要求合同价格及工期更加固定，因此，必须将更多的风险分配给承包人承担。建设—运营—转让（Build-Operate-Transfer，BOT）、政府和社会资本合作（Public-Private-Partnership，PPP）模式的项目在建设实施阶段的合同较多使用银皮书。

5. FIDIC 合同条件的应用

（1）国际金融组织贷款和一些国际项目直接采用。

在世界各地，凡世界银行（简称世行）、亚洲开发银行（简称亚行）、非洲开发银行贷款的工程项目以及一些国家和地区的工程招标文件中，大部分全文采用 FIDIC 合同条件。在我国，凡亚行贷款项目，全文采用 FIDIC 红皮书；凡世行贷款项目，在执行世行有关合同原则的基础上，执行我国财政部在世行批准和指导下编制的有关合同条件。

（2）合同管理中对比分析使用。

许多国家在学习、借鉴 FIDIC 合同条件的基础上，编制了一系列适合本国国情的标准合同条件。这些合同条件的项目和内容与 FIDIC 合同条件大同小异。主要差异体现在处理问题的程序与风险分担的规定上。FIDIC 合同条件的各项程序是相当严谨的，处理雇主和承包人风险、权利及义务也比较公正。因此，雇主、咨询工程师、承包人通常都会将 FIDIC 合同条件作为一把尺子，与工作中遇到的其他合同条件相对比，进行合同分析和风险研究，制定相应的合同管理措施，防止合同管理上出现漏洞。

（3）在合同谈判中使用。

FIDIC 合同条件的国际性、通用性和权威性使合同双方在谈判中可以以"国际惯例"为理由要求对方对其合同条款的不合理、不完善之处做出修改或补充，以维护双方的合法权益。这种方式在国际工程项目合同谈判中普遍使用。

（4）部分选择使用。

即使不全文采用 FIDIC 合同条件，在编制招标文件、分包合同条件时，仍可以部分选择其中的某些条款、规定、程序甚至某些思路，使所编制的文件更完善、更严谨。在项目实施过程中，也可以借鉴 FIDIC 合同条件的思路和程序来解决和处理有关问题。如我国的《建设工程施工合同（示范文本）》（GF—2017—0201）就参考借鉴了 FIDIC《施工合同条件》。

需要说明的是，FIDIC 在编制各类合同条件的同时，还编制了相应的"应用指南"。在"应用指南"中，除了介绍招标程序、合同各方及工程师职责外，还对合同每一条款进行了详细解释和说明，这对使用者很有帮助。另外，每份合同条件的前面均列有有关措辞的定义和释义。这些定义和释义非常重要，他们不仅适合于合同条件，也适合于其全部合同文件。

5.2 FIDIC《施工合同条件》简介

5.2.1 2017 版 FIDIC《施工合同条件》文本结构

2017 版 FIDIC《施工合同条件》文本结构，包括通用条件、专用条件和其他标准化的文件格式。

1. 通用条件

所谓"通用"，其含义是工程建设项目不论属于哪个行业，也不管处于何地，只要是土木工程类的施工均可适用。条款内容涉及：合同履行过程中雇主和承包人各方的权利与义务，工程师（交钥匙合同中为雇主代表）的权利和职责，各种可能预见到的事件发生后的责任界限，合同正常履行过程中各方应遵循的工作程序，以及因意外事件而使合同被迫解除时各方应遵循的工作准则、争议解决方式等。

2017版《施工合同条件》通用条件有21个一级条款，共计168个二级子条款。同时给出了"避免争端/裁决协议的一般条件"及"DAAB程序规则"。

2. 专用条件

专用条件是相对于"通用"而言，要根据准备实施的项目的工程专业特点，以及工程所在地的政治、经济、法律、自然条件等地域特点，针对通用条件中条款的规定加以具体化。可以对通用条件中的规定进行相应的补充完善、修订或取代其中的某些内容，以及增补通用条件中没有规定的条款。

2017版《施工合同条件》给出了专用条件编写指南，以指导双方签订专用条件，保证专用条件的签订不偏离通用条件的基本原则。专用条件分为两部分：A部分——合同数据（Contract Data）和B部分——特别规定（Special Provisions）。合同数据部分对通用条件中涉及雇主与承包人的基本信息、合同中的基本数据条款（子条款）专门摘录出来，并用"子条款（Sub-clause）—应当给出的数据（Data to be given）—数据（Data）"的格式给出，供双方在起草专用条件时方便使用；B部分——特别规定针对通用条件的各个子条款在遵循"五项黄金原则"的基础上，给出双方签订专用条件关注的要点和注意事项。同时2017版《施工合同条件》增加了建筑信息模型（BIM）的应用说明，并列出了如果项目要应用BIM可能需要调整的合同条款清单。

2017版《施工合同条件》在专用条件编写指南中保留了1999版的"编写招标文件注意事项"部分，具体内容更加详细；保留了七种担保函格式（Forms of Security）附件，包括附件A"母公司保函范例格式"、附件B"投标保函范例格式"、附件C"履约保函-即付保函范例格式"、附件D"履约保函-担保保证范例格式"、附件E"预付款保函范例格式"、附件F"保留金保函范例格式"和附件G"雇主支付保函范例格式"。

3. 标准化的文件格式

FIDIC编制的标准化合同文本，除了通用条件和专用条件以外，还包括标准化的格式文件。主要包括投标函（Letter of Tender）、中标函（Acceptance of Tender）、合同协议书（Contract Agreement）及争端避免/裁决协议书（Dispute Avoidance/ Adjudication Agreement）这四种标准化文件格式。

投标函的格式文件，是投标人愿意遵守招标文件规定的承诺表示。投标人只需要填写投标报价并签字后，即可与其他材料一起构成有法律效力的投标文件。2017版《施工合同条件》将投标书附件前置为专用条件的A部分——合同数据，其中列出了通用条件涉及工期和费用内容的明确数值，这些数据经承包人填写并签字确认后，可在合同履行过程中作为双方遵照执行的依据。

中标函是雇主向中标人签发的中标通知文件，在中标函中直接填写中标人、合同名称及合同号、中标金额等，就完成一份标准的中标函。

合同协议书是雇主与中标承包人签订施工承包合同的标准化格式文件，双方只要在空格内填入相应内容，并签字盖章后合同即可生效。

争端避免/裁决协议书是雇主与承包人合同签订及开工后成立 DAAB 而签订协议的标准格式文件，主要涉及委托的 DAAB 成员及其报酬支付，雇主、承包人及 DAAB 成员之间的协议等内容。

5.2.2　FIDIC《施工合同条件》的特点

1. 国际性、权威性、通用性

FIDIC《施工合同条件》的国际性和权威性，从其出台的过程以及它多年被应用于国际工程所证实。其通用性，表现在只要是土木工程，包括房屋工程、桥隧工程、公路工程等均通用；另一方面，它不仅应用于国际工程，也可以应用于国内工程。

2. 权利和义务明确、职责分明、趋于完善

FIDIC《施工合同条件》不仅对工程的规模、范围、标准以及费用的结算办法都规定得十分明确，而且对工程管理过程中的许多细节都做了明确的规定，同时对雇主、承包人、工程师等各方权责规定得十分明确，这是保证工程实施的重要条件，从而减少执行过程中的误解和纠纷。如雇主与承包人之间是雇用与被雇用的关系，但是雇主必须通过工程师来传达自己的命令。雇主和工程师是委托与被委托的关系，但是雇主不能干预工程师的正常工作，不过雇主可以向监理单位提出更换不称职的监理人员。工程师和承包人之间没有任何合同关系，双方是监理与被监理的关系，承包人所进行的工作都必须通过工程师的批准，严格遵照工程师的指示，但是承包人可以通过法律手段来保护自己的合法权益。FIDIC 合同条件所确定的各方之间的关系可保证工程按照合同顺利进行。

3. 文字严密、逻辑性强、内容广泛具体、可操作性强

合同各个条件之间既有相互制约的关系，又有互相补充的关系，从而构成了一个完整的合同体系。如 FIDIC《施工合同条件》第 1.5 款，同时也明确规定了文件的优先次序。

4. 合同条件具有唯一性

FIDIC《施工合同条件》是承包人和工程师各自工作的唯一依据。双方在签订合同之后，就只能以此合同作为办事依据。

5.2.3　部分重要词语的定义

1. 合同及合同文件

（1）合同。

按照 FIDIC《施工合同条件》第 1.1.1 项规定，合同指合同协议书、中标函、投标函、本

合同条件（包括通用条件和专用条件）、规范、图纸、资料表以及在合同协议书或中标函中列明的其他进一步的文件（如有时）。

这里的合同实际上是全部合同文件的总称，它包括了全部的对双方有约束力的文件。按照 FIDIC《施工合同条件》第 1.5 款规定，这些文件主要有以下 11 个。

① 合同协议书。

② 中标函：一方面可能是指雇主对承包人投标函的正式接受函，另一方面还可能包括双方商定的其他内容。如在评标中，雇主发现投标书中有些内容不清楚甚至错误，投标人对这些问题的澄清和确认。若整个合同文件中没有"中标函"一词，则此时中标函应理解为"协议书"。

③ 投标函：指的是投标人的报价函，通常包括投标人的承诺和投标人根据招标文件的内容，提出为雇主承建本招标项目而要求的合同价格。

④ 合同专用条件 A 部分—合同数据。

⑤ 合同专用条件 B 部分—特别规定。

⑥ 合同通用条件。

⑦ 规范：它的主要作用是在合同中对招标项目从技术方面进行描述，提出项目在实施中应满足的技术标准、程度等，与我国国内施工的技术规范、规程等含义一致。它是各方（雇主、承包人、工程师）解决项目相关技术问题的依据。究竟用什么规范，用哪国的规范由当事人双方在合同中约定。

⑧ 图纸：指项目实施过程中的工程图纸，以及包括由雇主（或其代表）按照合同发出的任何补充和修改的图纸。这里的图纸实质上可能有两个来源：一是由雇主提供的，当然包括其对图纸的修改和变更；另一个是由承包人设计提供的，当然应经过工程师的同意和认可。这里的图纸与国内施工合同文本含义一致。

⑨ 计划表。

⑩ 联合体协议。

⑪ 其他文件。

另外，合同文件包括在合同履行的过程中，当事人双方补充的一些协议如会议纪要等。

（2）合同文件的优先次序。

由前面分析可知，在 FIDIC《施工合同条件》中，构成对当事人双方有约束力的合同文件有 11 个，由于合同文件形成的时间长，在实施中情况不断发生变化，可能受到诸多外界因素影响，因而这些文件客观上不可避免地会出现一些不同，甚至矛盾的现象，因而应对文件作出解释。在此，FIDIC《施工合同条件》做了 3 个方面的说明。

第一，组成合同的各文件是可以相互解释的。如专用条件就是对通用条件的解释和说明。

第二，在解释时，各文件的优先次序应按上述"合同"中列到的合同文件顺序进行，即"①→②→③→④→⑤→⑥→⑦→⑧→⑨→⑩→⑪"。应当说明的是，合同履行过程中，双方补充的新协议、新文件是最具有优先解释权的。

第三，若文件之间出现歧义或不一致，工程师应作出必要的澄清或指示。

（3）合同协议书。

① 合同协议书的签订。一般来说，双方应在承包人收到中标函后的 28 天内签订合同协议书，其格式应以专用条件中所附的格式为基础。法律规定的与签订合同协议书有关的印花税和其他类似费用（如有时）由雇主承担。如果承包人是联合体，那么联合体的每一方都要

在合同协议上签字。

② 合同协议书的内容。FIDIC《施工合同条件》规定的"合同协议书"实质上是一个统领性的文件。对所有的合同文件作了归纳，从其内容看主要有 3 个方面。

第一，包含的全部文件中的术语具有合同条件中所定义的含义。

第二，构成整个工程合同的全部文件的清单。

第三，说明当事人双方对合同内容的认可及履行合同的承诺。

2. 投标文件相关的定义

（1）投标函（Letter of Tender）

投标函指的是由投标人填写的名为投标函的文件，包括其签署的完成合同工作向雇主提供的报价。它是投标书的核心部分之一。

（2）投标书（Tender）

投标书是指投标函和合同中包括的由承包人随投标函一起提交的所有其他文件，主要包括投标人的建议、联合体协议等。

3. 合同各方及人员

（1）雇主（Employer）。

雇主指在合同专用条件 A 部分——合同数据（Contract Data）中称为雇主的当事人以及其财产所有权的合法继承人（这里也可理解为雇主或发包人）。

（2）承包人（Contractor）。

承包人指为雇主接受的在投标函中称为承包人的当事人，以及其财产所有权的合法继承人。

（3）工程师（Engineer）。

工程师指由雇主任命的并在合同专用条件 A 部分——合同数据（Contract Data）中指名的为实施合同担任工程师的人员，或者有时根据第 3.6 款【工程师的替代】的规定，由雇主任命并通知承包人的人员。这里工程师的含义与国内的总监理工程师的含义基本一致，当然他们的职责有很大的不同。

（4）雇主人员（Employer's Personnel）。

根据定义，雇主人员主要包括：工程师、工程师代表、工程师委托的助理人员，以及工程师和雇主的所有其他职员、工人和其他雇员；以及工程师和雇主通知承包人为雇主方工作的那些人员。

（5）承包人人员（Contractor's Personnel）。

承包人人员指承包人的代表和承包人现场聘用的所有人员。包括承包人和每个分包人的职员、工人和其他雇员；以及所有帮助承包人实施工程的人员。

这样明确规定承包人的人员，有利于在合同履行过程中划清责任，即这些人员若在现场由于出现了非雇主承担风险或责任的事件受到影响，则由承包人承担相关责任。

4. 日期、工期相关的概念

（1）基准日期（Base Date）。

合同中定义的基准日期是指投标截止日期之前的 28 天所对应的日期。这一日期为雇主与承包人承担风险的界线，即在基准日期之后发生的一切风险，作为一个有经验的承包人在投标时若不能合理预见，则由雇主承担，如物价的变化，当地政策的变化等。在此日期之前，无论是何种涉及投标报价的风险发生，均由承包人承担。

（2）开工日期（Commencement Date）。

按合同规定，开工日期若在合同中没有明确规定具体的时间，则开工日期应在承包人收到中标函后的 42 天内，由工程师在这个日期前 7 天通知承包人，承包人在开工日期后应尽可能快地施工。

此日期是计算工期的起点，同时由于雇主的原因使工程师不能发布开工日期，若给承包人造成损失，则承包人可以向雇主索赔。

（3）工期。

在合同条件中，没有明确工期的含义，但可理解为双方签订合同时所确定的工期即双方"可接受的工期"。随着合同的履行可能会出现一些影响工期的事件，则工期可以顺延，即工期是会变化的，因而不能简单地用"工期"来判断承包人是否延误工期。

（4）竣工时间（Time for Completion）。

这里其实指的是一个时间段，就是合同要求承包人完成工程的时间，这段时间包括承包人合理地获得的延长时间，因而可以把竣工时间理解为签订合同的约定的时间加上合理的顺延时间，即为合同工期。可以用竣工时间（合同工期）来判定承包人是否延误工期。

（5）施工工期。

施工工期指从开工日期到项目通过竣工验收移交，工程接收证书中指明的竣工日期的这一时间段。可以用施工工期与竣工时间（合同工期）对比，若施工工期长于竣工时间，说明承包人延误工期；若等于竣工时间，说明按时完工；若短于竣工时间，则说明承包人提前竣工。

（6）缺陷通知期（Defects Notification Period，DNP）。

缺陷通知期指从竣工日期算起，通知工程或分项存在缺陷的期限，在此期间应完成工程接收证书中指明的扫尾工作以及完成修复缺陷或损害所需的工作。双方可以在附录中约定这个期限，工程师也可以根据具体情况予以延长。这个期限与我国规定的质保期相类似。

（7）合同的有效期。

从双方签订合同开始到承包人提交的"结清单"生效且雇主支付完成为止的这段时间为合同的有效期，在此期间，合同对双方均有约束力。它包括了施工工期、缺陷通知期等。

5. 价款与支付相关的概念

（1）中标合同金额（Accepted Contract Amount）。

中标合同金额指中标函中所认可的工程施工、竣工和修复任何缺陷所需的费用。这实质上是中标的承包人的投标价格，此时成为双方签订合同时的可接收价款。在合同履行中，此金额会发生变化，究其原因主要有以下几个方面的影响因素。

① FIDIC《施工合同条件》一般适用于大型复杂工程采用单价合同的承包方式。这样，承包人根据工程量清单来报价，由于工程量随着合同的履行可能会发生变化，而单价合同支付的原则是按承包人实际完成工程量乘以所报单价结算工程款，因而，投标时的中标合同金额会发生变化。

② 可调价合同。

　　大型复杂工程的工期较长，合同通用条件中包括合同工期内因物价变化对施工成本产生影响后计算调价费用的条款，每次支付工程进度款时均要考虑约定可调价范围内项目的当地市场价格的涨落变化。而这笔调价款没有包含在中标价格内，仅在合同条款中约定了调价原则和调价费用的计算方法。这说明单价在一定的条件下也会发生变化。

　　③ 发生应由雇主承担责任的事件。

　　合同履行过程中，可能因雇主的行为或发生他应承担风险或责任的事件后，导致承包人增加施工成本，合同相应条款都规定应对承包人受到的实际损害给予补偿。

　　④ 承包人的质量责任。

　　A. 如承包人提供的不合格材料导致工程的重复检验，相应损失由承包人承担。

　　B. 承包人没有改正忽视质量的错误行为。当承包人不能在工程师限定的时间内将不合格的材料或设备移出施工现场，以及在限定时间内没有或无力修复缺陷工程，雇主可以雇佣其他人完成，该项费用应从承包人应得款中扣回，一般从保留金中扣。

　　C. 折价接收部分有缺陷工程。某项处于非关键部位的工程施工质量未达到合同规定的标准，如果雇主和工程师经过适当考虑后，确信该部分的质量缺陷不会影响总体工程的运行安全，为了保证工程按期发挥效益，可以与承包人协商后折价接收。

　　⑤ 承包人延误工期或提前竣工。当承包人提前竣工，他可能获得提前竣工奖，当承包人延误工期将受到罚款。

　　⑥ 包含在中标合同价中的暂定金额是雇主的一笔备用资金，由工程师来控制使用，承包人不一定能得到。

　　以上几个方面的因素都会影响承包人最终得到的合同价款，因而中标的合同价款是会发生变化的。

　　（2）合同价格（Contract Price）。

　　合同价格指按照合同条款的约定，承包人完成工程建造和缺陷责任后，对所有合格工程有权获得的全部工程支付。其实质上是工程结算时，发生的应由雇主支付的实际价格，可以简单理解为完工后的"竣工结算价款"。

　　（3）费用（Cost）。

　　费用指承包人用于完成合同在场内外发生的（或将发生的）所有合理开支，包括税收、日常管理费和类似支出等，但不包括利润。这些费用，承包人可以按照合同支付条款得到支付，是过程合同价的一部分。

　　（4）暂定金额（Provisional Sum）。

　　暂定金额是合同中明文规定的一项雇主备用资金，一般情况下包含在合同价款内。出现下列情况时，可以动用暂定金额，其由工程师控制使用。

　　① 工程实施过程中可能发生雇主方负责的应急费/不可预见费（contingency costs），如计日工涉及的费用。

　　② 在招标时，对工程的某些部分，雇主方还不可能确定到使投标者能够报出固定单价的深度。

　　③ 在招标时，雇主方还不能决定某项工作是否包含在合同中。

　　④ 对于某项作业，雇主方希望以指定分包人的方式来实施。

　　（5）保留金（Retention Money）。

保留金是合同中约定在每月进度款扣取时用于保证承包人在合同履行过程中恰当履约的一笔金额，其数目大小由双方约定。若承包人认真履约，则这笔保留金应返还。其作用类似我国规定的质保金，但保留金作用更大一些，它不仅用于承包人担保保修义务，而且担保其在合同履行中恰当履约。

（6）期中支付证书（Interim Payment Certificate）。

期中支付证书是由承包人按合同规定提出期中付款申请，经工程师审核验收的向承包人获取期中付款的凭证，这些证书都是临时性的。其作用类似于国内进度付款证书。

（7）最终付款证书（Final Payment Certificate）。

最终付款证书是工程通过了缺陷通知期，工程师签发了履约证书后，由承包人提交最终付款申请（即"结清单"），经工程师审核后向承包人签发的最后支付凭证。在此证书中包括承包人完成工程应得的所有款项，以及扣除期中支付款项后最后应由雇主支付的款额。

6. 指定分包人（Nominated Subcontractors）

（1）概念。

指定分包人是由雇主（或工程师）指定、选定，完成某项特定工作内容并与承包人签订分包合同的特殊分包人。合同规定，雇主有权将部分工程项目的施工任务或涉及提供材料、设备、服务等工作内容发包给指定分包人实施。

（2）设置指定分包人的原因。

合同内规定有承担施工任务的指定分包人，大多因雇主在招标阶段划分合同时，考虑到某些部分施工的工作内容有较强的专业技术要求，一般承包单位不具备相应的能力，但如果以一个单独的合同对待又限于现场的施工条件或合同管理的复杂性，工程师无法合理地进行协调管理，为避免各独立合同之间的干扰，则将这部分工作发包给指定分包人实施。由于指定分包人是与承包人签订分包合同，因而在合同关系和管理关系方面与一般分包人处于同等地位，对其施工过程中的监督、协调工作纳入承包人的管理之中。

（3）指定分包人的特点。

虽然指定分包人与一般分包人处于相同的合同地位，但二者并不完全一致，主要差异体现在以下几个方面。

① 选择分包单位的权利不同。承担指定分包工作任务的单位由雇主或工程师选定，而一般分包人则由承包人选择。

② 分包合同的工作内容不同。指定分包工作不属于合同约定应由承包人必须完成范围之内的工作，即承包人投标报价时没有摊入间接费、管理费、利润、税金的工作，因此不损害承包人的合法权益，但对指定分包人的管理费可以在投标报价时考虑。而一般分包人的工作则为承包人承包工作范围的一部分。

③ 工程款支付的开支项目不同。为了不损害承包人的利益，给指定分包人的付款应从暂定金额内开支。而对一般分包人的付款，则从工程量清单中相应工作内容项内支付。

④ 雇主对分包人利益的保护不同。尽管指定分包人与承包人签订分包合同后，按照权利义务关系应直接对承包人负责，但由于指定分包人终究是雇主选定的，而且其工程款的支付从暂定金额内开支，因此，在合同条件内列有保护指定分包人的条款。合同通用条件规定，承包人在每个月末报送工程进度款支付报表时，工程师有权要求他出示以前已按指定分包合

同给指定分包人付款的证明。如果承包人没有合法理由而扣押了指定分包人上个月应得工程款，雇主有权按工程师出具的证明从本月应得款内扣除这笔金额直接付给指定分包人。对于一般分包人则无此类规定，雇主和工程师不介入一般分包合同履行的监督。

⑤ 承包人对分包人违约行为承担责任的范围不同。除非由于承包人向指定分包人发布了错误的指示要承担责任外，对指定分包人的任何违约行为给雇主或第三者造成损害而导致索赔或诉讼的，承包人不承担责任。如果一般分包人有违约行为，雇主将其视为承包人的违约行为，按照主合同的规定追究承包人的责任。

5.2.4　合同中各方的工作责任与权利

1. 雇主

（1）雇主的风险。

在 FIDIC《施工合同条件》中，雇主与承包人之间风险与责任的划分总体原则是一个有经验的承包人在投标时能否合理预见此风险，若不能合理预见，在基准日期之后发生了应由雇主来承担，否则应由承包人承担。按此原则，雇主承担的风险如下。

① 合同中直接规定的风险。

合同通用条件第 18.1 款【例外事件】（Exceptional Events）规定雇主承担的风险如下。

A．战争、敌对行动（不论宣战与否）、入侵、外敌行动。

B．叛乱、恐怖主义、革命、暴动、军事政变或篡夺政权、内战。

C．承包人人员及承包人和分包人的其他雇员以外的人员造成的骚动、喧闹或混乱。

D．非仅涉及承包人人员和承包人及其分包人其他雇员的罢工或停工。

E．战争军火、爆炸物资、电离辐射或放射性物质引起的污染，但可能由承包人使用此类军火、炸药、辐射或放射性物质引起的除外。

F．自然灾害，如地震、海啸、火山活动、飓风或台风。

前 5 种情况属于"人祸"，第 6 种情况属于"天灾"。对于第 1 种情况，承包人可以获得工期和费用索赔；第 2～5 种情况可以获得费用索赔；而第 6 种情况只能获得工期索赔。

② 不可预见的物质条件（Unforeseeable Physical Conditions）。

A．不可预见的物质条件的范围，包括承包人施工过程中遇到不利于施工的外界自然条件、人为干扰、招标文件和图纸均未说明的外界障碍物和污染物的影响，招标文件未提供或与提供资料不一致的地表以下的地质和水文条件，但不包括气候条件。

B．承包人及时发出通知。遇到上述情况后，承包人递交给工程师的通知中应具体描述该外界条件，并说明为什么承包人认为是不可预见的原因。发生这类情况后，承包人应继续实施工程，采用在此外界条件下合适的以及合理的措施，并且应遵守工程师给予的任何指示。

C．工程师调查。工程师在收到通知后 7 天内要进行调查，否则，认为同意承包人的要求。

D．工程师的指令。承包人应当执行工程师就不可预见的物质条件发出的任何指示。

E．延期及（或）费用补偿协议。如果承包商受到不可预见的物质条件的影响，影响了工期和（或）增加费用，承包人可以得到补偿。

③ 其他风险。

A．外币支付部分由于汇率变化的影响。当合同内约定给承包人的全部或部分付款为某种外币，或约定整个合同内始终以基准日承包人报价所依据的投标汇率为不变汇率按约定百分比支付某种外币时，汇率的实际变化对支付外币的计算不产生影响。若合同内规定按支付日当天中央银行公布的汇率为标准，则支付时需随汇率的市场浮动进行换算。由于合同期内汇率的浮动变化是双方签约时无法预计的情况，不论采用何种方式，雇主均应承担汇率实际变化对工程总造价影响的风险，可能对其有利，也可能不利。

B．法律、法令、政策变化对工程成本的影响。如果基准日后由于法律、法令和政策变化引起承包人实际投入成本的增加，应由雇主给予补偿。若导致施工成本的减少，也由雇主获得其中的好处，如施工期内国家或地方对税收的调整等。

（2）提供施工现场。

雇主应按照约定的时间向承包人提供现场，若没有约定则雇主应依据承包人提交的进度计划，按照施工的要求来提供。

雇主不能按时提供现场，给承包人造成损失的，承包人可以向雇主提出索赔。

（3）提供协助配合的义务。

在国际工程承包中，承包人的许多工作可能涉及工程所在国的机构批复文件，由于雇主对当地的相关机构比较熟悉，FIDIC《施工合同条件》中规定雇主应配合承包人办理此类事项。

主要表现如下。

① 雇主承诺配备相关人员配合承包人的工作，及时与各方沟通，并遵守现场有关安全和环保规定。

② 帮助承包人获得工程所在国（一般是雇主国）的有关法律文本。

③ 协助承包人办理相关证照，如劳动许可证、物资进出口许可证、营业执照及安全、环保方面的证照等。

（4）提交资金安排计划。

FIDIC《施工合同条件》中规定，如承包人提供了进度及资金需求计划并要求雇主提交其资金安排计划，则雇主应在28天内向承包人提供合理证据，证明其资金到位并有能力向承包人支付。若其资金安排有重大变化，则应通知承包人。这种做法在国内值得借鉴。

（5）提供现场数据及标高。

雇主应在基准日前，将其取得的现场地下、水文条件、气候及环境方面的所有有关数据提交给承包人。同样，雇主在基准日期后得到的所有此类资料，也应该及时提交给承包人。

现场的原始测量基准点、基准线和基准标高在图纸或说明书中应说明清楚，或者工程师以通知的方式向承包人交代清楚。

（6）终止合同的权利。

承包人有下列情况时，雇主可以终止合同。

A．不按规定提交履约保证或接到工程师的改正通知后仍不改正。

B．放弃工程或公然表示不再继续履行其合同义务。

C．没有正当理由拖延开工，或者在收到工程师关于质量问题方面的通知后，没有在28天内整改。

D．没有征得同意，擅自将整个工程分包出去，或将整个合同转让出去。

E．承包人已经破产、清算，或承包人已经无法再控制其财产的类似问题等。

F．直接或间接向工程有关人员行贿，引诱其做出不轨行为或说出不实之词，包括承包人雇员的类似行为，但承包人支付其雇员的合法奖励则不在之列。

2．承包人

（1）遵纪守法（Compliance With Laws）。

合同条件中要求承包人在履行合同期间，应遵守适用的法律，特别是与本地工程建设相关的法律规章等。承包人应缴纳各项税费，按照法律关于工程设计、实施和竣工以及修复任何缺陷等要求，办理各种证照。

（2）承包人的一般义务（General Obligations）。

根据合同通用条件第4.1款规定，承包人基本义务如下。

① 承包人应根据合同和工程师的指令来施工和修复缺陷。

② 承包人应提供合同规定的永久性设备和承包人的文件，以及为完成合同下的义务所需的所有临时性或永久性的承包人人员、货物、消耗品及其他物品与服务。

③ 承包人应对现场所有的作业活动、施工方法及临时性工作的合理性、安全性和可靠性负责。

④ 承包人对其文件、临时工程以及永久设备和材料的设计负责，但不对永久工程的设计或规范负责，除非有明确规定。

⑤ 工程师随时可以要求承包人提供施工方法和安排等内容；如果承包人随后需要修改，应事先通知工程师。

本款还规定了另一种情况，即如果合同要求承包人负责设计某部分永久工程，承包人执行该设计的程序如下。

① 承包人应按合同规定的程序向工程师提交有关设计的承包人的文件。

② 这些文件应符合规范和图纸，并用合同规定的语言书写；这些文件还应包括工程师为了协调所需要的附加资料。

③ 承包人应为该部分工程负责，并且该部分工程完工后应符合合同中规定的工程的预期目标。

④ 在开始竣工检验之前，承包人应向工程师提交竣工文件以及操作和维护手册，以便雇主使用；在提交这些文件之前，该部分工程不能被认为完工。

（3）提交履约保证（Performance Security）。

承包人在收到中标函之后的28天之内向雇主提交履约保证，出具保证的机构应征得雇主的认可。该保证应在雇主批准的实体和国家（或其他管辖区）管辖范围内颁发。

履约保证的有效期一般到缺陷通知期结束，在雇主收到了工程师签发的履约证书之后的21天内将履约保证退还给承包人。

要求承包人提交履约保证的目的就是保证承包人按照合同履行其合同义务和职责。否则，雇主就可据此向承包人索赔，这种做法在国内也常常采用。

（4）健康与安全责任（Health and Safety Obligations）。

① 在开工日期后21天内和现场开始任何施工前，承包人应向雇主提交保障健康安全手册。手册编制应遵守相应的法律法规。

② 健康安全手册在承包人的健康安全管理者或工程师的合理要求下，应及时修订，修订后要迅速提交给工程师。

③ 承包人要遵守健康安全管理方面的法律法规、合同及健康安全管理人员的要求，保障所有进入现场或没到现场但从事与合同有关作业人员的安全与健康。

④ 承包人在现场要提供防护、照明、安全通道及看护，保障安全。

（5）环境保护（Protection of the Environment）。

承包人应负责施工过程中的环境保护工作。如应采取一切措施保护场内外的环境，控制施工中的噪声、污染和避免其他操作对公众和财产造成损害和妨害；应保证施工期间产生的气体排放、地面水及排污等不超过规范规定的数值，也不超过适用法律规定的数值。

（6）现场安保（Security of the Site）。

承包人应负责现场的安全保卫工作，防止无权进入现场的人员进入现场，授权进入现场的人员仅限于承包人人员、雇主人员，以及雇主或工程师通知承包人作为雇主在现场的其他承包人的授权人员。

（7）工程分包（Subcontracting）。

FIDIC《施工合同条件》允许承包人进行合法的分包，作为一般的工程分包及分包人的选择，与国内相类似。其主要规定如下。

① 承包人分包出去的工程比例不能超过合同专用条件 A 部分—合同数据中规定的百分比，同时合同专用条件 A 部分—合同数据中规定的不允许分包的工程不能够分包。

② 承包人应对分包人的一切行为和过失负责。

③ 除非合同中有明确约定分包的内容，否则分包应经工程师的同意，并且应至少提前28 天通知工程师分包人计划开始分包工作的日期以及开始现场工作的日期；若工程师接到申请通知后超过 14 天未处理，视为同意。

但是，承包人在选择材料供应商或向合同中已指明的分包人进行分包时无须取得同意。

④ 从合同关系的角度来看，由于分包人与雇主没有直接的合同关系，因而分包人不能直接接受雇主的工程师或代表下达的指令。

⑤ 总承包人应对现场的协调管理负责。

（8）古迹和地质发现（Archaeological and Geological Findings）。

在施工中发现的所有化石、硬币、有价值的物品或文物、建筑结构以及其他具有地质或考古意义的遗迹或物品时，承包人应采取以下措施防止这些发现物被破坏。

① 承包人应采取合理措施，防止承包人人员或其他人员移动或损坏此类物品。

② 承包人应立即通知工程师，并且采取合理的措施保护文物。

③ 若因施工中遇到文物、埋藏物使承包人遭受了工期延期和额外的费用，承包人可以向雇主提出索赔。

（9）终止合同的权利。

① 可以终止合同的情况。

A．因雇主不提供资金证明，承包人发出暂停工作的通知后 42 天内，仍没有收到任何合理证据。

B．工程师在收到报表和证明文件后 56 天内没有签发有关支付证书。

C．承包人在期中支付款到期后的 42 天内仍没有收到该笔款项。

D. 雇主严重不履行其合同义务。

E. 雇主不按合同规定签署合同协议书，或违反合同转让的规定。

F. 如果工程师暂停工作的时间超过84天，而在承包人的要求下的28天内又没有同意复工，如果暂停的工作影响到整个工程时，承包人有权终止合同。

G. 雇主已经破产、被清算，或已经无法再控制其财产等。

② 终止合同的程序。

承包人发出可以终止合同通知14天内，雇主未处理的，承包人可以发出第二个通知并立即终止合同。

③ 责任承担。

很显然，承包人终止合同的责任在雇主，因而雇主应承担一切责任，如支付违约金，支付赔偿金等，承包人在合同中应有的权利不受影响。当然承包人此时也应尽一定的义务，如果停止进一步的工作应保护生命财产和工程的安全，凡是得到了支付的承包人的文件，永久设备、材料，都应移交给雇主。

（10）索赔的权利。

若雇主不当履行合同或出现应由雇主承担责任的事件给承包人造成损失，承包人可向雇主索赔。

3. 工程师

（1）一般规定。

工程师由雇主任命并完成合同中指派的任务，并赋予工程师相应的权利履行合同任务。工程师应当具备相应资格、丰富的经验和能力履行合同赋予的任务，并能够熟练掌握合同规定使用的语言。

（2）工程师的职责和权利（Engineer's Duties and Authority）。

① 工程师无权更改合同，无权解除雇主和承包人的任务和责任。

② 工程师应履行合同中规定的职责，并可以行使合同明文规定和必然隐含的赋予他的权利；如果要求工程师在行使规定的权利之前须取得雇主的同意，这些要求应在专用条件中写明。

③ 在工程承包合同签订之后，没有承包人的同意，雇主不得进一步限制工程师的权利。

④ 每当工程师行使需要由雇主批准的规定权利时，则视为雇主已批准。

⑤ 由工程师、工程师代表或其助手所做出的任何接受、批准、同意、检查、检验、指示、通知、要求、实验、评估等，不应解除承包人在合同条件下的任何职责和义务。

（3）工程师代表（The Engineer's Representative）。

① 工程师可以委派工程师代表，授权代表在现场行使工程师在合同中的权利。

② 工程师代表同样应当具备相应资格、丰富的经验和能力履行合同赋予的任务，并能够熟练掌握合同规定使用的语言，在整个工程实施期间，工程师代表都应该在现场。

③ 若工程师代表临时不在现场，工程师应重新指派有相应经验的人到现场，并要通知承包人。

（4）工程师的委托（Delegation by the Engineer）。

在合同履行中，工程师可以向其助手委托行使其部分职权，合同条件中对其委托作了相关规定，主要内容如下。

① 工程师可以随时将其有关权利和职责委托给助手，也可以撤回，这种委托或撤回应以书面形式提交，并在雇主和承包人均收到书面通知后生效。但是，工程师不应将合同通用条件第3.7款【同意或决定】规定的任何实行的权利及第15.1款【通知改正】规定的通知改正的相关事项与权利委托给他人。

② 助手应当是具有相应资格的人员，能够履行委托的义务，同时能流利使用合同中规定的语言。

③ 工程师通过了有效的委托后，其委托的助手发布的各种指令的效力与工程师下达的完全一样。

④ 承包人对其委托的助理人员的决定或指令有异议的，可以向工程师提出，工程师应在7天内予以确认、撤回或修改。

（5）工程师的指示（Engineer's Instructions）。

① 合同条件中规定，为了实施工程所需，工程师可以根据合同随时向承包人签发指示，承包人只能够从工程师、工程师代表或工程师委托的助手接受这些指示。

② 对于这些指示，承包人应遵照执行，若工程师的指示构成了变更，影响了工期和费用，则可按合同通用条件第13.3.1项【指示变更】的规定来处理，给予承包人工期、费用的补偿。

若指示被认为未构成变更，但承包人认为构成变更或认为这些指示没有遵守相关法律、降低工程安全保障或技术上不可能，则应当立即向工程师发出通知，说明原因，若工程师7天内不作答复，则认为这些指示已被取消。

（6）工程师的替换（Replacement of the Engineer）。

在合同管理中，若雇主不满意工程师的工作，他可以更换工程师，但应至少提前42天将拟替代人的名字、地址及其相关经验通知承包人。承包人在接到通知后的14天内没有提出异议，表明已接受工程师的替换。雇主不能用承包人有明确理由反对的人替换工程师。

因工程师生病、死亡、残疾或辞职等原因不能履行合同职责时，雇主应当立即委派工程师的替代者并通知承包人，告知承包人原因及替代者的姓名、住址及相关经验，在承包人接受前，这名替代者仍是临时替代者。

（7）协商与决定（Agreement or Determination）。

在合同管理中，工程师在很多情况下可以对双方的行为作出自己的决定，这是工程师的一项权利，但是合同条件中对工程师在作决定时作了相关规定，其主要内容有：工程师在履行职责时保持中立，不能够只为雇主服务。

工程师在处理索赔等有关双方利益的决定时，应遵循基本程序：首先，与双方沟通力争达成一致，若双方不能达成一致，工程师可以根据合同结合实际情况，公正合理地作出自己的决定并通知双方；若双方仍有异议，则可自行协商或选择争端裁决委员会（Dispute Avoidance /Adjudication Board，DAAB）或仲裁来解决。从这里可知，工程师所作的决定不一定是最终的决定。

5.2.5 合同中质量管理条款及内容

1. 施工阶段的质量管理

（1）承包人的质量管理体系。

合同通用条件规定，承包人应按照合同的要求建立一套质量管理体系，以保证施工符合合同要求。在开工前 42 天，承包人应将所有工作程序的细节和执行文件提交工程师。若质量管理体系有变化或修订，承包人应及时向工程师提交一份。

承包人建立合规性验证体系（Compliance Verification System，CVS），以验证材料、设备、设计（如果有）、工作或工艺等满足合同要求，同时包括承包人实施的全部检验和试验结果的报告方式。如果任何检验或试验被证明不符合合同，则按照合同通用条件第 7.5 款【缺陷和拒收】修复或被拒收。

由于保证工程的质量是承包人的基本义务，当其遵守工程师认可的质量体系施工时，并不能解除依据合同应承担的任何职责、义务。

（2）施工放线（Setting Out）。

承包人应按照合同通用条件第 2.5 款规定提供的原始数据进行放线，在实施放线时应对雇主方提供的原始数据准确性进行核实，及时向工程师报告核实情况，及时修订原始数据存在的错误并对工程位置正确性负责。

如果承包人发现有错误的数据信息，应及时通知工程师，作为一个有经验的承包人无法合理发现的，并且无法避免有关延误和费用发生，则承包人有权向雇主索赔工期、费用和利润。

（3）设备、材料、工艺质量控制（Plant Materials and Workmanship）。

① 一般要求。

对于设备、材料、工艺质量控制，合同通用条件中对承包人提出了几条原则性的要求。

A. 若合同中有具体要求，承包人应按此具体方式来实施，这里主要体现在规范的规定中，承包人按照规范中的标准执行即可。

B. 若没有明确的要求，则应按照公认的良好惯例，以恰当的施工工艺和谨慎的态度去实施，同时应使用恰当配备的设施和无害材料来实施。

C. 对于材料质量的控制，承包人在材料用于工程之前，应向工程师提交有关材料的样品和资料，取得工程师的同意，这些样品包括承包人自费提供的厂家标准样品及合同中约定的其他样品。

② 雇主检查（Inspection）。

合同通用条件规定雇主可以对质量进行检查，其主要规定如下。

A. 雇主人员（包括工程师）有权在一切合理的时间内进入现场以及项目设备和材料的制造基地，检查测量永久性设备和材料的用材及制造工艺和进度。承包人应予以配合协助，这是规定了雇主人员有权进入现场进行跟踪检查的权利。

B. 雇主人员（包括工程师）有权在生产、加工和施工期间，检查、检验、测量和试验所用材料和工艺，检查生产设备的制造和材料的生产加工进度。

C. 承包人应为雇主人员（包括工程师）进行这些活动提供一切机会，包括提供进入条件、设施、许可和安全装备。

D．每当任何工作已经做好，在覆盖、隐蔽、包装以便存储或运输前，承包人应当通知雇主（包括工程师），这时雇主（包括工程师）应当及时进行检查、检验或试验，不得无故拖延，或者立即通知承包人无须进行这些工作；当雇主（包括工程师）不能按时参加承包人通知的验收时，应当发出通知，否则，承包人可以自行覆盖、隐蔽或包装以方便存储或运输。

E．如果承包人没有按照合同发出此类检查通知，当雇主（包括工程师）提出要求时，承包人应当除去物件上的覆盖，并在之后恢复完好，这些风险及所需要的费用都由承包人承担。

③ 承包人的试验（Testing by the Contractor）。

A．为了有效进行规定的试验，承包人应该提供所需的所有仪器、帮助、文件和其他资料、电力、装备、燃料、消耗品、工具、劳力、材料，以及具有相应资质和经验的工作人员。承包人应通知工程师开展设备、材料及工程试验的时间和地点，同时要考虑试验的位置以便雇主人员方便到达。

B．根据合同通用条件第 13 条【变更和调整】的规定，工程师可以改变进行规定试验的位置或细节，或指示承包人进行附加试验。如果这些改变或附加试验表明经过试验的生产设备、材料或工艺不符合合同要求，承包人都应该承担进行本项变更所发生的费用和延误。

C．工程师至少提前 72 小时将参加试验的意图通知承包人。如果工程师没有在商定的时间和地点参加试验，除非工程师另有指示，承包人可以自行进行试验，这些试验都被视为是工程师在场情况下进行的。

D．如果承包人遵从这些指示或因雇主应负责的延误结果，使承包人遭受延误和（或）费用的增加，承包人可以按照合同通用条件第20.2款提出包括费用和利润在内的索赔与支付请求；反之亦然。

E．承包人应当立即向工程师提交充分证实的试验报告。当规定的试验通过时，工程师应当签署承包人的试验证书，或向承包人颁发等效的证书。如果工程师未参加试验，视为工程师认可试验的准确性。

④ 承包人施工设备的管理（Contractor's Equipment）。

承包人自有的施工机械、设备、临时工程和材料，一经运抵施工现场后就被视为专门为本合同工程施工之用。除运送承包人人员物资的运输车辆以外，其他施工机械和设备虽然由承包人拥有所有权和使用权，但未经过工程师的批准，不能将其中的任何一部分运出施工现场。作出上述规定的目的是保证本工程的施工，但并非绝对不允许承包人在施工期内将自有设备运出工地，某些使用台班数较少的施工机械在现场闲置期间，如果承包人的其他合同工程需要使用时，可以向工程师申请暂时运出。当工程师依据施工计划考虑该部分机械暂时不用而同意他运出时，应同时指示必须何时运回以保证本工程的施工之用，要求承包人遵照执行。对于后期施工不再使用的设备，竣工前经过工程师批准后，承包人可以提前撤出工地。

2．工程变更管理

（1）工程变更的范围。

由于工程变更属于合同履行过程中的正常管理工作，工程师可以根据施工进展的实际情况，在认为必要时就以下几个方面发布变更指令。

① 对合同中任何工作量的改变。

② 任何工作质量或其他特性的变更。

③ 工程任何部分标高、位置和尺寸的改变，第②和③属于重大的设计变更。

④ 删减任何合同约定的工作内容，省略的工作应是不再需要的工程，不允许用变更指令的方式将承包范围内的工作变更给其他承包人实施。

⑤ 进行永久工程所必需的任何附加工作、永久设备、材料供应或其他服务，包括任何联合竣工检验、钻孔和其他检验以及勘察工作。

⑥ 改变原计划的施工顺序或时间安排。

（2）变更程序。

① 指示变更。工程师在雇主授权范围内根据施工现场的实际情况，在确属需要时有权发布变更指示。指示的内容应包括详细的变更内容、变更项目的施工技术要求和相关部门文件图纸，以及变更处理的原则。

② 要求承包人递交建议书后再确定的变更。其程序如下。

A. 工程师将计划变更事项通知承包人，并要求他递交实施变更的建议书。

B. 承包人应尽快予以答复。

C. 工程师作出是否变更的决定，尽快通知承包人说明批准与否或提出意见。

D. 承包人在等待答复期间，不应延误任何工作。

E. 工程师发出每一项实施变更的指示，应要求承包人记录支出费用。

F. 承包人提出的变更建议书，只是作为工程师决定是否实施变更的参考。除了工程师作出指示或批准以总价方式支付的情况外，每一项变更应依据计量工程量进行估价和支付。

（3）变更估价。

① 变更估价的原则。

计算变更工程应采用的费率或价格，可分为3种情况。

A. 变更工作在工程量表中有同种工作内容的单价，就应以该费率计算变更工程费用。实施变更工作未导致工程施工组织和施工方法发生实质性变动，不应调整该项目的单价。

B. 工程量表中虽然单列有同类工作的单价或价格，但对具体变更工作而言已不适用，则应在原单价和价格的基础上制定合理的新单价或价格。

C. 变更工作的内容在工程量表中没有同类工作的费率和价格，应按照与合同单价水平一致的原则，确定新的费率或价格。

② 删减原定工作后对承包人的补偿。

工程师发布删减工作的变更指示后，承包人不再实施部分工作，合同价格中包括的直接费用部分没有受到损害，但摊销在该部分的间接费、税金和利润不能合理回收。因此承包人可以就其损失向工程师发出通知并提供具体的证明资料，工程师与合同双方协商后确定一笔补偿金额加入合同价内。

3. 竣工验收阶段质量管理

（1）竣工试验（Tests Completion）。

① 承包人完成工程准备相应的竣工验收资料后，将准备进行竣工验收的日期提前42天通知工程师，说明此日后已准备进行竣工检验。

② 工程师收到通知后，核实验收计划，可能给出一些不符合合同要求的事项并通知承

包人，承包人在 14 天内完成修订；如果工程师在收到竣工验收计划后 14 天内未提出意见，视为工程师发出了无反对意见通知。

③ 验收计划中给出的任何一个时间安排，承包人应至少提前 21 天通知工程师；发出通知后，承包人应做好竣工试验准备。在此日期后的 14 天内或工程师指示的时间内开展竣工试验。工程师在收到竣工试验结果后 14 天内没提任何意见通知，视为工程师发出了无异议通知。

（2）延误检验。

① 如果承包人按照合同规定发出竣工试验的通知，由于雇主的原因延误竣工试验，那么承包人可以按照合同通用条件第 10.3 款【对竣工试验的干扰】向雇主提出工期和费用索赔。

② 如果由于承包人的原因导致无故延误检验，工程师可以要求承包人在工程师发出通知后的 21 天内进行竣工试验。承包人能够确定在上述规定 21 天内的某日或某几日内进行竣工试验，则应将修改日期提前 7 天通知工程师。

③ 若承包人不能够在 21 天进行竣工试验，那么在工程师发出第二个通知后，雇主人员可以自行开展竣工试验，承包人人员到场参加，竣工试验完成后的 28 天内，工程师将实验结果发一份给承包人，由此增加的费用和相关风险由承包人承担。

（3）未能通过检验的处理。

① 重新检验（Retesting）。若某个区段或部位未通过竣工试验，承包人可以对缺陷进行修复和改正，在相同的检验条件下，进行重新检验。

② 重复检验未能通过的处理。

当整个工程或某区段未能通过按重新检验条款规定所进行的重复竣工检验时，工程师应有权选择以下任何一种处理方法。

A．指示再进行一次重复的竣工检验。

B．如果由于该工程缺陷致使雇主基本上无法享用该工程或区段所带来的全部利益，拒收整个工程或区段（视情况而定），在此情况下，雇主有权获得承包人的赔偿。包括：

a．雇主为整个工程或该部分工程（视情况而定）所支付的全部费用以及融资费用；

b．拆除工程、清理现场和将永久设备和材料退还给承包人所支付的费用。

C．颁发一份接收证书（如果雇主同意的话），折价接收该部分工程。合同价格应按照可以适当弥补由于此类失误而给雇主造成减少的价值数额予以扣减。

（4）雇主的接收（Employer's Taking Over）。

① 工程和分项工程的接收（Taking Over of the Works and Sections）。

合同条件中规定，除了按照合同通用条件第 9.4 款、10.2 款和 10.3 款规定的情况不能够接收之外，当工程按照合同规定已完成并通过竣工验收或工程师按照合同通用条件第 4.4.2 项、第 4.4.3 项已签发无意见通知或承包人已按照合同通用条件第 4.5 款开展相关培训工作的情况下应当接收工程。

承包人可在他认为工程将竣工并做好接收准备的日期前不少于 14 天，向工程师发出申请接收证书（Taking Over Certificate）的通知。如果工程分成若干部分接收，承包人可以为每个部分申请接收证书。

工程师应该在收到承包人申请后 28 天内，向承包人颁发接收证书并注明工程或分项工程按照合同要求竣工的日期，或拒接承包人的申请并说明理由，指出在能够颁发接收证书前承包人需要做的工作、修复缺陷等。

如果工程师在28天内没有颁发接收证书又未拒接承包人的申请，而工程或分项工程实质上符合合同规定，那么接收证书视为在上述规定期限的最后一天颁发。

② 部分工程的接收（Taking Over Parts）。

在雇主完全自主决定的情况下，工程师可以颁发永久工程任何部分的接收证书。在工程师颁发任何部分工程的接收证书前，雇主不能使用该部分工程（合同约定或双方同意作为临时工程的除外）。若雇主使用了该部分工程，则该部分工程视为从使用日起已被接收，承包人的照管责任就此结束（转移给雇主）；同时承包人提出颁发接收证书要求时，工程师应就该部分工程颁发接收证书。

工程师颁发部分工程接收证书后，应使承包人能尽早采取可能必要的步骤，进行包括竣工试验在内的工作，进行接收证书中列出的修复缺陷工作。承包人应在缺陷通知期（DNP）期满前完成这些工作。

如果由于雇主接收和（或）使用部分工程导致承包人费用增加的，承包人可以按照合同通用条件第20.2款规定申请支付费用和利润。

4. 缺陷通知期阶段质量管理

（1）承包人的一般责任。

在缺陷通知期内，承包人的一般责任包括完成扫尾工作和缺陷修复工作，具体包括以下工作。

① 在工程师指示的合理时间内，完成接收证书中注明日期时尚未完成的任何工作。

② 修复雇主方（或其代表）在缺陷通知期内通知的缺陷所需要完成的所有工作。

③ 如果缺陷通知期内出现缺陷或发生损害，雇主（或其代表）应通知承包人。同时，承包人与雇主人员应联合对缺陷或损害进行调查，承包人提交一份修复工作建议并按照合同第7.5款规定开展修复工作。

（2）未能修复缺陷（Failure to Remedy Defects）。

如果承包人未能在合理时间内修复任何缺陷或损害，雇主（或其代表）可以确定一个日期并及时通知承包人，要求承包人到货不迟于该日期修复好缺陷和损失。

如果承包人到该日期仍未修复好缺陷和损失，且此项修复工作根据合同通用条件第11.2款的规定应由承包人承担实施的费用的，那么雇主可以自主采取以下几种处理方式中的一种。

① 以合理的方式由自己或他人进行此项工作，费用由承包人承担。

② 接收有缺陷的工程，并相应合理地降低合同价格。

③ 要求工程师按照合同通用条件第13.3.1项规定处理不能够满足合同要求的工作。

④ 如果缺陷或损害实际上使雇主丧失了工程或任何主要部分工程的整个利益时，可以终止合同。同时，雇主有权按照合同通用条件第20.2款规定，从承包人那里收回工程或该部分工程的全部支出总额，加上融资费和拆除工程、清理现场，以及将生产设备和材料退还给承包人所支出的费用。

（3）缺陷修复后的进一步试验（Further Tests After Remedying Defects）。

缺陷和损失修复完成后的7天内，承包人向工程师发出缺陷工程、分部工程、部分工程和（或）设备的修复情况，以及进一步试验的计划建议的通知，工程师收到通知后 7 天内应当通知承包人，要么同意试验建议，要么给出对缺陷工程、分部工程、部分工程和（或）设备开展进一步试验计划必须满足合同要求的具体指示。

如果承包人未在 7 天内发出进一步试验通知，工程师须在缺陷和损失修复完成后的 14 天内发出要求承包人对已修复的缺陷工程、分部工程、部分工程和（或）设备进一步试验的通知。

这些进一步的试验，除按照合同通用条件第 11.2 款的规定，由对修复费用负责的一方承担风险和费用外，都应按照先前试验的适用条款进行。

（4）履约证书（Performance Certificate）的颁发。

承包人完成了各项扫尾工作，工程师应在最后一个缺陷通知期满后的 28 天内，向承包人颁发履约证书，或者在承包人提供所有承包人文件，完成所有工程的施工和试验（包括修复任何缺陷）后立即颁发。同时，将副本提交给雇主和争端避免/裁决委员会（DAAB）。

履约证书的颁发，标志着承包人完成了合同中规定的施工任务，标志着承包人对工程质量责任的结束。同时，雇主应在证书颁发后的 21 天内退还承包人的履约保证。

（5）现场清理（Clearance of Site）。

承包人在收到履约证书后，应从现场撤走承包人剩余的设备、多余的材料、残余物、垃圾和临时工程等；保障之前在合同履行期间受到影响的场地恢复原状，也不占用永久工程；并按照合同规定撤离现场。

如果承包人在收到履约证书后 28 天内没有撤场，雇主可以出售或处理现场的任何剩余物品，恢复和清理现场，承包人将承担相关费用。

5.2.6 合同中进度管理条款及内容

1. 工程开工（Commencement of Works）

按照合同通用条件第 8.1 款的规定，工程开工日期应是承包人收到中标函后的 42 天内的某一日期，并且由工程师至少提前 7 天将此日期通知承包人，如果专用条件中双方另有约定，则按约定的时间开工，工程开工日期是计算施工期限的起点。

对于承包人，收到开工通知后应积极准备并尽可能快地组织开工。若由于雇主的原因，不能签发开工通知，导致承包人无法合理地安排开工，最终导致人工窝工、机械闲置，则承包人可以向雇主索赔费用及工期的补偿。

2. 承包人提交施工进度计划

（1）承包人提交施工进度计划。

承包人收到工程师开工通知后的 28 天内提交施工进度计划，施工进度计划要用规定的进度软件编制（如果合同中没有规定具体软件，那么工程师要认可承包人使用的软件）。当原定的施工进度计划与实际进度或承包人的义务不符，承包人应提交一份修订的反映实际工程进度的计划。

（2）施工进度计划的内容。

按照合同通用条件第 8.3 款的规定，施工进度计划应包括以下 11 个方面的内容。

① 工程和各个区段（如果有）的开工日期及竣工时间。

② 承包人根据合同数据载明的时间获得现场的日期，或在合同数据中未明确的情况下，承包人要求雇主提供现场的日期。

③ 承包人实施工程的步骤与顺序以及各阶段工作持续的时间，这些工作包括设计、承包人文件的编制与提交、采购、制造、检查、运抵现场、施工、安装、指定分包人的工作、试验、启动试验和试运行。

④ 雇主要求或合同条件中载明的承包人提交文件的审核期限。

⑤ 检查和试验的顺序与时间。

⑥ 对于修订版施工进度计划，应包括修复工程（如果需要）的顺序和时间。

⑦ 所有活动的逻辑关联关系及其最早和最晚开始日期以及结束日期、时差和关键路线，所有这些活动的详细程度应满足雇主要求中的规定。

⑧ 当地法定休息日和节假日。

⑨ 生产设备和材料的所有关键交付日期。

⑩ 对于修订版施工进度计划和每项活动，应包括实际进度情况、延误程度和延误对其他活动的影响。

⑪ 施工进度计划的支撑报告应包含涉及所有主要阶段的工程实施情况描述，对承包人采用的工程实施方法的概述，详细展示承包人对于工程实施的各个阶段现场要求投入的各类人员和施工设备的估计，如果是修订版施工进度计划，则需标识出与前版施工进度计划的不同，以及承包人为克服进度延误的建议等。

（3）施工进度计划的确认。

工程师在收到承包人提交初始进度报告的21天内或收到修改进度报告后的14天内，应回复说明施工进度计划中哪些内容不符合合同约定，或与承包人的义务不一致，否则视为工程师接受该施工进度计划。

3. 工程师对施工进度的监督

（1）进度监督的方式——月进度报告。

为了便于工程师对合同的履行进行有效的监督和管理，协调各合同之间的配合，承包人应每个月向工程师提交进度报告，说明前一阶段的进度情况和施工中存在的总问题，以及下一阶段的实施计划和准备采取的相应措施。第一次报告所包含的期间，应自开工日期起至当月的月底截止。以后应每月报告一次，在每次报告期最后一天后7日内提出。

月进度报告的内容如下。

① 设计（如有时）、承包人的文件、采购、制造、货物运达现场、施工、安装和调试的每一阶段，以及指定分包人实施工程的这些阶段进展情况的图表与详细说明。

② 表明制造（如有时）和现场进展状况的照片。

③ 与每项主要永久设备和材料制造有关的制造商名称、制造地点、进度百分比，以及开始制造、承包人的试验、发货和运抵现场的实际或预期日期。

④ 说明承包人在现场的施工人员和各类施工设备数量。

⑤ 材料的质量保证文件、试验结果及合格证的副本。

⑥ 按照合同通用条件第20.2.1项发出的有关变更等索赔清单。

⑦ 健康安全统计，包括涉及环境和公共关系方面的任何危险事件与活动的详情。

⑧ 实际进度与计划进度的对比，包括可能影响按照合同完工的任何事件和情况的详情，以及为消除延误而正在（或准备）采取的措施等。

（2）施工进度计划的修订。

当工程师发现实际进度与计划进度严重偏离时，不论实际进度是超前还是滞后于计划进度，为了使施工进度计划有实际指导意义，随时有权指示承包人编制改进的施工进度计划，并再次提交工程师认可后执行，新的施工进度计划将代替原来的计划。

4. 暂停施工

（1）雇主的暂停施工（Employer's Suspension）。

① 暂停施工程序。工程师可以随时指示承包人暂停施工，并将暂停施工的原因及处理的要求通知承包人，承包人暂停并维护好工程。

② 相关规定。若由于工程师提出的暂停施工的原因属于雇主或非承包人的原因，给承包人造成了工期和费用损失的，则雇主应给予补偿。相反，若暂停施工是由承包人的原因造成，则承包人得不到相应的补偿。

③ 超过 84 天的暂停施工。

当工程师指示暂停施工超过 84 天以上时，承包人可以要求工程师允许复工，在承包人提出复工要求后的 28 天内没有许可复工，则承包人可以同意继续暂停施工，并延长工期，支付在此期间增加的费用（包括利润）；也可以视为暂停的工作被删减了，可以不施工。若此时暂停涉及整个工程的暂停，则承包人可以向雇主发出终止合同的通知。这些规定在某种程度上是对承包人的一种保护。

（2）承包人提出的暂停施工（Suspension by Contractor）。

① 可以暂停施工的情况及程序。

合同通用条件规定，在合同履行中出现下列情况时，承包人可以放慢施工速度或暂停施工。

A．工程师没有按照规定的时间签发中期支付证书。

B．雇主没有按照规定时间提供资金证明或没有按时支付工程款。

C．雇主未能按照合同通用条件第 3.7 款的规定作出决定，未能按照合同通用条件第 21.4 款的规定遵守 DAAB 作出的决定等。

出现了这些情况后，承包人欲暂停施工应提前 21 天通知雇主。

② 相关规定。

A．在合同履行中即使承包人暂停施工了，仍有权获得延期付款享有的融资费以及终止合同的相关权利。

B．若承包人在发出终止合同之前，收到了相关的各类证书、证明或付款，则应尽快复工。

C．承包人的暂停施工造成了其费用、工期的损失，则可以向雇主索赔。

5. 工期顺延（Extension of Time，EOT）

合同通用条件明确规定，在合同履行中出现下列情况时，工期可以顺延。

① 延误发放图纸。

② 延误移交施工现场。

③ 承包人依据工程师提供的错误数据导致放线错误。

④ 不可预见的外界条件。

⑤ 施工中遇到文物和古迹对施工进度的干扰。

⑥ 非承包人原因检验导致施工的延误。

⑦ 发生变更或合同中实际工程量与计划工程量出现实质性变化。

⑧ 施工中遇到有经验的承包人不能合理预见的异常不利气候条件影响。

⑨ 由于传染病或政府行为导致工期的延误。

⑩ 施工中受到雇主或其他承包人的干扰。

⑪ 施工涉及有关公共部门原因引起的延误。

⑫ 雇主提前占用工程导致对后续施工的延误。

⑬ 非承包人原因使竣工检验不能按计划正常进行。

⑭ 后续法规调整引起的延误。

⑮ 发生例外事件的影响。

6. 竣工日期

项目通过了竣工验收后，工程师颁发工程接收证书，工程师在接收证书中注明项目的竣工日期。一般来说，项目竣工的条件包括完成了合同约定的工作内容，并符合合同对工程质量的要求，承包人向工程师申请验收，而且验收通过即可认为项目全部或部分竣工。竣工日期一般为承包人申请验收的日期，有时工程师可以根据实际情况在接收证书中指明竣工日期。开工日期与竣工日期之间的时间为施工工期，可以用施工工期与竣工时间作对比判定承包人是否延误工期。若施工工期长于竣工时间，则说明延误工期；施工工期短于竣工时间，则说明提前竣工；施工工期等于竣工时间，说明按时完工。竣工日期之后，项目就进入缺陷通知期。

7. 缺陷通知期的延长（Extension of Defects Notification Period）

项目竣工日期之后，项目就进入缺陷通知期，双方可以根据上述情况来约定缺陷通知期的长短，如半年、1年等。若因承包人的原因在缺陷通知期内出了问题，导致工程或区段无法按预期目的使用，雇主有权延长缺陷通知期，但是缺陷通知期的延长不得超过两年。

若由于雇主负责的原因导致暂停了材料和永久设备的交付或安装，在此类材料、设备原定的缺陷通知期届满2年后，承包人不再承担任何修复缺陷的义务。

5.2.7 合同中支付管理条款及内容

FIDIC《施工合同条件》中，支付一般有以下三个阶段。

1. 期中支付（Interim Payment）

（1）预付款（Advance Payment）。

在国际工程承包中，一般在项目施工的启动阶段，承包人需要投入大笔的资金，为了帮助承包人解决启动资金的困难，FIDIC《施工合同条件》中规定，雇主应向承包人支付一定数额预付款，此时的预付款，又可称为动员预付款。

①支付的额度和条件。

合同中可能约定雇主向承包人拨付一笔无息预付款，预付款的比例一般为中标合同金额的10%~20%。依据合同通用条件第14.2款【预付款】的规定，预付款的金额应在专用条件A部分——合同数据中约定。

承包人得到第一笔预付款的条件如下。

A．向工程师提出了预付款申请。

B．雇主收到了承包人提交的履约保证。

C．雇主收到了一份金额与货币类型相同的预付款保函，且开具的机构和有效期满足合同约定。

在工程师收到预付款报表、雇主收到履约保证及预付款保函后的14天内，工程师应颁发预付款支付证书，雇主应在收到预付款支付证书后，于合同约定的期限内将相应的预付款拨付给承包人。

②预付款的返还。

预付款的返还有多种方式，合同通用条件第14.2.3项【预付款的返还】提供了一种预付款的返还方式。

A．起扣点。自承包人获得工程进度款累计总额（不包括预付款的支付和保留金的扣减）达到合同总价（减去暂定金额）10%的下个月起扣。其计算式如下：

$$\frac{工程师签证累计支付款总额-预付款-已扣保留金}{接受的合同价-暂定金额}=10\%$$

B．每次支付时的扣减额度。本月支付证书中，承包人应获得的合同款额（不包括预付款及保留金的扣减）中扣除25%作为预付款的偿还，直至还清全部预付款。即：

每次扣还金额=（本次支付证书中承包人应获得的款额-本次应扣的保留金）×25%

如果在接收证书颁发前，或因任何情况合同终止时，预付款仍未全部返还，承包人应立即将预付款所有剩余部分返还给雇主。

（2）用于工程的材料设备预付款。

在FIDIC《施工合同条件》中，为了帮助承包人解决订购大宗材料和设备占用资金周转的困难，规定雇主在一定条件下应向承包人支付材料设备预付款。

①支付额度及条件。

合同通用条件中规定，一般材料设备预支额度为其费用的80%，承包人可以得到这笔预付款的条件如下。

A．此类材料设备属于投标附录中所列的起运后支付预付款的材料设备。

B．材料设备运抵现场并经验收合格。

C．材料设备的质量和储存条件符合技术条款的要求。

D．承包人按要求提交了订货单及收据价格证明文件。

满足以上条件后，承包人申请工程师签发付款文件并与进度款同期支付。

②材料设备预付款的返还。

合同通用条件规定，当已预付款项的材料设备用于永久工程，构成永久工程合同价格的一部分后，在计量工程量的承包人应得款内扣除预付的款项，扣除金额与预付金额的计算方法相同。专用条件内也可以约定其他扣除方式，如每次预付的材料设备款在付款后的约定月内（最长不超过 6 个月），每个月平均扣回等。

（3）暂定金额（Provisional Sums）。

暂定金额是雇主的一笔备用资金，一般包含在承包人的投标报价中，成为其整个合同价的一部分。暂定金额的使用由工程师来控制，一旦使用暂定金额，合同价格进行相应调整。付给承包人的总金额只应包含工程师已指示的与暂定金额有关的工作、供货或服务的应付款项。

暂定金额主要用于支付某些变更工作和指定分包人的工作。承包人能得到暂定金额的开支应满足两个条件：一是工程师下达指令，要求承包人实施该工作；二是实施的工作属于暂定金额的工作。

工程师有权要求承包人提交有关的报价单、收票、凭证、账目、收据等来证明承包人完成该项工作的实际费用。由此可见，暂定金额虽然包含在合同价中，但承包人不一定能得到。

（4）计日工费（Dayworks）。

在施工合同履行中，可能会出现一些额外的零星工作，此时工程师可以下达变更指令，要求承包人按计日工作方式来实施此类工作，其计价应按照包括在合同中的计日工作计划表进行估价，若完成此类工作涉及订购货物，承包人应向工程师提交报价单，在申请支付时还应提交各种货物的发票、凭证以及账单或收据，同时承包人应向工程师提交一式二份的精确报表，此表中应包括此工作中使用的各项资源详细资料：

① 承包人人员的姓名、职业和使用时间。

② 承包人设备和临时工程的标识、型号和使用时间。

③ 所用的生产设备和材料的数量和型号。

承包人的申请表经工程师同意后，承包人可以向工程师申请签发计工日的付款凭证，计日工费用一般从暂定金额中开支。

（5）支付款的调整。

① 因法律改变引起的调整（Adjustments for Changes in Laws）。

在基准日期之后，因工程所在国的法律发生变动（包括施行新的法律、废除或修改现有法律）或对此类法律的司法解释或政府官方解释发生变动，从而影响了承包人履行合同义务，导致工程施工费用的增加或减少，则应对合同价款进行调整。若立法改变导致费用增加了，则承包人可以通过索赔来要求增加费用；若工期增加了，则承包人可以通过索赔来要求增加费用和延长工期；若导致费用降低了，则雇主应签证说明费用降低，同样可以通过索赔来要求减少对承包人的支付。

② 因工程量变更引起的调整。

因工程量变更可以对合同规定的费率或单价进行调整，FIDIC《施工合同条件》第 12.3款规定调整的条件如下。

A. 该部分工程实际测量的工程量比工程量表或其他报表中规定的工程量的变动大于 10%。

B. 该部分工程的工程量的变动与相对应费率的乘积超过了中标金额的 0.01%。

C. 由于工程量的变更直接造成该部分工程每单位工程量费用的变动超过 1%。

D. 该部分工程不是合同中规定的"固定费率项目"或"固定费用项目"。

 应用案例 5-1

某土方施工项目采用 FIDIC《施工合同条件》，合同中约定土方开挖量 100 万立方米，单价 40 元/立方米，当工程量增加超过 10%时，单价调整为 35 元/立方米。工程实际完成 120 万立方米，计算工程结算款。

案例分析：

由于实际完成工程量为 120 万立方米，超过合同清单量的 10%，对超过部分用 35 元/立方米的单价，其他部分用原价，故工程结算款为

$$100×(1+10\%)×40+(120-110)×35=4750（万元）$$

③ 因成本变动引起的调整（Adjustments for Changes in Cost）。

因成本变动进行合同价格调整，需在合同中提前约定价格、指数表和调整方法，若未提前约定，将不做调整，视为合同价格中已包含该风险。因成本变动调整合同价格，无须依据索赔条款发起索赔。

（6）保留金（Retention Money）。

保留金是按合同约定从承包人应得的工程进度款中相应扣减的一笔金额保留在雇主手中，作为约束承包人严格履行合同义务的措施之一。当承包人有一般违约行为使雇主受到损失时，可从该项金额内直接扣除损害索赔费。例如，承包人未能在工程师规定的时间内修复缺陷工程部位，雇主雇用其他人完成后，这笔费用可从保留金内扣除。

① 保留金的约定。承包人在投标书附录中按招标文件提供的信息和要求确认了每次扣留保留金的百分比和保留金限额。保留金比例一般为每次月进度款支付的 5%～10%，累计扣留的最高限额为合同价的 2.5%～5%。

② 中期支付时扣除的保留金。从首次支付工程进度款开始，用该承包人完成合格工程应得款加上因后续法律政策变化的调整和市场价格浮动变化的调价款为基数，乘以合同约定保留金的百分比作为本次支付时应扣留的保留金。逐月累计扣到合同约定的保留金最高限额为止。

③ 保留金的返还。扣留承包人的保留金一般分两次返还。

A．颁发工程接收证书后的返还。

a．颁发了整个工程的接收证书时，将保留金的前一半支付给承包人。

b．如果颁发的接收证书只是限于一个区段或工程的一部分，则按照双方在合同专用条件 A 部分—合同数据中约定返还百分比返还该部分工程对应的前一半保留金。

B．缺陷通知期满颁发履约证书后将剩余保留金返还。

a．整个合同的缺陷通知期满，返还剩余的保留金。

b．如果颁发的履约证书只限于一个区段，则在这个区段的缺陷通知期满后，按照双方在合同专用条件 A 部分—合同数据中约定返还百分比返还该部分工程对应的另一半保留金。

 应用案例 5-2

某项目采用 FIDIC《施工合同条件》，总价 2000 万元，四个工程造价均为 500 万元，总保留金 100 万元，现有两个工程提前颁发了工程接收证书，假设部分颁发接收证书后返还对应保留金比例为 80%，计算此时应返还的保留金。

案例分析：

由于部分工程移交，此时应返还的保留金为

$$100 \times \frac{500 \times 2}{2000} \times 50\% \times 80\% = 20(万元)$$

（7）进度款的支付。

① 承包人提交付款报告。

依据合同通用条件第 14.3 款【期中支付证书的申请】，承包人应于合同约定的每一个支付周期的期末之后，向工程师提交期中报表，报表应采用工程师接受的格式。

付款报告内容包括提出本月已完成合格工程的应付款要求和对应扣款的确认，一般包括以下几个方面。

A. 承包人已完成的工程以及提供的文件的估价（包括变更工作，但不包括以下第 B 至 J 项），一般应列明前期累计金额、当期金额和截至当前的累计金额。

B. 因法律变化和成本（物价）变化而应进行的调整。

C. 根据约定的比例应扣减的保留金，直至保留金到达限额。

D. 应拨付和/或返还的预付款。

E. 拟用于工程的设备和材料款的支付和/或返还。

F. 根据合同应增加或扣减的其他金额，包括工程师依据合同通用条件第 3.7 款【商定或决定】商定或决定的金额。

G. 属于暂定金额而增加的金额。

H. 应返还的保留金。

I. 因承包人使用雇主提供的临时设施而扣减的金额。

J. 所有前期支付证书中被证明应扣减的金额。

② 工程师签证。

工程师接到报表后，对承包人完成的工程项目的质量、数量以及各项价款的计算进行核查。若有疑问时，可要求承包人共同复核工程量。在收到承包人的支付报表后 28 天内，按核查结果以及总价承包分解表中核实的实际完成情况签发支付证书。工程师可以不签发证书或扣减承包人报表中部分金额的情况包括以下几个方面。

A. 合同内约定有工程师签证的最小金额时，本月应签发的金额小于签证的最小金额，工程师不出具本月进度款的支付证书。本月应付款接转下月，超过最小签证金额后一并支付。

B. 承包人提供的货物或施工的工程不符合合同要求，可扣发修正或重置相应的费用，直到修正或重置工作完成后再支付。

C. 承包人未能按合同规定进行工作或履行义务，并且工程师已经通知了承包人，则可以扣留该工作或义务的价值，直至工作或义务履行为止。

工程进度款支付证书属于临时支付证书，工程师有权对以前签发过的证书中发现的错、漏或重复进行更正或修改，承包人也有权提出更改或修正，经双方复核同意后，将增加或扣减的金额纳入本次签证中。

③ 雇主支付。

承包人的报表经过工程师认可并签发工程进度款的支付证书后，雇主应在接到证书后及时给承包人付款。雇主的付款时间不应超过工程师收到承包人的月进度报告后的 56 天。

依据合同通用条件第 14.8 款【延误的支付】的规定，如果依第 14.7 款【支付】承包人未能收到相应的款项，承包人有权获得延误支付期间未支付金额的融资费用，该融资费用按月复利计算，延误支付期间以合同规定的应支付截止日期开始计算，而不考虑中期支付证书的颁发日期。除非合同另有规定，融资费用按以下利率加3%的年利率计算。

A．支付币种所在地的银行对优质借款人的短期借款利率的平均值。

B．如果所在地不存在以上利率，支付币种所在国的同等利率。

C．如果所在地不存在以上利率，支付币种所在国法律规定的合适的固定利率。

2. 竣工结算

（1）承包人报送竣工报表。

颁发工程接收证书后的 84 天内，承包人应按工程师规定的格式报送竣工报表，报表内容包括以下几项。

① 截至竣工日期，承包人根据合同完成的所有工作的价值。

② 承包人认为在竣工日期应获得的其他金额。

③ 承包人认为在其竣工日期后根据合同应得的其他费用的估算（该费用应单列），包括：承包人依据合同已发通知的索赔金额、已提交 DAAB 解决事项的金额和针对 DAAB 决定已发不满意通知事项的金额。

（2）竣工结算与支付。

工程师接到竣工报表后，应对照竣工图进行工程量详细核算，对其他支付要求进行审查，然后依据检查结果签署竣工结算的支付证书。此项签证工作，工程师也应在收到竣工报表后 28 天内完成。雇主根据工程师的签证在合同专用条件 A 部分——合同数据中规定的时间（没有规定，一般为 56 天）予以支付。

3. 最终结算

最终结算是指颁发履约证书后，对承包人完成全部工作价值的详细结算，以及根据合同条件对应付给承包人的其他费用进行核实，确定合同的最终价格。因双方可能会对最终支付的金额有争议，2017 版 FIDIC《施工合同条件》中关于最终支付的处理原则为：无论是否存在争议金额，最终报表初稿的提交不应因此而延误；若存在争议金额，应将争议金额与非争议金额分开列出；若双方未能就争议金额及时达成一致，应先针对双方同意的金额颁发支付证书并支付。

（1）最终支付申请。

依据合同通用条件第 14.11 款【最终报表】规定，承包人应在履约证书颁发 56 天内向工程师提交最终报表初稿，并附支持资料。最终报表初稿应列明以下内容。

① 承包人根据合同实施的所有工作的价值。

② 承包人认为在颁发履约证书时应获得的其他金额。

③ 承包人认为在颁发履约证书后其根据合同应得的其他费用的估算（该费用应单列），包括：承包人根据合同已发通知的索赔金额、已提交 DAAB 解决事项的金额和针对 DAAB 决定已发不满意通知事项的金额。

除上述第③种情况外，如果工程师对其他金额存在疑问，工程师应及时通知承包人，承包人应按通知提交补充资料，并按照商定结果修改最终报表初稿。如果不存在第③种情况，承包人应向工程师提交已达成一致的最终报表。如果存在第③种情况，或工程师和承包人未对最终报表初稿中的其他金额达成一致，承包人应编制并提交部分同意的最终报表。

（2）最终支付证书颁发与最终支付。

工程师应在收到最终报表以及结清单后28天内颁发最终支付证书，支付证书应列明：工程师认为最终应支付的金额；在考虑前期双方应支付和已支付金额后，雇主应支付给承包人或承包人应支付给雇主的净额。

除非承包人在收到最终支付证书后的56天内提出索赔，否则最终支付证书中的金额即为雇主最终的支付额度，承包人应被视为已接受最终支付证书中的金额。

如果承包人未能提交最终报表初稿，并且在工程师要求提交后28天内仍未提交，工程师应根据自己认为的金额颁发最终支付证书。

雇主应在收到证书后的56天内支付。只有当雇主按照最终支付证书的金额予以支付并退还履约保证后，结清单才生效，承包人的索赔权也即行终止。

5.2.8　合同中其他管理性条款及内容

1. 保险（Insurance）

（1）保险总体要求（General Requirement）。

① 一般规定。

合同通用条件规定，承包人直接对雇主的工程保险问题负责，工程师有知情权。承包人和雇主要在中标函发出或合同签署前，商定好保险人和保险单的相关条款规定。合同通用条件中关于工程保险的规定仅仅是雇主对工程保险的最低要求，承包人可自费增加其认为有必要的其他保险。

承包人应投保相应保险，承包人应投保的范围包括工程、货物、职业责任（承包人负责的设计）、人身伤害和财产损害、雇员伤害以及法律法规要求的其他保险等，并保持保险有效。

工程项目中，雇主可根据工程具体情况选择由其投保部分保险，如工程一切险、第三者责任险、雇主人员的雇主责任险等。如果有些险种由雇主投保，则雇主应在起草招标文件时征求专业人士的建议，修改合同条件中相关的规定，并应详细列明雇主投保的条件、赔偿限额、免赔额、除外责任等，最好能提供相应投保保单的格式，以便投标者决定哪些保险由自己投保，进而估算相应的保费。

② 保险相关方的沟通。

合同通用条件规定，保险公司和保单条款应征得雇主的同意，保险条款应与签发中标函前合同双方商定的投保条件一致。当雇主要求时，承包人应提供合同规定的保单；在支付保费后，承包人应立即向雇主提交付款凭证或保险公司确认保费已支付的证明文件。

投保时，被保险人应向保险人（保险公司）充分告知保险有关的重要事实。投保后，被保险人（本合同中为承包人）应将工程实施过程中关于工程性质、程度和进度等的实质性变化通知保险人。如果保单风险出现了实质性的变化，或者发生了引起或可能引起保单下索赔的事故时，被保险人应通知保险人并做出及时止损的预防措施。只有保险人同意改变保单风险范围（并且有可能修改保费金额）的情况下，保险人才会为工程新增加的风险买单。

③ 免赔额。

合同通用条件规定，保单中规定的免赔额度不应超过合同数据表中规定的金额（如果合同数据表没有规定，以雇主同意的金额为准）。

④ 共担责任。

合同通用条件第19.1款【有关保险的总体要求】规定，如果合同规定了共担责任，则针对保险人不予赔偿的损失，只要该部分损失不能归责于承包人或雇主的违约行为，合同双方应按共担责任的比例承担该损失；如果该部分损失是由某一方的违约行为造成，则违约方应承担该损失。

（2）保险种类。

① 工程险。

合同通用条件第19.1款要求承包人以雇主和承包人共同的名义按照全部重置价值对工程、承包人文件、拟用于工程的材料和生产设备投保。工程主保险期限为自开工日期至工程接收证书签发之日，但会延展至缺陷通知期。

承包人投保的工程一切险的除外责任可包括：

A．修复任何有缺陷的或者其他不符合合同的工程部分（包括有缺陷的材料和工艺）的费用，但不排除由于此类缺陷或不符导致的任何其他工程部分的损失的修复费用；

B．间接损失，包括因拖期引起的合同价格的减少；

C．自然磨损、短缺和偷盗；

D．例外事件导致的风险，除非合同数据表中另有规定。

② 货物保险。

合同通用条件第19.2.2项【货物】要求承包人以雇主和承包人的名义按照合同数据表中规定的金额或者全部重置价值对运抵现场的货物及其他物品投保，保险期限自货物运抵现场直至其不再为工程所需。

③ 职业责任保险。

合同通用条件第19.2.3项【职业责任】要求承包人对其负责的设计投保职业责任保险（也称为职业赔偿保险），保障承包人在履行其设计义务过程中因任何行为、错误或遗漏引起的责任。

如果合同数据表中有规定，该职业责任保险还应保障承包人在履行其设计责任过程中因任何行为、错误或遗漏引起已完工程（或区段、部分、主要生产设备）不符合预期目的的责任。保险期限在合同数据表中规定。

④ 第三者责任险。

合同通用条件第19.2.4项【人身伤害和财产损害】要求承包人应以雇主和承包人的名义对因履行合同引起的、在履约证书签发前发生的任何人员的人身伤亡或任何财产（工程除外）的损失或损害投保，例外事件导致的损失除外。

该保险应在承包人开展现场工作前办理，并在履约证书签发前持续有效，保险金额不应低于合同数据表中规定的金额或者雇主同意的金额。第三者责任险的保险期限与其场地责任险相对应。如果现场没有开展工作，自然不会发生风险事故导致现场内及邻近区域的第三者人身或财产受损。

⑤ 其他保险。

合同通用条件第19.2.6项【按照当地法律和习惯需要的保险】规定，如果按照工程所在国当地的法律或习惯需要承包人投保其他特殊的保险，雇主一般会在合同数据表中详细列明需要投保的险种和要求。承包人应该对工程所在国的此类特殊要求有所了解，并且由其自行判断是否需要适当投保雇主未要求的险种。

2. 例外事件（Exceptional Events）

（1）例外事件的种类。

合同通用条件第 18.1 款【例外事件】规定，例外事件是指满足以下条件的某种事件或情况：

① 一方无法控制的；

② 该方在签订合同前，不能对之进行合理预防的；

③ 发生后，该方不能合理避免或克服且采取了相应措施以防止损失的进一步扩大；

④ 不能实质性归因于另一方的。

例外事件可能包括但不限于满足上述四项条件的下列事件或情况：

① 战争、敌对行动（不论宣战与否）、入侵、外敌行为；

② 叛乱、恐怖主义、革命、暴动、军事政变或篡夺政权或内战；

③ 承包人人员和承包人及其分包人其他雇员以外的人员造成的骚动、喧闹或混乱；

④ 非仅涉及承包人人员和承包人及其分包人其他雇员的罢工或停工；

⑤ 战争军火、爆炸物质、电离辐射或放射性物质引起的污染，但可能因承包人使用此类军火、炸药、辐射或放射性物质引起的除外；

⑥ 自然灾害，如地震、海啸、火山活动、飓风或台风。

上述六类情况的前五项是"人祸"，最后一项是"天灾"。

（2）例外事件的一般处理。

合同通用条件第 18.2 款【例外事件的通知】规定，如果一方因例外事件使其履行合同规定的任何义务已经或将受到阻碍（称为"受影响一方"），受影响一方应通知另一方，并明确说明已经或将受到阻碍的各项义务（称为"受阻碍的义务"）。

此通知应在受影响一方察觉或应已察觉到例外事件发生后的 14 天内发出。发出此通知后，受影响一方应在例外事件阻碍其履行义务之日起免于履行受阻碍的义务。如果另一方未在上述 14 天内收到此通知，受影响一方仅应在另一方收到此通知日起免于履行受阻碍的义务。除受阻碍的义务外，受影响一方应继续履行合同下的其他义务。而且例外事件不应免除任何一方根据合同规定对另一方的支付义务。

如果例外事件具有持续性的影响，受影响一方应在第一次通知后，每 28 天发出进一步通知并描述其影响。当受影响一方不再受例外事件影响时，应立即向另一方发出通知；如果受影响一方未按照要求发出通知，另一方可以通知受影响一方，说明其认为受影响一方合同义务的履行不再受例外事件阻碍，并说明原因。

例外事件发生后，合同双方应尽快处理，竭尽所有合理的努力，使例外事件对合同履行造成的延误和损失降到最低限度。

如果承包人为受影响一方，例外事件使其遭受工期延误和（或）费用增加，并且承包人已根据以上规定通知雇主该例外事件，承包人应有权根据合同通用条件第 20.2 款【索赔款项和（或）EOT】的规定，提出工期延长；如果是合同通用条件第 18.1 款【例外事件】中第

1）至5）项所述的事件或情况，并且第2）至5）项所述事件或情况发生在工程所在国，承包人还有权进行费用索赔。合同通用条件第 18.1 款【例外事件】中所列出的六类例外事件发生时，承包人均有权获得工期延长；但并非所有情况均能获得费用补偿。

（3）例外事件导致合同终止。

合同通用条件第18.5款【可选择终止】规定，如果已根据第18.2款【例外事件的通知】规定发出通知的例外事件，导致整个工程实施受到阻碍持续 84 天，或累计阻碍达到140 天，任一方可以向另一方发出终止合同的通知。

在此情况下，终止应在另一方收到该通知 7 天后生效。终止后承包人应该尽快按照工程师的合理要求提交详细支持资料，证明其已完成的工作价值并申请支付，具体包括以下内容：

① 根据合同已实施的工作的可支付的价值；

② 为工程订购的、已交付给承包人或承包人有责任接受交付的生产设备和材料的费用；当雇主支付上述费用后，此项生产设备和材料应成为雇主的财产（风险也由其承担），承包人应将其交由雇主处理；

③ 承包人为准备项目完工而产生的其他成本；

④ 将临时工程和承包人设备撤离现场并运回承包人国家工作地点的费用（或运往任何其他目的地，但其费用不得超过运回承包人本国工作地点的费用）；

⑤ 在终止日期时专门为本工程所雇佣的承包人员工的遣返费用。

工程师应按照合同通用条件第3.7款【商定或决定】商定或决定承包人已完成工作的价值，工程师应根据合同通用条件第 14.6 款【期中支付证书的颁发】的规定，颁发与商定或决定金额对应的支付证书，无须承包人提交相关报表。

（4）根据法律解除履约。

根据合同通用条件第18.6款【根据法律解除履约】，如果发生各方均不能控制的任何事件或情况（包括但不限于例外事件），使：

① 任何一方或双方履行合同义务成为不可能或非法；或

② 根据合同适用的法律，合同双方均有权解除履约。

此时，如果双方不能就继续履行合同而签订补充协议达成一致意见，则在任一方向另一方就此事件发出通知之后：

① 双方将解除进一步履行合同的义务，但并不影响任一方对于先前违约享有的权利；

② 雇主应根据合同通用条件第18.5款【可选择终止】的规定支付给承包人相应的款项。

3．承包人的索赔管理

2017 版 FIDIC《施工合同条件》在第 20 条【雇主和承包人的索赔】中将索赔明确分为雇主、承包人及其他索赔三类。这里主要介绍承包人的索赔。

第一类：雇主关于额外费用增加（或合同价格扣减）和（或）缺陷通知期（DNP）延长的索赔；

第二类：承包人关于额外费用增加和（或）工期延长（EOT）的索赔；

第三类：合同一方向另一方要求或主张其他任何方面的权利或救济，包括对工程师（雇主）给出的任何证书、决定、指示、通知、意见或估价等相关事宜的索赔。

（1）索赔程序。

① 承包人应在引起索赔的事件或情况发生后 28 天内向工程师提交索赔通知，承包人还应提交一切与此类事件或情况有关的任何其他通知，以及索赔的详细证明报告。

② 承包人应做好用以证明索赔的同期记录。工程师在收到上述通知后，在不必事先承认雇主责任的情况下，监督此类记录，并可以指令承包人保持进一步的同期记录。承包人应按工程师的要求提供此类记录的复印件，并允许工程师审查所有这类记录。

③ 提交索赔报告。在引起索赔的事件或情况发生 42 天之内，或在工程师批准的其他合理时间内，承包人应向工程师提交一份索赔报告，详细说明索赔的依据以及索赔的工期和索赔的金额。

④ 工程师在收到索赔报告或该索赔的任务进一步的详细证明报告后 42 天内，或在承包人批准的其他合理时间内，应表示批准或不批准，并就索赔的原则做出反应。

⑤ 工程师根据合同规定确定承包人可获得的工期延长和费用补偿。如果承包人提供的详细报告不足以证明全部的索赔，则他仅有权得到已被证实的那部分索赔；对于已被证实的索赔金额应列入每份支付证明中。

⑥ 索赔的丧失和被削弱。如果承包人未能在引起索赔的事件或情况发生后 28 天向工程师提交索赔通知，则承包人的索赔权丧失。

（2）承包人索赔可以引用的索赔条款。

承包人索赔可以直接引用和间接引用的条款分别见表 5-1 和表 5-2。

表 5-1　承包人索赔可以直接引用的条款

序号	条款号	条款名称	可索赔内容
1	1.9	发包人要求中的错误	T+C+P
2	1.13	遵守法律	T+C+P
3	2.1	现场进入权	T+C+P
4	4.6	合作	T+C+P
5	4.7.3	整改措施，延迟和（或）成本的商定或决定	T+C+P
6	4.12.4	延误和（或）费用	T+C
7	4.15	进场道路	T+C
8	4.23	考古和地质发现	T+C
9	7.4	承包人试验	T+C+P
10	7.6	修补工作	T+C+P
11	8.5	竣工时间的延长	T
12	8.6	当局造成的延误	T
13	8.10	发包人暂停的后果	T+C+P
14	9.2	延误的试验	T+C+P
15	10.2	部分工程的接收	C+P
16	10.3	对竣工检验的干扰	T+C+P
17	11.7	接收后的进入权	C+P
18	11.8	承包人的调查	C+P
19	12.2	延误的试验	C+P
20	12.4	未能通过竣工后试验	C+P
21	13.3.2	要求提交建议书的变更	C
22	13.6	因法律改变引起的调整	T+C
23	15.5	发包人自便终止合同	C+P

续表

序号	条款号	条款名称	可索赔内容
24	16.1	承包人暂停的权利	T+C+P
25	16.2.2	承包人的终止	T+C+P
26	16.3	合同终止后承包人的义务	C+P
27	16.4	由承包人终止后的付款	C+P
28	17.2	工程照管的责任	T+C+P
29	17.3	知识和工业产权	C
30	18.4	例外事件的后果	T+C
31	18.5	可选择终止	C+P
32	18.6	根据法律解除履约	C+P

注：表中的 T 代表可获得工期索赔，C 代表可获得费用索赔，P 代表可获得利润索赔。

表 5-2　承包人索赔可以间接引用的条款

序号	条款号	条款名称	可索赔内容
1	1.3	通知及其他通信交流	T+C+P
2	1.5	文件的优先顺序	T+C+P
3	1.8	文件的照管和提供	T+C+P
4	3.4	工程师的委托	T+C+P
5	3.5	工程师的指示	T+C+P
6	4.2	履约担保	C
7	4.5.1	对指定分包人的反对	T+C
8	4.10	现场数据的使用	T+C
9	4.19	临时设施	C+P
10	5.1	一般设计义务	T+C+P
11	8.1	工程的开工	T+C+P
12	8.13	工程的复工	T+C+P
13	17.5	发包人的保障	C
14	19.1	保险的一般要求	C

注：表中的 T 代表可获得工期索赔，C 代表可获得费用索赔，P 代表可获得利润索赔。

 应用案例 5-3

某小型水坝工程采用 FIDIC《施工合同条件》，合同主要内容如下：水坝土方填筑 876156m³，砂砾石料 78500m³，中标合同价 7369920 美元，工期 1.5 年（18 个月）。合同报价中，工程除直接成本以外，包括 12% 的现场管理费，构成工地总成本，另加 8% 的总部管理费及利润。施工中：工程师先后发布了几个变更指令，其中土料和砂砾石料的运距及量都增加，土料增加量为 40250m³，砂砾石料增加量为 12500m³，增加量的净直接费分别为 3.6 美元/m³ 和 4.5 美元/m³；同时经工程师同意顺延工期 3 个月（包括工程量增加的时间）。

问承包人可索赔费用为多少？（注：不考虑工程结算款的调价）

案例分析：

（1）土料增加索赔费用

直接费：3.6（美元/m³）

现场管理费：3.6×12%≈0.43（美元/m³）

工地总成本：3.6+0.43=4.03（美元/m³）

总部管理费及利润：4.03×8%≈0.32（美元/m³）

综合单价：4.03+0.32=4.35（美元/m³）

索赔额：4.35 美元/m³ × 40250m³≈175088（美元）

（2）砂砾石料增加索赔费用

直接费：4.5（美元/m³）

现场管理费：4.5×12%=0.54（美元/m³）

工地总成本：4.5+0.54=5.04（美元/m³）

总部管理费及利润：5.04×8%≈0.40（美元/m³）

综合单价：5.04+0.40=5.44（美元/m³）

索赔额：5.44×12500=68000（美元）

（3）工期延长的现场管理费索赔

① 新增工程量相当于合同工期

$$\frac{18}{7369920}\times(175088+68000)\approx 0.6\ (个月)$$

② 其他原因造成工期延长 2.4 个月，则管理费为：$MF(T)=\Delta T\times\dfrac{F_0}{T_0}$

合同中总部管理费及利润：$7369920\times\dfrac{8\%}{1+8\%}=545920$（美元）

总现场管理费：

$$F_0=(7369920-545920)\times\frac{12\%}{1+12\%}\approx 731143（美元）$$

批准现场管理费为：$2.4\times\dfrac{731143}{18}\approx 97486$（美元）

（4）总的费用索赔

总的费用索赔额为：

$$175088+68000+97486=340574（美元）$$

4. 合同争议的解决

2017 版 FIDIC《施工合同条件》第 21.1—28.8 款对合同争议的解决作出了详细的规定。合同中提出的争议解决的方式有：提交争端避免/裁决委员会决定（DAAB）、友好协商及仲裁。

（1）DAAB。

① DAAB 的组成。

承包人收到中标函后的约定时限或 28 天内应完成 DAAB 组建与成员任命，并正式签署 DAAB 协议，协议签署日期为 DAAB 组建日。

DAAB 成员由雇主和承包人协商，从专用条件 A 部分—合同数据列明的备选名单中选取一人或三人，除非另有约定一般应为三人。为保证 DAAB 的中立性，其成员候选人由雇主和承包人各自确定一名并报对方认可，双方及两名候选人共同协商确定第三名候选人，并指定其为 DAAB 主席。

合同双方可随时共同协商主动中止任何 DAAB 成员的工作，也可在 DAAB 成员拒绝履职或不能履职 42 天内完成替代人员的任命。

DAAB 在项目结清单生效或被视作生效当天解散；结清单生效前，若 DAAB 已就提交其解决的全部争端做出决定，则 DAAB 在最后一个争端决定做出后的第 28 天解散。

② 争端解决程序。

A．合同双方提请争端协助。除争端正在按合同规定交由工程师解决外，双方可书面联合请求 DAAB 就此争端提供协助，启动非正式讨论，以避免争端。

B．争端提交。若 DAAB 关于争端避免所做的努力未成功，则任一方均可将此争端以书面形式正式提交 DAAB，由其给出决定，同时应抄送另一方和工程师。随后双方向 DAAB 提供必要的资料、现场进入权和相关设施。

C．DAAB 决定。DAAB 应在收到争端委托的 84 天内或双方认可的其他期限内向双方同时发出决定并抄送工程师。若 DAAB 的决定涉及一方向另一方支付费用，在 DAAB 认为有必要时，可要求收款方提供对应金额的保函。

D．双方决定。若任一方对 DAAB 决定全部不满意或部分不满意，可在收到决定的 28 天内向另一方发出不满意通知，明确标出不满意的部分，并抄送 DAAB 和工程师。若 DAAB 没有在规定时限内给出决定，任一方可在期限到期后 28 天内向另一方发出不满意通知。

若合同双方在收到 DAAB 决定后的 28 天内未发出不满意通知，或已发出部分不满意通知并明确标出不满意部分，则已满意的决定（或部分决定）将成为最终及有约束力的决定，并应迅速遵照执行。

（2）友好协商。

对 DAAB 的决定不满意，双方在开始仲裁之前应努力友好解决争端。除非双方另有协议，仲裁可以在表示不满意通知发出后的第 28 天或其后着手进行。

（3）仲裁。

对于 FIDIC 合同建议的双方最终解决争议的方式是仲裁。FIDIC《施工合同条件》认定的仲裁机构为国际商会仲裁庭。仲裁依据其规则进行，由一名或三名仲裁员负责。仲裁在工程竣工前或竣工后均可进行。仲裁的结果是终局性的，合同双方必须执行。

习 题

1．简述 FIDIC 第 4 版合同条件及适用范围。

2．FIDIC 在 1999 年出台了哪几个合同条件？简述其特点和适用范围。

3．简述 FIDIC 合同条件中雇主和承包人的主要权利和义务。

4．FIDIC《施工合同条件》中质量、进度及支付管理的内容有哪些？

5．简述 FIDIC 施工合同索赔程序。

6．FIDIC《施工合同条件》中规定的争议解决的方式有哪几种？

7．什么叫不可抗力？FIDIC《施工合同条件》中规定的不可抗力的内容有哪些？其风险如何承担？

第6章
工程合同索赔管理

教学提示

本章介绍了索赔的定义、特征、分类、作用及基本条件；详细阐述了索赔的原因、程序及索赔时使用的各种文件；重点论述了工期索赔、费用索赔的处理与计算方法，并结合例题和实际案例来分析；最后介绍了反索赔的概念及其处理的方法。

教学要求

本章要求学生了解索赔的定义、特征及分类；掌握工期与费用索赔值的计算；熟悉索赔与反索赔的程序。

6.1 索赔概述

6.1.1 索赔的定义及特征

1. 索赔的定义

索赔一词具有较为广泛的含义，其一般含义是指对某事某物权利的一种主张、要求和坚持等。建设工程索赔是指当事人在合同实施过程中，根据法律、合同规定及惯例，对并非由于自己的过错，而是应由合同对方承担风险或责任的事件造成损失后，向对方提出补偿的权利要求。在工程建设的各个阶段，都有可能发生索赔，但在施工阶段的索赔发生较多。

索赔具有广义和狭义两种解释：广义的索赔是指合同双方向对方提出的索赔，既包括承包人向发包人的索赔，也包括发包人向承包人的索赔；狭义的索赔一般指承包人向发包人的索赔。

2. 索赔的特征

在工程建设合同履行过程中，索赔是不可避免的。从索赔的定义可以归纳出以下基本特征。

（1）索赔的依据是法律法规、合同文件及工程惯例。

合同当事人一方向另一方索赔必须有合理、合法的证据，否则索赔不可能成功。这些证据包括合同履行地的法律法规、政策和规章，合同文件及工程建设交易习惯。当然最主要的依据是合同文件。

（2）索赔是双向的。

基于合同中当事人双方平等的原则，承包人可以向发包人索赔，发包人也可以向承包人索赔。由于在索赔处理的实践中，发包人向承包人索赔处于有利的地位，他可以直接从支付给承包人的工程款中扣取相关索赔费用，以实现索赔的目标，而承包人向发包人索赔相对而言实现较困难一些，因而通常所理解的索赔是承包人向发包人的索赔，也就是前面所述的狭义索赔。

承包人的索赔范围非常广泛，一般认为只要是因非承包人自身责任造成其工期延长或成本增加，都有可能向发包人提出索赔。有时发包人违反合同，如未及时交付施工图纸、提供满足条件的施工现场、决策错误等造成工程修改、停工、返工、窝工及未按合同规定支付工程款等，承包人可向发包人提出赔偿要求。有时发包人并未违反合同，而是由于其他原因，如合同范围内的工程变更、恶劣气候条件影响、国家法律法规修改等造成承包人损失或损害的，承包人也可以向发包人提出补偿要求，因为这些风险应由发包人承担。

（3）与合同对比，索赔一方必须有损失。

这种损失可能是经济损失或权利损害。经济损失是指因对方因素造成合同外的额外支出，如人工费、材料费、机械费、管理费等额外开支；权利损害是指虽然没有经济上的损失，但造成了一方权利上的损害，如由于恶劣气候条件对工程进度的不利影响，承包人有权要求工期延长等。因此发生了实际的经济损失或权利损害，应是一方提出索赔的一个基本前提条件。没有实际损失，索赔不可能成功。这与承担违约责任不一样，一方违约了，没有给对方造成损失，同样应向对方承担责任，如支付违约金等。

（4）索赔应由对方承担风险或责任的事件造成，索赔一方无过错。

这一特征也体现了索赔成功的一个重要条件，即索赔一方对造成索赔的事件不承担风险或责任，而是根据法律法规、合同文件或交易习惯应由对方承担风险，否则索赔不可能成功。当然由对方承担风险但不一定对方有过错，如物价上涨、发生不可抗力等，均不是发包人的过错造成，但这些风险应由发包人承担，因而若发生此类事件给承包人造成损失，承包人可以向发包人索赔。

（5）索赔是一种未经对方确认的单方行为。

一方面，在合同履行过程中，只要符合索赔的条件，一方向另一方的索赔可以随时进行，不必事先经过对方的认可，至于索赔能否成功及索赔值如何计算则应根据索赔的证据等具体情况而定。另一方面，单方行为含义指一方向另一方的索赔何时进行，哪些事件可以进行索赔，当事人双方事先不可能约定，只要符合索赔的条件，就可以启动索赔程序。

基于上述对索赔特征的分析可以知道，实质上索赔是一种正当的权利或要求，是合情、合理、合法的行为，它是在正确履行合同的基础上争取合理的偿付，不是无中生有、无理争利。索赔同守约、合作并不矛盾、对立，索赔本身就是市场经济中合作的一部分，只要是符合有关规定的、合法的或者符合有关惯例的，都可以向对方索赔。对一个承包人而言，只有善于索赔，才能维护自身的合法权益，才能取得更大的利润。

3. 索赔与违约责任的比较

合同在订立与履行过程中，当事人可以约定违约责任来约束双方的行为，以保证合同标的实现，索赔的处理同样是当事人实现自己权益的一种重要的合同管理途径。但两者在法律概念及处理方式上不同。

（1）索赔事件的发生，可以是一定的行为，也可以是非当事人的行为造成，如物价上涨、不可抗力事件发生等，均非当事人的行为造成，但是承包人可以向发包人索赔费用和要求延长工期；而追究违约责任，必然是当事人行为造成，而且是违反了合同约定的内容，否则不能追究违约责任。

（2）索赔事件的发生可以是当事一方引起的，也可以是非当事人引起的，当事人可能有过错，也可能没有过错。而追究违约责任必须是当事人的行为造成，而且有过错。

（3）索赔的成功必须以索赔一方有实际损失为前提之一，没有损失索赔不可能成功。因为索赔具有补偿性。而违约责任的追究只要当事人有违约过错行为发生，无论是否给对方造成损失均应承担责任，因为违约责任具有惩罚性，如一方违约应向另一方支付违约金等。

（4）索赔事件的发生，不一定在合同文件中有规定，而合同违约责任，必然在合同中有约定。因而索赔的依据，不仅仅是合同文件，还包括法律法规及工程交易习惯等，而追究违约责任的主要依据是合同文件。

6.1.2 索赔的分类

1. 按索赔的依据分类

（1）合同内索赔。合同内索赔是指索赔所涉及的内容可以在合同条款中找到依据，并可根据合同规定明确划分责任。一般情况下，合同内索赔的处理和解决要容易一些。

（2）合同外索赔。合同外索赔是指索赔的内容和权利难以在合同条款中直接找到依据，但可从合同引申含义和合同适用法律或政府颁发的有关法规及相关的交易习惯中找到索赔的依据。

2. 按索赔当事人分类

（1）承包人与发包人间的索赔。这种索赔一般与工程计量、工程变更、工期、质量、价格等方面有关，有时也与工程中断、合同终止有关。

（2）承包人与分包人间的索赔。在总分包的模式下，承包人与分包人之间可能就分包工程的相关事项产生索赔。

（3）承包人与供货人间的索赔。承包人与供货人之间可能因产品或货物的质量不符合技术要求，数量不足或不能按时交货或不能按时支付货款产生索赔。

（4）发包人与监理单位间的索赔。在监理合同履行中因双方的原因或单方原因使合同不能得到很好地履行或外界原因如政策变化、不可抗力等而产生的索赔。

3. 按索赔的目的分类

（1）费用索赔。在合同履行中，由于非自身的原因而应由对方承担风险或责任的情况，使自己有额外的费用支付或损失，可以向对方提出费用索赔。如工程量增加，承包人可以向发包人提出费用补偿的索赔要求。

（2）工期索赔。这里主要指出现了应由发包人承担风险或责任的事件影响了工期，承包人可以向发包人提出工期补偿的索赔要求。

4. 按索赔事件的性质分类

（1）工程延误索赔。因发包人未按合同要求提供施工条件，如未及时交付设计图纸、施工现场、道路等，或因发包人指令工程暂停或不可抗力事件等原因造成工期拖延的，承包人对此提出索赔。这是工程中常见的一类索赔。

（2）工程变更索赔。由于发包人或监理工程师指令增加或减少工程量、增加附加工程、修改设计、变更工程施工顺序等，造成工期延长和费用增加，承包人对此提出索赔。

（3）工程终止索赔。由于发包人违约或发生了不可抗力事件等造成工程非正式终止，承包人因蒙受经济损失而提出索赔。

（4）工程加速索赔。由于发包人或监理工程师指令承包人加快施工速度，缩短工期，引起承包人"人、财、物"的额外开支而提出的索赔。

（5）意外风险和不可预见因素索赔。在工程实践中，因人力不可抗拒的自然灾害、特殊风险以及一个有经验的承包人通常不能合理预见的不利施工条件或外界障碍，如地下水、地质断层、溶洞、地下障碍物等引起的索赔。

（6）其他索赔。如因货币贬值，汇率变化，物价、工资上涨，政策、法令变化等原因引起的索赔。

5. 按索赔处理的方式分类

（1）单项索赔。单项索赔是针对某一索赔事件提出的，在影响原合同正常运行的索赔事件发生时或发生后，由合同管理人员立即处理，并在合同规定的索赔有效期内向发包人或工程师提交索赔要求和报告。

（2）综合索赔。综合索赔又称一揽子索赔，一般在工程竣工前和工程移交前，承包人将工程实施过程中因各种原因未能及时解决的单项索赔集中起来进行综合考虑，提出一份综合索赔报告，由合同双方在工程交付前后进行最终谈判，以一揽子方案解决索赔问题。这种索赔由于复杂，涉及的索赔值大，不易解决，因而在实践中最好能及时做好单项索赔，尽量不采用综合索赔。

6.1.3　索赔的作用及基本条件

1. 索赔的作用

（1）索赔是合同全面、适当履行的重要保证。

合同一经当事人双方签订，即对双方产生相应的法律约束力，双方应认真履行自己的责任与义务。索赔是合同法律效力的具体体现，并且由合同的性质决定。如果没有索赔和关于索赔的法律规定，则合同形同虚设，对双方都难以形成约束，这样合同的实施得不到保证，就不会有正常的社会经济秩序。索赔能对违约者起警诫作用，使他考虑到违约的后果，以尽力避免违约事件发生。

所以索赔有助于工程中双方更紧密地合作，有助于合同目标的实现。

（2）索赔是落实和调整合同双方经济责任、权利、利益关系的手段，也是合同双方风险的又一次分配。

离开了索赔，合同责任就不能全面体现，合同双方的责、权、利关系就难以平衡。

（3）索赔是合同和法律赋予受损者的权利。

对承包人来说，索赔是一种保护自己、维护自己正当权益、避免损失、增加利润的手段。在现代承包工程中，特别是在国际承包工程中，如果承包人不能进行有效的索赔，不精通索赔业务，往往会使损失得不到合理的、及时的补偿，从而不能进行正常的生产经营，使自身遭受更大的损失。

（4）索赔对提高企业和工程项目管理水平起着促进作用。

要想索赔取得成功，必须加强工程项目管理，特别是合同管理，加练内功提高自身的管理水平。

（5）索赔可促使工程造价更加合理。

施工索赔的正常开展，把原来打入工程造价的一些不可预见费用，改为按实际发生的损失支付，有助于降低工程报价，使工程造价更趋合理。

2. 索赔的基本条件

在合同履行过程中，当事人一方向另一方索赔应满足一定的条件才可能获得成功。这些最基本的要求及其相关的内容见表 6-1。

表 6-1　索赔的基本条件

要求	内容
客观性	（1）索赔事件确实存在 （2）索赔事件的影响存在 （3）造成工期拖延，费用增加，承包人客观存在损失 （4）有证据证明
合法性	按合同、法律或交易习惯规定应予补偿
合理性	（1）索赔要求符合合同规定 （2）符合实际情况 （3）索赔值的计算符合以下几方面 ① 符合合同规定的计算方法和计算基础 ② 符合公认的会计核算原则 ③ 符合工程惯例 （4）索赔事件、责任、索赔事件的影响与索赔值之间有直接的因果关系，索赔要求符合逻辑

（续表）

要求	内容
及时性	（1）出现索赔事件应提出索赔意向通知 （2）索赔事件结束后的一段时间内应提出正式索赔报告 如国内施工合同文本规定应在出现索赔事件后的28天内向对方提出意向通知，索赔事件结束后的28天内提出正式索赔报告，否则失去索赔的机会

6.2 索赔程序及文件

6.2.1 一般程序

1. 索赔工作程序

索赔工作程序一般是指从出现索赔事件到最终处理全过程所包括的工作内容及工作步骤，其详细的步骤如图6.1所示（这里主要指承包人向发包人的索赔）。

（1）提出索赔意向通知。

向发包人或工程师就某一个或若干个索赔事件表示索赔愿望、要求或声明保留索赔的权利。索赔意向的提出是索赔工作的第一步，其关键是抓住索赔机会，及时提出索赔意向。

（2）准备索赔资料和文件。

在提出了索赔意向通知后，承包人应就索赔事件收集相关资料，跟踪和调查影响事件，并分析其产生的原因，划分责任，实事求是地计算索赔值，并起草正式的索赔报告。

（3）提交正式索赔报告。

索赔报告应在合同规定的时间内向发包人或工程师提交，否则，可能会失去索赔的机会。

（4）工程师（发包人）审核索赔报告。

工程师（发包人）审核索赔是否成立。索赔要成立必须满足以下条件。

① 索赔一方有损失。如承包人应有费用的增加或工期损失。

② 这种损失是应由发包人承担风险或责任的事件所造成的，承包人没有过错。

③ 承包人及时提交了索赔意向通知和索赔报告。

这3个条件没有先后主次之分，必须同时满足，承包人的索赔才可能成功。

（5）索赔的处理与解决。

工程师应及时公正合理地处理索赔。在处理索赔要求时，应充分听取承包人的意见并与承包人协商，若协商不一致，工程师可以单方面提出处理意见。

（6）发包人批准。

工程师在签发完处理意见后报发包人审核或批准。

（7）发包人与承包人协商。

若双方均不能接受工程师的处理意见，也不能达成一致。为此，双方就索赔事件产生了争议或纠纷，此时，按争议的解决方式来处理索赔事件。

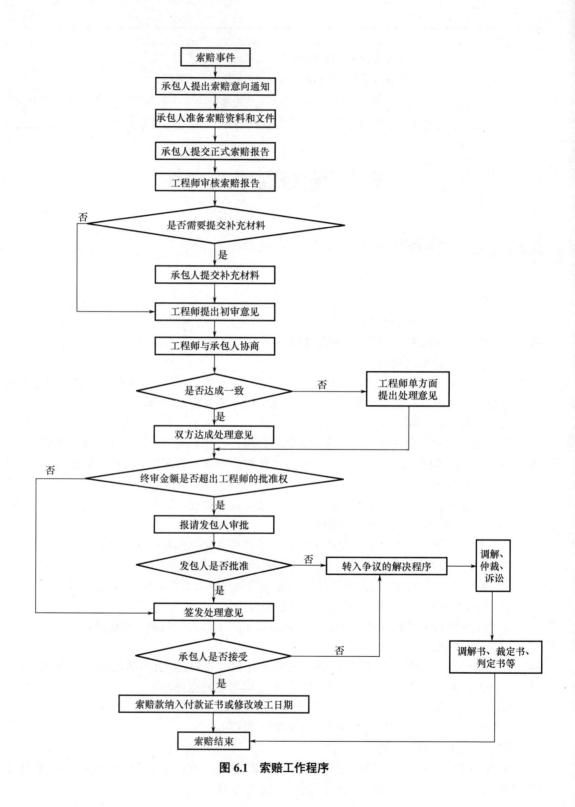

图 6.1 索赔工作程序

2. 施工合同条件中规定的程序

（1）国内施工合同文本规定的程序。

《建设工程施工合同（示范文本）》（GF—2017—0201）通用合同条款第 19 条【索赔】规定承包人的索赔程序如下。

按照合同约定，承包人认为有权得到追加付款和（或）延长工期的，应按以下程序向发包人提出索赔。

① 承包人应在知道或应当知道索赔事件发生后 28 天内，向监理人递交索赔意向通知书，并说明发生索赔事件的事由；承包人未在前述 28 天内发出索赔意向通知书的，丧失要求追加付款和（或）延长工期的权利。

② 承包人应在发出索赔意向通知书后 28 天内，向监理人正式递交索赔报告；索赔报告应详细说明索赔理由以及要求追加的付款金额和（或）延长的工期，并附必要的记录和证明材料。

③ 索赔事件具有持续影响的，承包人应按合理时间间隔继续递交延续索赔通知，说明持续影响的实际情况和记录，列出累计的追加付款金额和（或）工期延长天数。

④ 在索赔事件影响结束后 28 天内，承包人应向监理人递交最终索赔报告，说明最终要求索赔的追加付款金额和（或）延长的工期，并附必要的记录和证明材料。

⑤ 监理人应在收到索赔报告后 14 天内完成审查并报送发包人。监理人对索赔报告存在异议的，有权要求承包人提交全部原始记录副本。

⑥ 发包人应在监理人收到索赔报告或有关索赔的进一步证明材料后的 28 天内，由监理人向承包人出具经发包人签认的索赔处理结果。发包人逾期答复的，则视为认可承包人的索赔要求。

⑦ 承包人接受索赔处理结果的，索赔款项在当期进度款中进行支付；承包人不接受索赔处理结果的，按照《建设工程施工合同（示范文本）》（GF—2017—0201）通用合同条款第 20 条〔争议解决〕约定处理。

《建设工程施工合同（示范文本）》（GF—2017—0201）通用合同条款第 19 条【索赔】规定发包人的索赔程序如下。

按照合同约定，发包人认为有权得到赔付金额和（或）延长缺陷责任期的，监理人应向承包人发出通知并附有详细的证明。

① 发包人应在知道或应当知道索赔事件发生后 28 天内通过监理人向承包人提出索赔意向通知书，发包人未在前述 28 天内发出索赔意向通知书的，丧失要求赔付金额和（或）延长缺陷责任期的权利。

② 发包人应在发出索赔意向通知书后 28 天内，通过监理人向承包人正式递交索赔报告。

③ 承包人收到发包人提交的索赔报告后，应及时审查索赔报告的内容、查验发包人证明材料。

④ 承包人应在收到索赔报告或有关索赔的进一步证明材料后 28 天内，将索赔处理结果答复发包人。如果承包人未在上述期限内做出答复的，则视为对发包人索赔要求的认可。

⑤ 承包人接受索赔处理结果的，发包人可从应支付给承包人的合同价款中扣除赔付的金额或延长缺陷责任期；发包人不接受索赔处理结果的，按《建设工程施工合同（示范文本）》（GF—2017—0201）通用合同条款第 20 条【争议解决】约定处理。

（2）2017版FIDIC《施工合同条件》规定的程序。

① 承包人应在引起索赔的事件或情况发生后28天内向工程师提交索赔通知，承包人还应提交一切与此类事件或情况有关的任何其他通知，以及索赔的详细证明报告。

② 承包人应做好用以证明索赔的同期记录。工程师在收到上述通知后，在不必事先承认发包人责任的情况下，监督此类纪录，并可以指令承包人保持进一步的同期记录。承包人应按工程师的要求提供此类记录的复印件，并允许工程师审查所有这类记录。

③ 提交索赔报告。在引起索赔的事件或情况发生42天之内，或在工程师批准的其他合理时间内，承包人应向工程师提交一份索赔报告，详细说明索赔的依据以及索赔的工期和索赔的金额。

④ 工程师在收到索赔报告或有关该索赔的任务的进一步详细证明报告后42天内或在承包人批准的其他合理时间内，应表示批准或不批准，并就索赔的原则作出反应。

⑤ 工程师按照合同规定确定承包人可获得的工期延长和费用补偿。如果承包人提供的详细报告不足以证明全部的索赔，则他仅有权得到已被证实的那部分索赔；对于已被证实的索赔金额应列入每份支付证明中。

⑥ 索赔的丧失和被削弱。如果承包人未能在引起索赔的事件或情况发生后28天内向工程师提交索赔通知，则承包人的索赔权丧失。

6.2.2　索赔报告

1. 索赔报告的形式及内容

索赔报告，它是合同一方向对方提出索赔的书面文件，它全面反映了一方当事人对一个或若干个索赔事件的所有要求和主张，对方当事人也是通过对索赔报告的审核、分析和评价来作认可、要求修改、反驳甚至拒绝索赔要求，索赔报告也是双方进行索赔谈判或调解、仲裁、诉讼的基础，因此索赔报告的表达与内容对索赔的解决有重大影响，索赔方必须认真编写索赔报告。

（1）对于一般的单项索赔，其报告构成及一般内容见表6-2。

表6-2　单项索赔报告的构成及一般内容

序号	索赔报告构成	一般内容
1	题目	如关于×××事件的索赔
2	事件	详细描述事件过程，双方信件交往、会谈，并指出对方应承担风险或责任的证据等
3	理由	主要是法律依据、合同条款和工程惯例等
4	结论	损失或损害及其大小，提出索赔的具体要求
5	损失估价	列出损失费用的计算方法、计算基础等，并计算出损失费用的大小
6	延期计算	列出工期延长的计算方法、计算公式等，并计算出要求延长的天数
7	附录	各种证据、文件等

（2）对于综合索赔报告，其形式和内容可结合具体情况来确定，实质是将许多未解决的

单项索赔加以分类和综合整理而形成。一般应包括以下几个方面的内容。

　　① 索赔致函，向对方提出索赔的主张、声明等。

　　② 索赔事件描述，包括发生的原因、风险或责任承担的分析与认定。

　　③ 索赔要求，包括各索赔事件引起的工期与费用索赔值。

　　④ 工期与费用索赔值的详细计算过程及依据。

　　⑤ 分包人索赔。

　　⑥ 各种有效的、合法的、及时的证据及证明资料等附件。主要包括合同文件、政策法律法规及工程惯例、现场记录、往来函件和工程照片等。

　　（3）我国《建设工程监理规范》（GB/T 50319—2013）规定的形式及内容。

　　我国 2014 年 3 月 1 日开始实施的《建设工程监理规范》（GB/T 50319—2013）对索赔意向通知书、工程临时/最终延期报审表和费用索赔报审表的形式做了规定。

　　① 索赔意向通知书的形式如表 6-3 所示。

表 6-3　索赔意向通知书

工程名称：_____　　　编号：_____

致：_____

　　根据《建设工程施工合同》_____（条款）的约定，由于发生了_____事件，且该事件的发生非我方原因所致。为此，我方向_____（单位）提出索赔要求。

　　　附件：索赔事件资料

提出单位（盖章）_____

负责人（签字）_____

年　　月　　日

② 工程临时/最终延期报审表的形式如表 6-4 所示。

表 6-4　工程临时/最终延期报审表

工程名称：＿＿＿＿＿＿＿＿＿＿＿　　　　　　　　　编号：＿＿＿＿＿＿

致：＿＿＿＿＿＿＿＿＿（项目监理机构）

　　根据施工合同＿＿＿＿＿（条款），由于＿＿＿＿＿＿＿＿＿＿＿的原因，我方申请工程临时/最终延期＿＿＿＿＿（日历天），请予以批准。

附件：

1. 工程延期依据及工期计算
2. 证明材料

施工项目经理部（盖章）＿＿＿＿＿＿

项目经理（签字）＿＿＿＿＿＿＿＿

年　　月　　日

审核意见：

　　□同意临时/最终延长工期＿＿＿（日历天）。工程竣工日期从施工合同约定的＿＿年＿＿月＿＿日延迟到＿＿年＿＿月＿＿日。

　　□不同意延长工期，请按约定竣工日期组织施工。

项目监理机构（盖章）＿＿＿＿＿＿＿＿

总监理工程师（签字、加盖执业印章）＿＿＿＿＿＿

年　　月　　日

审批意见：

建设单位（盖章）＿＿＿＿＿＿＿＿＿

建设单位代表（签字）＿＿＿＿＿＿＿

年　　月　　日

③ 费用索赔报审表的形式如表 6-5 所示。

表 6-5　费用索赔报审表

工程名称：_____　　　　　　　　编号：_____

致：_____（建设单位）

　　_____（项目监理机构）

　　根据施工合同_____条款，由于_____原因，我方申请索赔金额（大写）_____，请予以批准。

　　索赔理由：_____

　　_____

　　_____

　　附件：

　　　　□索赔金额的计算

　　　　□证明材料

　　　　　　　　　　　　　　　　　　　　施工项目经理部（盖章）_____

　　　　　　　　　　　　　　　　　　　　项目经理（签字）_____

　　　　　　　　　　　　　　　　　　　　　　　　年　　月　　日

审核意见：

　　□不同意此项索赔。

　　□同意此项索赔，索赔金额为（大写）_____。

　　同意/不同意索赔的理由：_____

　　_____

　　_____

　　附件：□索赔金额的计算

　　　　　　　　　　　　　　　　　　　　项目监理机构（盖章）_____

　　　　　　　　　　　　　　　　总监理工程师（签字、加盖执业印章）_____

　　　　　　　　　　　　　　　　　　　　　　　　年　　月　　日

审批意见：

　　　　　　　　　　　　　　　　　　　　建设单位（盖章）_____

　　　　　　　　　　　　　　　　　　　　建设单位代表（签字）_____

　　　　　　　　　　　　　　　　　　　　　　　　年　　月　　日

2. 索赔报告的编写要求

索赔报告是向对方索赔的最重要文件，因而应有说服力，合情合理，有理有据，逻辑性强，能说服工程师、发包人，从而使索赔获得成功。编写索赔报告应满足下列要求。

（1）索赔事件真实，符合实际。

这是索赔的基本要求，关系到索赔一方的信誉和索赔的成功。一个符合实际的索赔报告，可使审阅者看后的第一印象是索赔是合情合理的，不会立即予以拒绝。相反如果索赔要求缺乏根据，漫天要价，使对方一看就极为反感，甚至导致其中有道理的索赔部分也被置之不理，不利于索赔问题的最终解决。

（2）说服力强，责任分析清楚明确。

一般索赔报告中针对的索赔事件是由对方应承担风险或责任引起的，应充分引用合同文件中的有关条款，为自己的索赔要求引证合同依据，将风险或责任推给对方。特别注意的是在报告中不可用含混的语言和自我批评的语言，否则，会丧失在索赔中的有利地位。

（3）索赔值计算准确。

索赔报告中应完整列入索赔值的详细计算资料，计算结果要反复校核，做到准确无误。计算上的错误，尤其是扩大索赔款的计算错误，会给对方留下恶劣的印象，对方会认为提出的索赔要求太不严肃，其中必有多处弄虚作假，会直接影响索赔的成功。

（4）简明扼要，条理清楚，逻辑清楚。

索赔报告在内容上应组织合理、条理清楚，各种定义、论述、结论正确，逻辑性强，既能完整地反映索赔要求，又要简明扼要，使对方很快理解索赔的要求及理由。

索赔报告的逻辑性，主要在于将索赔要求（工期延长和费用增加）与索赔事件、责任、合同条款、影响连成一条打不断的逻辑链。

6.2.3 索赔策略

索赔策略是经营策略的一部分。对某一个具体的索赔事件往往没有预定的、特定的解决方法及结果，它往往受到双方签订的合同文件、各自的管理水平和索赔能力及处理问题的公正性和合理性的影响。对于成功的索赔，不仅要有充分的证据、理由和依据，索赔艺术技巧与策略也是影响索赔能否成功及达到预期目的的重要因素。

1. 确定索赔目标

（1）提出任务，确定索赔目标。

索赔目标即索赔的基本要求和索赔的最终期望值。它的确定应按照合同实施情况及承包人的损失确定，尊重客观情况实事求是，不能弄虚作假，应充分分析目标实现的可能性。

（2）分析索赔目标实现的基本条件。

（3）分析索赔实现可能面临的风险。

目标实现面临着许多风险。在索赔处理期间，在履行合同时出现失误，可能成为另一方反驳的攻击点。如承认没有及时索赔，没能完成合同规定的工程量，没有能够达到质量标准等。这些都会影响索赔目标的实现，因而承认应通过有效的管理来逃避这些风险。

2. 分析对方

古人云："知己知彼，百战不殆。"因而在索赔的处理过程中，首先分析对方的兴趣和利益所在，充分利用这一点，可以使索赔处理的谈判在一个友好的气氛中进行，并通过分析对方的利益所在，研究双方的利益一致性和矛盾性，使对方在感兴趣的地方作出让步。其次分析对方的商业习惯、文化特点等，在索赔处理中，充分尊重对方的价值观念、文化传统、社会心理，甚至索赔处理者的个人兴趣，这样有利于索赔目标的实现。

3. 把握索赔的艺术与技巧

（1）正确把握提出索赔的时机。

索赔过早提出，往往容易遭到对方反驳或在其他方面可能施加的挑剔、报复等；过迟提出，则容易留给对方超过索赔有效期的借口使索赔要求遭到拒绝，因此索赔方必须在索赔时效范围内适时提出。

（2）索赔谈判中注意方式方法。

合同一方向对方提出索赔要求，进行索赔谈判时，措辞应婉转，说理应透彻，以理服人，而不是得理不让人，尽量避免使用抗议式提法，既要正确表达自己的索赔要求，又不伤害双方的和气和感情，以达到索赔的良好效果。

（3）索赔处理时作适当必要的让步。

在索赔谈判和处理时应根据情况作出必要的让步，扔"芝麻"抱"西瓜"，有所失才有所得。可以放弃金额小的小项索赔，坚持索赔值大的索赔。

6.3　索赔值的计算

6.3.1　计算理论分析

1. 索赔事件

（1）定义。

索赔事件又称干扰事件，是指那些使实际情况与合同规定不符合，最终引起工期和费用变化的那类事件。不断地追踪、监督索赔事件就是不断地发现索赔机会。

（2）索赔事件表现形式。

在工程建设合同履行的实践中，常见的索赔事件如下。

① 发包人未按合同规定的时间和数量交付设计图纸和资料，未按时交付合格的施工现场及行驶道路、接通水电等，造成工程拖延和费用增加。

② 工程实际地质条件与勘察不一致。

③ 发包人或工程师变更原合同规定的施工顺序，打乱了工程施工计划。

④ 设计变更、设计错误或发包人、工程师错误的指令或提供错误的数据等造成工程修改、返工、停工或窝工等。

⑤ 工程数量变化，使实际工程量与原定工程量不同。

⑥ 发包人指令提高设计、施工、材料的质量标准。

⑦ 发包人或工程师指令增加额外工程。

⑧ 发包人指令工程加速。

⑨ 不可抗力因素。

⑩ 发包人未及时支付工程款。

⑪ 合同缺陷，如条款不完善、错误或前后矛盾，双方就合同理解产生争议。

⑫ 物价上涨，造成材料价格、工人工资上涨。

⑬ 国家政策、法令修改，如增加或提高新的税费、颁布新的外汇管制条例等。

⑭ 货币贬值，使承包人蒙受较大的汇率损失等。

2. 索赔事件的影响分析

在工程实施及合同履行中，有许多索赔事件发生，这些索赔事件的发生原因很复杂，但其对合同履行的影响从风险或责任的承担角度看，可以分成三大类：第一类是应由发包人承担的风险或责任，如物价的变化、工程设计变更、工程师的不当行为等；第二类是应由承包人承担的风险或责任，如延误工期、分包人的违约、质量不合格等；第三类是应由发包人与承包人双方各自承担风险的事件，如洪水、地震等自然灾害，这些索赔事件造成的影响由各自承担责任，当然若工期受到影响应顺延工期。

这些事件对合同的影响程度可以以三种状态进行分析，分析各种索赔事件的实际影响，从而准确计算工期与费用索赔值。这三种状态是合同状态、可能状态和实际状态。

（1）合同状态。

① 含义。不考虑任何索赔事件的影响，仅对签订合同时的状态进行分析，得到相应的工期与价格，即为合同状态，又称计划状态或报价状态。

合同确定的工期和价格是针对"合同状态"（即合同签订时）的合同条件、工程环境和实施方案。在工程施工中，由于索赔事件的发生，造成"合同状态"的变化，原"合同状态"被打破，应按合同规定，重新确定合同工期和价格。新的工期和价格必须在"合同状态"的基础上分析计算。

合同状态的计算方法和计算基础是极为重要的，它是整个索赔值计算的基础。

② 合同状态的分析基础。从总体上说，合同状态是重新分析合同签订的合同条件、工程环境、实施方案和价格。其分析基础为招标文件和各种报价文件，包括合同条件，合同规定的工程范围、工程量表、施工图纸、工程说明、规范、总工期，双方认可的施工方案、施工进度计划以及人力、材料、设备的需要量和安排，里程碑事件和承包人合同报价时的价格水平等。

（2）可能状态。

在考虑非承包人应承担风险或责任的索赔事件对合同状态的影响后，重新分析计算得到的工期与价格，这种情况实质仍为一种计划状态，是合同状态在受非承包人应承担责任的索赔事件影响后的可能情况，因而称为可能状态。从合同履行来看，是承包人完成合同任务后发包人应给承包人的工期及价格。

（3）实际状态。

在合同履行中，考虑所有的索赔事件对合同状态的影响后，重新分析计算得到的工期及价格，这种状况称为实际状态。即合同履行完后的实际工期和价格。

（4）三种状态分析。

① 实际状态和合同状态之差即为工期的实际延长和成本的实际增加量。这里包括所有因素的影响，如发包人责任、承包人责任、其他外界干扰的责任等。

② 可能状态和合同状态结果之差即为按合同规定承包人真正有理由提出工期和费用索

赔的部分。它可以直接作为工期和费用的索赔值。

③ 实际状态和可能状态结果之差为承包人自身责任造成的损失和合同规定的承包人应承担的风险。它应由承包人自己承担，得不到补偿。这里还包括承包人投标报价失误造成的经济损失。

因而，索赔值的计算主要是计算出可能状态与合同状态之间工期与价格（费用）差值，此差值为索赔值。

6.3.2　工期索赔值的计算

1. 工程延期分类及处理

（1）按延期原因分类。

① 发包人及工程师原因引起的延期。其主要包括：发包人拖延交付现场、拖延交付图纸、拖延支付工程款；不按时组织验收造成下道工序受到影响；发包人提供错误的现场资料，地勘报告不准确；工程变更及工程师指示有误；等等。

这些情况发生后，影响了工期，工期就应顺延。

② 承包人的原因引起延误。其主要包括：施工组织不当，如出现窝工或停工待料现象，质量不符合合同要求而造成的返工；资源配置不足，如劳动力不足，机械设备不足或不配套；技术力量薄弱；管理水平低；缺乏流动资金等造成的开工延误；承包人雇佣分包人或供应商引起的延误；等等。

显然，上述延误难以得到发包人的谅解，也不可能得到发包人或工程师给予延长工期的补偿。

③ 不可控制的因素导致的延误。其主要表现有：人力不可抗拒的自然灾害导致的延误，如地震、山洪、泥石流、特大暴雨等；特殊风险，如战争、叛乱、革命、核装置污染等造成的延误；不利的施工条件或外界障阻引起的延误；等等。

这些风险事件导致的工期延误，工期应顺延。

（2）按工程延误的可能结果分类。

① 可索赔工期的延误。一般是由发包人或工程师的原因造成及不可抗力因素造成的工期延误，应顺延工期。

② 不可索赔的延误。一般是应由承包人承担风险或责任的索赔事件造成的，即使是工期受到了影响，也不顺延工期。

（3）按延误事件的时间关联性分类。

① 单一延误。在某一延误事件从发生到终止的时间间隔内，没有其他延误事件的发生，该延误事件引起的延误称为单一延误。是否顺延工期，根据影响原因分析，若是发包人应承担风险或责任的索赔事件造成的，应顺延，否则不顺延。

② 共同延误。当两个或两个以上的延误事件从发生到终止的时间完全相同时，这些事件引起的延误称为共同延误。共同延误的补偿分析比单一延误要复杂些。图 6.2 中列出了共同延误发生的部分可能性组合及其索赔补偿分析结果。在发包人引起的或双方不可控制因素引起的延误与承包人原因引起的延误同时发生时，即可索赔延误与不可索赔延误同时发生时，则可索赔延误就变成不可索赔的延误，这是工程索赔的惯例之一。

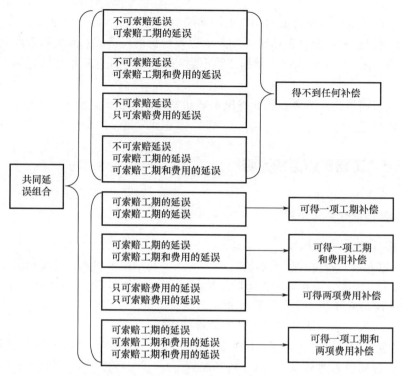

图 6.2　共同延误组合及其补偿分析

③ 交叉延误。当两个或两个以上的延误事件从发生到终止只有部分时间重合时，称为交叉延误。由于工程项目是一个复杂的系统工程，影响因素众多，常常会出现多种原因引起的延误交织在一起，这种交叉延误的补偿分析比较复杂。但这种情况与实际相符合，实际中单一延误和共同延误情况出现相对较少。对于交叉延误的处理，首先确定"初始延误者"，它对工程拖期负责。是否可以索赔可能会出现以下几种情况，如图 6.3 所示。其具体原因分析如下。

A．在初始延误是由承包人原因造成的情况下，随之产生的任何非承包人原因的延误都不会对最初的延误性质产生任何影响，直到承包人的延误缘由和影响已不复存在。因而在该延误时间内，发包人原因引起的延误和双方不可控制因素引起的延误均为不可索赔延误。见图 6.3 中的（1）~（4）。

B．如果在承包人的初始延误已解除后，发包人原因的延误或双方不可控制因素造成的延误依然在起作用，那么承包人可以对超出部分的时间进行索赔。在图 6.3 中（2）和（3）的情况下，承包人可以获得所示时段的工期延长，并且在图中（4）等情况下还能得到费用补偿。

C．反之，如果初始延误是由于发包人或工程师原因引起的，那么其后由承包人造成的延误将不会使发包人摆脱（尽管有时或许可以减轻）其责任。此时承包人将有权获得从发包人的延误开始到延误结束期间的工期延长及相应的合理费用补偿，见图 6.3 中的（5）~（8）所示。

D．如果初始延误是由双方不可控制因素引起的，那么在该延误时间内，承包人只可索赔工期，而不能索赔费用，见图 6.3 中的（9）~（12）。只有在该延误结束后，承包人才能对发包人或工程师原因造成的延误进行工期和费用索赔，见图 6.3 中的（12）所示。

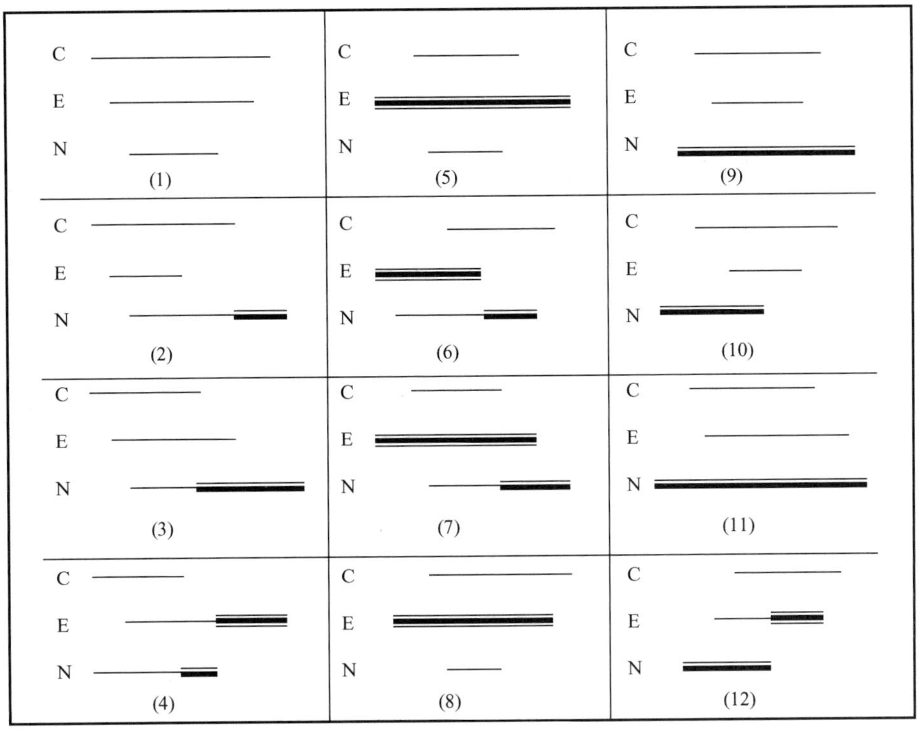

图 6.3　工程延误的交叉与补偿分析

注：C 为承包人原因造成的延误；E 为发包人或工程师原因造成的延误；N 为双方不可控制因素造成的延误；——为不可得到补偿的延期；▬▬▬ 为可以得到时间补偿的延期；▬▬▬ 为可以得到时间和费用补偿的延期。

2．计算方法

（1）分清责任。

在处理工期索赔时，首先分清引起工期延误的原因，若由承包人自身原因造成的，则不能索赔，只有由发包人应承担风险或责任的索赔事件造成的，才可以索赔。

（2）网络的计算法。

① 计算合同状态下的工期（T_c）。

② 计算可能状态下的工期（T_k），即考虑在合同履行过程中，应当由发包人承担风险或责任的索赔事件对工期的影响而确定的工期值。

③ 计算实际状态下的工期（t），即考虑所有索赔事件对工期影响而确定的工期值。

④ 分析判断。

A．可索赔的工期值

$$\Delta T = T_k - T_c \tag{6-1}$$

式中　ΔT——可索赔工期值；

　　　T_c——合同状态下的工期；

　　　T_k——可能状态下的工期。

B．是否延误工期的判断

$$\Delta t = t - T_k \qquad (6\text{-}2)$$

式中 t——实际状态下的工期；

Δt——工期延误或提前值。

若 $\Delta t < 0$，则提前竣工；$\Delta t = 0$，则按时完工；$\Delta t > 0$，则延误工期。

（3）比例类推法。

在实际工程中，若索赔事件仅影响某些单项工程、单位工程可分部分项工程的工期，要分析他们对总工期的影响，可采用较简单的比例类推法。比例类推法可分为两种情况。

① 按工程量进行比例类推。即根据已知的工程量及对应的工期来计算增加的工程量应延长的工期。

② 按造价进行比例类推。即根据已知的合同价款及对应的工期，来计算增加完成价款应增加的工期值。

比例类推法有以下特点：计算较简单、方便，但有些情况可能不适用；计算不太合理和科学，如发包人要求变更工程施工次序，发包人指令加速施工等，不适合此方法。另外当计划中的非关键工作工程量增加或造价增加时，由于时差的存在，不一定影响工期，若仍按这种方法就不合理，因而对于比例类推法从理论上应用较少。

3. 例题

【例 6-1】 某工程施工网络计划如图 6.4 所示（单位：天），在施工过程中发生以下事件：

A. 工作因发包人原因晚开工 2 天；

B. 工作承包人只用 18 天便完成；

H. 工作由于不可抗力影响晚开工 3 天；

G. 工作由于工程师指令晚开工 5 天。

问承包人可索赔的工期为多少天？

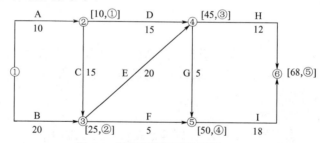

图 6.4 某工程施工网络计划

解：（1）求合同状态下的工期 T_c。

利用网络计划的标号法可求得 $T_c = 68$（天），如图 6.4 所示。

（2）求可能状态下的工期 T_k，即求非承包人应承担风险或责任的索赔事件影响下的工期，如图 6.5 所示（单位：天）。

由图上计算知，$T_k = 75$（天）

（3）求 ΔT。

$$\Delta T = T_k - T_c = 75 - 68 = 7 \,(\text{天})$$

即承包人可索赔的工期为 7 天。

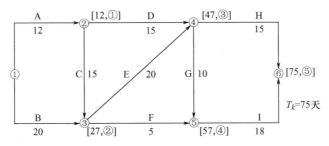

图 6.5 可能状态工期计算

【例 6-2】 某工程基础中,出现了不利的地质障碍,工程师指令承包人进行处理,土方工程量由原来的 2760m³ 增至 3280m³,原定工期 45 天,同时合同约定 10%范围内的工程量增加为承包人承担的风险,试求承包人可索赔的工期为多少天?

解:(1)可索赔工期的工程量为

$$Q = 3280 - 2760 \times (1 + 10\%) = 244(\text{m}^3)$$

(2)按比例法计算可索赔工期为

$$\Delta T = 45 \times \frac{244}{2760 \times (1 + 10\%)} \approx 3.62(\text{天}) \approx 4(\text{天})$$

6.3.3 费用索赔值的计算

1. 索赔费用分类及构成

(1)按索赔费用内容分。

① 人工费。主要包括人工单价上涨引起的费用,人工工时增加引起的费用,人工窝工引起的费用,人工生产效率降低引起的人工损失费用。

② 材料费。主要包括材料用量增加的费用,材料价格上涨增加的费用,材料库存时间延长增加的保管费。

③ 机械设备费。主要包括机械台班上涨增加费用,作业时间额外增加使用费用,机械闲置费用,机械降效费用及机械设备进出场费等。

④ 管理费。包括现场管理费和总部管理费。

⑤ 利润。包括合同变更利润、工程延期利润机会损失、合同解除利润和其他利润补偿等。

⑥ 其他应予以补偿的费用。包括利息、分包费、保险费及各种担保费等。

(2)按引起索赔事件分。

对于不同的索赔事件,将会有不同的费用构成内容。索赔方应根据索赔事件的性质,分析其具体的费用构成内容。表 6-6 列出了不同索赔事件可能的费用项目。

(3)按可索赔费用的性质分。

① 额外工作费用索赔。如工程量增加使承包人多做了工作,这种费用索赔一般包括利润。

② 损失索赔。如在合同履行中,由于物价的变化使承包人的施工成本增加,承包人机械闲置,工人窝工等造成承包人的额外损失,承包人可以向发包人索赔这方面的损失。

表6-6 索赔事件的费用项目构成

索赔事件	可能的费用项目	说明
工程延误	（1）人工费增加	包括工资上涨、现场停工、窝工、生产效率降低，不合理使用劳动力等损失
	（2）材料费增加	因工期延长引起的材料价格上涨（材料品种、用量变化）
	（3）机械设备费	设备因延期引起的折旧费、保养费、进出场费或租赁费等
	（4）现场管理费增加	包括现场管理人员的工资、津贴等，现场办公设施，现场日常管理费支出，交通费等
	（5）因工期延长的通货膨胀使成本增加	
	（6）相应保险费、保函费增加	工期延长增加保险费、保函费
	（7）分包人索赔	分包人因延期向承包人提出的费用索赔
	（8）总部管理费分摊	因延期造成公司总部管理费用增加
	（9）推迟支付引起的兑换率损失	工程延期引起支付延迟
	（10）利息	不能按时得到工程款导致不能按时还贷而增加利息
工程加速	（1）人工费增加	因发包人指令工程加速造成增加劳动投入，不经济地使用劳动力，生产效率降低，节假日加班
	（2）材料费增加	不经济地使用材料，材料提前交货的费用补偿，材料运输费增加
	（3）机械设备费	增加机械投入，不经济地使用机械
	（4）因加速增加现场管理费	也应扣除因工期缩短减少的现场管理费
	（5）资金成本增加	费用增加和支出提前引起负现金流量所支付的利息
工程中断	（1）人工费增加	如留守人员工资，人员的遣返和重新招雇费，对工人的赔偿等
	（2）机械设备费	设备停置费，额外的进出场费，租赁机械的费用等
	（3）保函费、保险费、银行手续费	
	（4）贷款利息	
	（5）总部管理费	
	（6）其他额外费用	如停工、复工所产生的额外费用，工地重新整理等费用
工程量增加	费用构成与合同报价相同	合同规定承包人应承担一定比例（如 5%，10%）的工程量增加风险，超过部分才予以补偿 合同规定工程量增加超出一定比例时（如 15%~20%）可调整单价，否则合同单价不变

2. 费用索赔值的计算原则与方法

（1）计算原则。

在整个索赔处理中，费用索赔是重点和最终目标。索赔事件的复杂性对承包人费用索赔值的计算影响和定量分析影响是非常大的。在工程实践中，费用索赔值的计算必须采用大家公认的方法及计算原则，否则，索赔可能得不到批准。费用索赔值的计算一般应遵循以下几条原则。

① 遵守合同、交易习惯及法规。即在索赔处理中应符合合同条件，分清当事双方的责任，按照合同、交易习惯及现行的法规所确定的方法来计算费用索赔值。对于由承包人自己应承担责任造成的费用增加应从损失计算值中扣除。在费用索赔中应做到有理有据，遵守双方的约定。

② 实事求是的原则。索赔成功的一个重要条件就是索赔一方必须有损失而且是由对方应承担风险或责任的索赔事件引起的。因而，承包人在计算费用索赔值时，应以索赔事件对承包人造成的实际成本和费用影响为基础，不能不诚信地过分夸大损失值，使自身收到额外的收益。这种损失可能包括承包人的直接损失和间接损失。

③ 有理有节的原则。在索赔处理中，承包人应选择合理的计算方法，让工程师、发包人接受和认可。当然，有些时候可以适当将损失值计算大一些，给工程师、发包人处理索赔留下空间。同时，在最终解决索赔过程中，必要时可以作让步，以换取对方的信任，从而达到"放小抓大"的效果。

（2）计算方法。

① 人工费的计算。人工费可按式 6-3 计算。

$$L = L_1 + L_2 + L_3 + L_4 \qquad (6\text{-}3)$$

式中 L——可索赔的人工费；

　　L_1——人工单价上涨费；

　　L_2——人工工时增加费；

　　L_3——人工窝工费；

　　L_4——人工生产效率降低损失费。

以下几种情况发生，承包人可以索赔人工费。

A．因发包人增加额外工程，或因发包人或工程师原因造成工程延误，导致承包人人工单价的上涨和工作时间的延长。

B．工程所在国法律、法规、政策等变化而导致承包人人工费用方面的额外增加，如提高当地雇佣工人的工资标准、福利待遇或增加保险费用等。

C．若由于发包人或工程师原因造成的延误或对工程的不合理干扰打乱了承包人的施工计划，致使承包人劳动生产率降低，导致人工工时增加的损失，承包人有权向发包人提出生产率降低损失的索赔。

D．由于发包人原因导致不能按时作业，人工出现窝工，可索赔人工窝工费。

E．发包人要求加速施工，不合理使用人工导致人工效率降低，可以索赔费用。

【例 6-3】 某木窗帘盒施工，长度 10000 米，合同中约定用工量为 2498 个工日，工资为 40 元/工日。实际中，由于发包人供应材料不符合要求，使承包人的实际用工量变为 2700

个工日，同时，实际工资上涨到 43 元/工日。合同中双方约定工日数及工资可按实际情况调整。试求在此情况下承包人可索赔的总费用，并分析此费用的构成。

解：（1）求索赔费。

原合同价为：2498×40=99920（元）

实际结算款为：2700×43=116100（元）

所以可索赔总费用 ΔC=116100-99920=16180（元）

（2）分析索赔费用的构成。

按实际工资及实际用工的结算款为：2700×43 = 116100（元）

按计划工资考虑实际用工的结算款为：2700×40 = 108000（元）

按计划工资考虑合同用工合同价为：2498×40 = 99920（元）

由已知条件可知，承包人索赔的人工费由两个部分构成，一部分是由于人工单价上涨引起的费用，其值为 116100-108000=8100（元）；另一部分是由于发包人提供的原材料不符合要求，人工生产效率降低引起的人工损失费，其值为 108000-99920=8080（元），这两部分共计 8100+8080=16180（元）。与第一步中计算的索赔总费用相等。

② 材料费计算。材料费用索赔可按式 6-4 计算。

$$m = m_1 + m_2 + m_3 \tag{6-4}$$

式中　m——可索赔的材料费；

　m_1——材料用量增加费；

　m_2——材料价格上涨费；

　m_3——材料库存时间延长保管费等。

以下几种情况发生时，承包人可以提出材料费索赔。

A．由于发包人或工程师要求追加额外工作、变更工作性质、改变施工方法等，造成承包人的材料用量增加，包括使用数量的增加和材料品种或种类的改变。

B．在工程变更或发包人延误时，可能会造成承包人材料库存时间延长、材料采购滞后或采用代用材料等，从而引起材料单位成本的增加。

③机械设备费计算。机械设备费索赔可按式（6-5）计算。

$$E = E_1 + E_2 + E_3 + E_4 + E_5 \tag{6-5}$$

式中　E——可索赔的机械设备费；

　E_1——机械作业台班增加费；

　E_2——机械台班上涨费；

　E_3——机械作业效率降低损失费；

　E_4——机械闲置费，一般包括折旧费和租赁费；

　E_5——机械设备进出场费的增加。

以下几种情况发生时，承包人可以提出机械设备费索赔。

A．由于设计变更引起的工程量增加，使机械作业时间增加。

B．由于发包人应承担风险或责任的索赔事件发生使工期延长导致机械台班费上涨。

C．由于发包人应承担风险或责任的索赔事件发生导致施工机械的闲置而发生的费用。

D．由于发包人要求加速施工，不合理使用机械设备而发生的费用损失。

④ 管理费计算。

A. 现场管理费：现场管理费是某单个合同发生的、用于现场管理的总费用，一般包括现场管理人员的费用、办公费、差旅费、工具用具使用费、保险费等。现场管理费的索赔计算一般有以下两种情况。

a. 直接成本增加的现场管理费索赔，可以用索赔事件的直接费乘以现场管理费率，而现场管理费率等于合同工程现场管理费总额除以该合同工程直接成本总额。其计算见式（6-6）。

$$MF(c) = C_1 \times \frac{F_0}{C_0} \qquad (6\text{-}6)$$

式中　$MF(c)$——直接成本增加的现场管理费索赔；

C_1——索赔事件的直接费；

F_0——合同工程现场管理费总额；

C_0——合同工程直接成本总额。

【例6-4】　某工程承包合同，价款为2100万元，其中利润占5%，总部管理费为150万元，现场管理费为250万元。在合同履行中，新增加工程的直接费为400万元。计算此承包合同可索赔的现场管理费为多少？

解：合同中利润为

$$I = \frac{5\%}{1+5\%} \times 2100 = 100\,(万元)$$

索赔事件的直接费　$C_0 = 2100-100-150-250 = 1600$（万元）

合同中现场管理费 $F_0 = 250$（万元）

根据式（6-6）得

$$MF(c) = C_1 \times \frac{F_0}{C_0} = 400 \times \frac{250}{1600} = 62.5\,（万元）$$

可索赔的现场管理费为62.5万元。

b. 工期延长的现场管理费索赔，可以用合同中约定的单位时间内现场管理费率乘以延长工期来计算。其计算式见式（6-7）。

$$MF(T) = \Delta T \times \frac{F_0}{T_0} \qquad (6\text{-}7)$$

式中　$MF(T)$——工期延长的现场管理费索赔；

ΔT——延长工期；

T_0——合同工期；

F_0——同式（6-6）。

B. 总部管理费：总部管理费是承包人企业总部发生的、为整个企业的经营运作提供支持和服务所发生的管理费用，一般包括总部管理人员费用、企业经营活动费用、差旅交通费、办公费、固定资产折旧、修理费、职工教育培训费用、保险费。

对于总部管理费一般采取分摊方法计算，主要有以下两种方法。

a. 总直接费分摊法。分摊方法是首先将承包人的总部管理费在所有合同工程之间分摊，然后再在每一个索赔合同工程的各个具体项目之间分摊。其分摊系数的确定与现场管理费类似，即可以将总部管理费总额除以合同期承包人完成的总直接费，据此比例可以确定每项直接费索赔中应包括的总部管理费。其计算见式（6-8）、式（6-9）。

$$f = \frac{总部管理费总额}{合同期承包人完成的总直接费} \times 100\% \qquad (6-8)$$

$$总部管理费索赔额 = f \times 争议合同直接费 \qquad (6-9)$$

式中　f——单位直接费的总部管理费率。

【例6-5】　某工程承包合同，索赔的直接费为40万元，在此期间该承包人完成其他合同的总直接费为160万元，已知在此期间，该承包人发生总部管理费为10万元。计算此承包合同的总部管理费索赔额。

解：根据式（6-8）和式（6-9）得

$$f = \frac{10}{40+160} \times 100\% = 5\%$$

$$总部管理费索赔额 = 40 \times 5\% = 2（万元）$$

b. 日费率分摊法。这种方法的基本思路是按合同额分配总部管理费，再用日费率计算应分摊的总部管理费索赔值。其计算公式为：

$$争议合同应分摊的总部管理费 = \frac{争议合同额}{合同期承包人完成的合同总额} \times 当期总部管理费总额$$
$$\qquad (6-10)$$

$$日总部管理费率 = \frac{争议合同应分摊的总部管理费}{合同履行天数} \qquad (6-11)$$

$$总部管理费索赔额 = 日总部管理费率 \times 合同延误天数 \qquad (6-12)$$

【例6-6】　某工程承包合同，合同工期为240天，实施过程中由于发包人原因延期60天，在此期间，承包人的经营状况如表6-7所示。计算争议合同总部管理费索赔额。

解：根据式（6-10）～（6-12）得

$$争议合同应分摊的总部管理费 = \frac{20}{60} \times 3 = 1（万元）$$

$$日总部管理费 = \frac{10000}{240+60} \approx 33.33元/天$$

$$总部管理费索赔额 = 33.33 \times 60 \approx 2000（元）$$

表6-7　承包人经营状况　　　　　　　　　　　　　单位：万元

项　目	合同类型		
	争议合同	其他合同	全部合同
合同额	20	40	60
实际直接总成本	18	32	50
当期总部管理费			3
总利润			7

⑤ 利润。对于利润损失的索赔，一般只有承包人做了额外的与工程相关的工作才能得到，如由于设计变更，导致工程量增加，不仅可以索赔成本、管理费，还可以索赔利润。以下几种情况发生，承包人可以提出利润索赔。

A. 因设计变更等变更引起的工程量增加。

B. 施工条件变化导致的索赔。

C. 施工范围变更导致的索赔。

D. 合同延误导致机会利润损失。

E. 合同终止带来预期利润损失等。

对于 FIDIC《施工合同条件》(2017 版)，可以索赔的情况见表 6-8。

表 6-8　可以合理补偿承包人索赔的条款

序号	条款号	主要内容	可补偿内容		
			工期	费用	利润
1	1.9	延误发放图纸	√	√	√
2	2.1	延误移交施工现场	√	√	√
3	4.7	承包人依据工程师提供的错误数据导致放线错误	√	√	√
4	4.12	不可预见的外界条件	√	√	√
5	4.24	施工中遇到文物和古迹	√	√	
6	7.4	非承包人原因检验导致施工的延误	√	√	√
7	8.4 (a)	变更导致竣工时间的延长	√		
8	(c)	异常不利的气候条件	√		
9	(d)	由于传染病或其他政府行为导致工期的延误	√		
10	(e)	发包人或其他承包人的干扰	√		
11	8.5	公共当局引起的延误	√		
12	10.2	发包人提前占用工程		√	√
13	10.3	对竣工检验的干扰	√	√	√
14	13.7	后续法规的调整	√	√	
15	18.1	发包人办理的保险未能从保险公司获得补偿部分		√	
16	19.4	不可抗力事件造成的损害	√	√	

3. 费用索赔综合计算案例

某施工单位与发包人按《建设工程施工合同（示范文本）》(GF—2017—0201) 签订施工承包合同，施工进度计划得到工程师的批准，如图 6.6 所示（单位：天）。

施工中，A、E 使用同一种机械，其台班费为 500 元/台班，折旧（租赁）费为 300 元/台班，假设人工工资 40 元/工日，窝工费为 20 元/工日。合同规定，提前竣工奖为 1000 元/天，延误工期罚款 1500 元/天 （各工作均按最早时间开工）。

施工中发生了以下的情况。

（1）A 工作由于发包人原因晚开工 2 天，致使 11 人在现场停工待命，其中 1 人是机械司机。

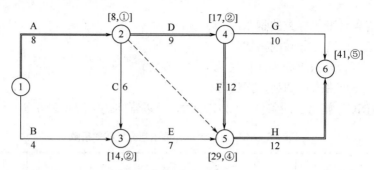

图 6.6　某工程施工进度计划

（2）C 工作原工程量为 100 个单位，相应的合同价为 2000 元，设计变更后工程量增加了 100 个单位。

（3）D 工作承包人只用了 7 天时间。

（4）G 工作由于承包人原因晚开工 1 天。

（5）H 工作由于不可抗力发生，增加了 4 天作业时间，场地清理用了 20 工日。

试问在此计划执行中，承包人可索赔的工期和费用各为多少？

解：

（1）工期顺延计算。

① 合同工期

合同状态下的工期计算如图 6.6 所示（单位：天），$T_c = 41$（天）

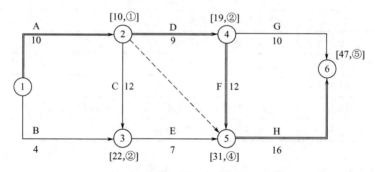

图 6.7　可能状态下的网络图

② 可能状态下的工期

A 作业持续时间：$8 + 2 = 10$（天）

C 工作持续时间：$6 + 6 = 12$（天）

H 工作持续时间：$12 + 4 = 16$（天）

可能状态下的工期计算如图 6.7 所示（单位：天），$T_k = 47$（天）

③可索赔的工期为：$47 - 41 = 6$（天）

（2）费用索赔（或补偿）的计算。

① A 工作：$(11-1) \times 20 \times 2 + 2 \times 300 = 1000$（元）

② C 工作：$2000 \times \dfrac{100}{100} = 2000$（元）

③ 清场费：20×40＝800（元）

④ 机械闲置的增加

按原合同计划，闲置时间：14－8＝6（天）

考虑了非承包人原因的闲置时间：22－10＝12（天）

增加闲置时间：12－6＝6（天）

费用补偿：6×300＝1800（天）

⑤ 奖励或罚款

实际状态下的工期计算如图6.8所示（单位：天）。

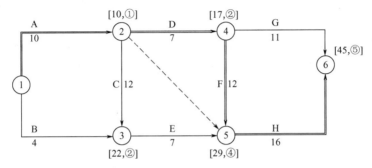

图6.8 实际状态下的网络图

实际状态下的工期：$t=45$（天）

$\Delta t = t - T_k = 45 - 47 = -2$，小于零，说明工期提前。

提前奖：2×1000=2000（天）

所以可索赔的费用为：1000+2000+800+1800+2000=7600（元）

6.4 反 索 赔

6.4.1 概述

1. 反索赔的含义

反索赔是指一方提出索赔时，另一方对索赔要求提出反驳、反击，防止对方提出索赔，不让对方的索赔成功或全部成功，并借此机会向对方提出索赔以保护自身合法利益的管理行为。

在工程实践中，当合同一方提出索赔要求，作为另一方，面对对方的索赔应作出如下的抉择：

如果对方提出的索赔依据充分，证据确凿，计算合理，则应实事求是地认可对方的索赔要求，赔偿或补偿对方的经济损失或损害；反之则应以事实为根据，以法律（合同）为准绳，反驳、拒绝对方不合理的索赔要求或索赔要求中的不合理部分，这就是反索赔。如可以全部或部分否定对方的索赔要求。

因而，反索赔不是不认可、不批准对方的索赔，而是应有理有据地反驳，拒绝对方索赔不合理的部分，进而维护自身的合法利益。

2. 反索赔的意义

在合同实施过程中，合同双方都在进行合同管理、寻找索赔机会。索赔事件发生后，合同双方都企图推卸自己的合同责任，并向对方提出索赔。不能进行有效的反索赔，会蒙受经济损失。反索赔与索赔具有同等重要地位，其意义主要表现在以下几方面。

（1）减少和防止损失的发生。如果不能进行有效的反索赔，不能推卸自己对于索赔事件的合同责任，则必须满足对方的索赔要求，支付赔偿费用，致使自己蒙受损失。由于合同双方利益不一致，索赔和反索赔又是一对矛盾，因而对合同双方来说，反索赔同样直接关系到工程效益的高低，反映着工程管理水平。

（2）成功的反索赔有利于鼓舞管理人员的信心，有利于整个工程及合同的管理，提高工程管理的水平，取得在合同管理中的主动权。在工程承包中，常常出现这种情况：由于不能进行有效的反索赔，一方管理者处于被动地位，工作中缩手缩脚，与对方交往诚惶诚恐，丧失主动权，这样必然会影响到自身的利益。

（3）成功的反索赔工作不仅可以反驳、否定对方的不合理要求，而且可以寻找索赔机会，维护自身利益。因为反索赔同样要进行合同分析、事态调查、责任分析、审查对方索赔报告。用这种方法可以摆脱被动局面，变不利为有利，守中有攻，能达到更好的索赔效果，并为自己索赔工作的顺利开展提供帮助。

3. 索赔与反索赔的关系

（1）索赔与反索赔是完整意义上索赔管理的两个方面。

在合同管理中，既要做好索赔工作，又要做好反索赔工作，最大限度地维护自身利益。索赔表现为当事人自觉地将索赔管理作为工程及合同管理的重要组成部分，成立专门机构认真研究索赔方法，总结索赔经验，不断提高索赔成功率；在工程合同实施过程中，能仔细分析合同缺陷，主动寻找索赔机会，为己方争取应得的利益。而反索赔在索赔管理策略上表现为防止被索赔，不给对方留下可以索赔的漏洞，使对方找不到索赔机会。在工程管理中体现为签署严密合理、责任明确的合同条款，并在合同实施过程中，避免己方违约。在反索赔解决过程中表现为，当对方提出索赔时，对其索赔理由予以反驳，对其索赔证据进行质疑，指出其索赔计算的问题，以达到尽量减少索赔额度，甚至完全否定对方索赔要求的目的。

（2）索赔与反索赔是进攻与防守的关系。

如果把索赔比作进攻，那么反索赔就是防守。没有积极的进攻，就没有有效的防守；同样，没有积极的防守，也就没有有效的进攻。在工程合同实施过程中，一方提出索赔，一般都会遇到对方的反索赔，对方不可能立即予以认可，索赔和反索赔都不太可能一次成功，合同当事人必须能攻善守、攻守相济，才能立于不败之地。

（3）索赔与反索赔都是双向的，合同双方均可向对方提出索赔与反索赔。

由于工程项目的复杂性，双方常常对索赔事件都负有责任，所以索赔中有反索赔，反索赔中又有索赔。发包人或承包人不仅要对对方提出的索赔进行反驳，而且要防止对方对己方索赔的反驳。

6.4.2　反索赔的内容

反索赔的内容包括两个方面：一是防止对方提出索赔；二是反驳对方的索赔要求。

1. 防止对方提出索赔

这是一种积极防御的反索赔措施，其主要表现为以下几个方面。

（1）认真履行合同，避免自身违约给对方留下索赔的机会。

这就要求当事人自身加强合同管理及内部管理，使对方找不到索赔的理由和依据。

（2）在出现了应由自身承担风险或责任的索赔事件并给对方造成了额外的损失时，力争主动提出与对方协商并提出补偿办法，做到先发制人，可能比被动等到对方向自己提出索赔对自身更有利。

（3）在出现了双方都有责任的索赔事件时，应采取先发制人的策略，索赔事件（索赔事件）一旦发生，应着手研究、收集证据。先向对方提出索赔要求，同时又准备反驳对方的索赔。这样做的作用有：可以避免超过索赔有效期而失去索赔机会，同时可使自身处于有利地位，因为对方要花时间和精力分析研究己方的索赔要求，可以打乱对方的索赔计划。再者可为最终解决索赔留下余地。因为通常在索赔的处理过程中双方都可能作让步，而先提出索赔的一方其索赔额可能较高而处在有利位置。

2. 反驳对方的索赔

为了减少己方的损失必须反驳对方的索赔。反驳对方的措施及注意的问题主要有以下几个方面。

（1）利用己方的索赔来对抗对方的索赔要求，抓住对方的失误或不作为行为对抗对方的要求。如我国《民法典》中依据诚实信用的原则，规定了当事人双方有减损义务，即在合同履行中发生了应由对方承担风险或责任的索赔事件使自身有损失时，这时受损方应采取有效的措施使损失降低或避免损失进一步的发生；若受损方能采取措施但没有采取措施，使损失扩大了，则受损方将失去补偿和索赔的权利，因而可以利用此原则来分析索赔方是否有这方面的行为，若有，就可对其进行反驳。

（2）反驳对方的索赔报告，找出理由和证据，证明对方的索赔报告不符合事实情况、不符合合同规定、没有根据、计算不准确，以推卸或减轻自己的赔偿责任，使自己不受或少受损失。

（3）在反索赔中，应当以事实为依据，以法律（合同）为准绳，实事求是、有理有据地认可对方合理的索赔，反驳、拒绝对方不合理的索赔，按照公平、诚信的原则解决索赔问题。

6.4.3　反索赔的程序与报告

1. 反索赔程序

与索赔一样，反索赔要取得成功也应坚持一定的工作程序，认真分析对方的索赔报告，否则不可能成功。反索赔的一般工作程序如图 6.9 所示。

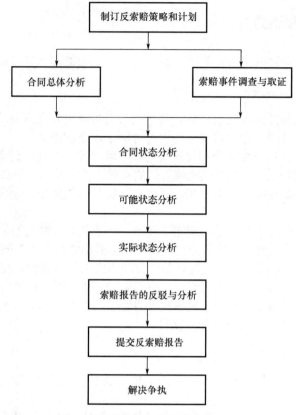

图 6.9　反索赔的一般工作程序

（1）制订反索赔策略和计划。

这就要求反索赔一方应加强工程管理与合同分析，并利用以往的经验，对对方在哪些地方、哪些事件可能提出索赔进行预测，制订相应的应急反索赔计划；一旦对方提出索赔要求后，结合实际的索赔要求以及反索赔的应急计划来制订本次反索赔的详细计划和方法。

（2）合同总体分析。

合同总体分析主要对索赔事件产生的原因进行合同分析，索赔是否符合合同约定、法律法规及交易习惯。同时通过对这些索赔依据的分析，寻找出对对方不利的条款或相关规定，使对方的要求无立足之地。

（3）索赔事件调查与取证。

反索赔的处理中，应以各种实际工程资料作为证据，用以对照索赔报告所描述的事情经过和所附证据。通过调查可以确定索赔事件的起因、事件经过、持续时间、影响范围等真实详细的情况，以反驳不真实、不肯定、没有证据的索赔事件。

在此应收集整理所有与反索赔相关的工程资料。

（4）三种状态的分析。

三种状态的分析是指在上述调查与取证的基础上进行合同状态、可能状态和实际状态的分析与计算，以便确定对方应得到的索赔值和己方反驳的底线。

（5）索赔报告的反驳与分析。

在（3）、（4）两步的工作基础上，对对方的索赔报告进行反驳与分析，指出其不合理的地方。

对对方索赔报告的反驳核查，可以从以下几个方面进行。

① 索赔要求或报告的时限性。审查对方在索赔事件发生后，是否在合同规定的索赔时限内提出了索赔要求或报告，如果对方未能及时提出书面的索赔要求和报告，则将失去索赔的机会和权利，对方提出的索赔则不能成立。

② 索赔事件的真实性。索赔事件必须真实可靠，符合工程实际状况，不真实、不肯定或仅是猜测甚至无中生有的事件不能提出索赔，索赔当然也就不能成立。

③ 索赔事件原因、责任分析。如果事件责任是由于索赔者自己疏忽大意、管理不善、决策失误或因其自身应承担的风险等造成，则应由对方自己承担损失，对方的索赔不能成立。如果合同双方都有责任，则应按各自的责任大小分担损失。只有确属是自己一方的责任时，对方的索赔才能成立。

④ 索赔理由分析。索赔理由分析，就是分析对方的索赔要求是否与合同条款或有关法规一致，是否符合工程交易习惯，所受损失是否属于应由对方负责的原因所造成。即应分析对方索赔的依据是否充分，否则就可以否定对方的索赔要求。

⑤ 索赔证据分析。索赔证据分析，就是分析对方所提供的证据是否真实、有效、合法，是否能证明索赔要求成立。证据不足、不全、不当、没有法律证明效力或没有证据，索赔是不能成立的。

⑥ 索赔值的审核。对于对方合理的索赔，应对其索赔值进行审核，防止对方夸大计算。此时审核的重点主要有以下几点。

A. 各数据的准确性。对索赔报告中所涉及的各个计算基础数据都须作审查、核对，以找出其中的错误和不恰当的地方。

B. 计算方法的合理性。索赔通常都用分项法计算，但不同的计算方法对计算结果影响很大。在实际工程中，这方面争执常常很大。对于重大的索赔，须经过双方协商谈判才能对计算方法达成一致，特别对于总部管理费的分摊方法，工期拖延的费用索赔计算方法等。

C. 计算本身是否正确。主要审核计算中计算的数值、小数点及单位是否有误。若最终结果的小数点错一位，那么会使反索赔前功尽弃。

（6）提交反索赔报告。

2. 反索赔报告

反索赔报告是对反索赔工作的总结，向对方（索赔者）表明自己的分析结果、立场，对索赔要求的处理意见以及反索赔的证据。根据索赔事件性质，索赔值的大小、复杂程度及对索赔认可程度的不同，反索赔报告的内容不同，其形式也不一样。目前对反索赔报告没有一个统一的格式。但作为一份反索赔报告应包括以下的内容。

（1）向索赔方的致函。在这份信函中表明反索赔方的态度和立场，提出解决双方有关索赔问题的意见或安排等。

（2）合同责任的分析。这里对合同作总体分析，主要分析合同的法律基础、合同语言、合同文件及变更、合同价格、工程范围、工程变更补偿条件、施工工期的规定及延长的条件、合同违约责任、争执的解决规定等。

（3）合同实施情况简述和评价。主要包括合同状态、可能状态、实际状态的分析。这里重点针对对方索赔报告中的问题和索赔事件，叙述事实情况，应包括三种状态的分析结果，对双方合同的履行情况和工程实施情况作评价。

（4）对对方索赔报告的分析。主要分析对方索赔的理由是否充分、证据是否可靠可信、索赔值是否合理，指出其不合理的地方，同时表明反索赔方处理的意见与态度。

（5）反索赔的意见和结论。

（6）各种附件。主要包括反索赔方提出反索赔的各种证据资料等。

一、简答题

1. 简述索赔的定义、特征及分类。
2. 简述索赔与反索赔的一般程序及其报告的内容。
3. 分析交叉延误条件下工期和费用补偿的相关情况。
4. 简述索赔费用的组成及计算方法。
5. 辨析索赔和反索赔的关系。
6. 什么叫索赔事件？常见的索赔事件有哪些？
7. 简述工期索赔的分类及处理。

二、计算题

1. 某施工单位与发包人按《建设工程施工合同（示范文本）》（GF—2017—0201）签订施工承包合同，施工进度计划如图 6.10 所示。施工中 C、E 使用同一种机械，其台班费为 500 元/台班，折旧（或租赁）费为 300 元/台班，假设人工工资为 40 元/工日，窝工补偿为 20 元/工日，合同规定，提前竣工奖为 1000 元/天，延期罚款 1500 元/天，各工作均按最早开始时间开工。

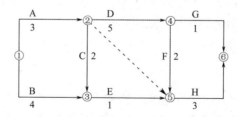

图 6.10　施工进度计划

施工中发生了以下的情况。

（1）A 工作由于发包人原因晚开工 2 天，致使 10 人在现场停工待命。

（2）C 工作原工程量为 100 个单位，相应的合同价为 2000 元，设计变更后工程量增加了 100 个单位。

（3）D 工作由于承包人加大施工力度缩短了 2 天。

（4）G 工作由于承包人原因晚开工 1 天。

（5）H工作由于工程师的指令有误晚开工1天，20人停工。

问题：承包人可索赔的工期和费用各为多少？

2. 某工程项目的施工招标文件表明该工程采用综合单价计价方式，工期为15个月。承包人投标所报工期为13个月。合同总价确定为8000万元。合同约定：实际完成工程量超过估计工程量25%时允许调整单价；拖延工期每天赔偿金为合同总价的1‰，最高拖延工期赔偿金为合同总价的10%；若能提前竣工，每提前一天的奖金按合同总价的1‰计算。

承包人开工前编制并经总监理工程师认可的施工进度计划如图6.11所示。

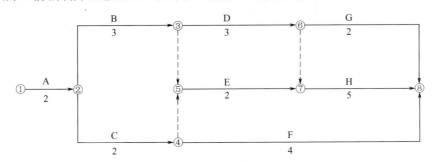

图6.11　施工进度计划

施工过程中发生了以下4个事件，致使承包人完成该工程项目的施工实际用了15个月。

事件1：A、C两项工作为土方工程，工程量均为16万 m^3，土方工程的合同单价为16元/ m^3。实际工程量与估计工程量相等。施工计划进行4个月后，总监理工程师以设计变更通知发布新增土方工程N的指示。该工作的性质和施工难度与A、C工作相同，工程量为32万 m^3。N工作在B和C工作完成后开始施工，且为H和G的紧前工作。总监理工程师与承包人依据合同约定协商后，确定的土方变更单价为14元/ m^3。承包人计划用4个月完成。3项土方工程均租用1台机械开挖，机械租赁费为1万元/月·台。

事件2：F工作，因设计变更等待新图纸延误1个月。

事件3：G工作由于连续降雨累计1个月导致实际施工3个月完成，其中0.5个月的日降雨量超过当地30年气象资料记载的最大强度。

事件4：H工作由于分包人施工的工程质量不合格造成返工，实际5.5个月完成。

由于以上事件，承包人提出以下索赔要求：

（1）顺延工期6.5个月。理由是：完成N工作4个月；变更设计图纸延误1个月；连续降雨属于不利的条件和障碍影响1个月；总监理工程师未能很好地控制分包人的施工质量应补偿工期0.5个月。

（2）N工作的费用补偿=16元/ m^3 ×32万 m^3 =512（万元）。

（3）由于第5个月后才能开始N工作的施工，要求补偿5个月的机械闲置费5月×1万元/月·台×1台=5（万元）。

问题：

（1）请对以上施工过程中发生的4个事件进行合同责任分析。

（2）根据总监理工程师认可的施工进度计划，应给予施工单位顺延的工期是多少？说明理由。

（3）确定应补偿承包人的费用，并说明理由。

（4）分析承包人应获得工期提前奖励还是承担拖延工期违约赔偿责任，并计算其金额。

第7章
工程变更管理

教学提示

工程变更是工程合同履行过程中的必然现象，对于任何一个建设项目而言，工程变更是不可避免的。如何激发合同主体各方在工程变更活动中的主观能动性，对工程变更实施有效的管理与控制，是衡量工程合同管理水平的重要方面。

教学要求

本章要求学生了解工程变更的概念与分类及其主体各方在工程变更活动中的权利与义务，重点掌握设计变更和施工措施变更的内涵及其特点、工程变更价款的确定方法和基本的工程变更管理方法与控制程序。

7.1　工程变更的概念与分类

工程变更是建设项目合同管理的重要内容，是影响建设项目进度控制、质量控制和投资控制的关键因素。从纯技术层面分析，工程变更有广义和狭义之分。广义的工程变更包含合同变更的全部内容，如工程实施中形式的变更、工程量清单数量的增减、工程质量要求及相关技术标准的变动、法律的调整以及合同条件的修改等。而狭义的工程变更只包括传统的以工程变更形式变更的内容，如建筑物标高的变动、道路线形的调整、施工技术方案的变化等。从工程变更实施效果角度分析，工程变更有积极的和消极的之分。积极的工程变更是指建设项目主体各方针对建设项目合同控制目标所主动采取的通过优化设计和施工措施方案以及调整工程实施计划等手段以达到降低工程成本、提高工程质量和缩短建设工期目的的工程变更。如优化高速公路线形以及在房屋建筑工程现浇混凝土施工中采用冷轧带肋钢筋代替普通圆钢等工程变更均属于典型的积极的工程变更。消极的工程变更是指由于各类客观因素的影响（如设计错误、工程地质条件变化等），为保障建设项目顺利实施而必须作出调整的工程变更。消极的工程变更也包括建设项目主体各方违背诚信原则和建设项目合同控制目标所采取的不利于降低工程成本、有损工程质量和延误建设工期的工程变更。工程变更对建设项目的实施有着巨大的影响，消极的工程变更往往导致建设项目工期延误、投资失控以及对劳动生产率产生负面的影响。由工程变更演变而来的工程索赔、合同争端及诉讼加剧了发包人与承包人之间的矛盾。由于上述种种原因，国内外建筑业一直致力于研究工程变更的起因及其对建设项目的影响。对工程变更的充分研究可以为发包人和承包人提供经验，使其能更好地控制工程变更，减轻工程变更对建设项目的不利影响。由于建筑产品生产的独特属性以及各种主客观因素的影响，对任何一个建设项目而言，工程变更是不可避免的。因此，加强工程变更的管理与控制对实现建设项目合同管理目标具有重要的意义。

7.1.1　工程变更的概念

　　工程变更概念的准确把握是开展工程变更管理的基础。由于工程变更内容的复杂性，至今尚没有一个公认的确切定义。目前，国外研究文献对工程变更的定义通常包括以下 4 种。

　　（1）工程变更是指导致对工程初始范围、实施时间或价款调整的任何事件。

　　（2）工程变更是指对工程初始范围的所有改变。

　　（3）工程变更是指增减原合同范围或是影响完成原合同范围的时间和成本的更改或项目工序的改变。

　　（4）工程变更是指以下事件中的任何一项：①合同中包括的任何工作内容的数量的改变（但此类改变不一定构成变更）；②任何工作内容的质量或其他特性的改变；③任何部分工程的标高、位置和（或）尺寸的改变；④任何工作的删减，但要交他人实施的工作除外；⑤永久工程所需的任何附加工作、生产设备、材料或服务，包括任何有关的竣工试验、钻孔、其他试验和勘探工作；⑥实施工程的顺序或时间安排的改变。

　　从上述各种定义可见，国外研究者对于工程变更的理解亦是仁者见仁、智者见智。相比之下，第 1 种定义对工程变更的描述更为全面，涵盖了工程变更的几项主要内容；第 4 种定义对工程变更的定义则较为具体。此外，人们对工程变更概念的认识通常有一个误区，即将工程变更简单地等同于工程变更指令，这种理解是不全面的，而且是有误的。工程变更指令通常是指在合同条款约定的条件下，由双方签署的补偿承包人变更、追加工程、延误或其他共同议定的影响因素的正式文件。在双方缺乏共同协议的情况下，一些发包人单方面发出变更指令，这些指令基于他们自己的估价来确认变更，而且许可在协议达成或争端解决之前给予临时性进度支付。很显然，工程变更不等于工程变更指令，工程变更应包括合同变更的全部内容。工程变更指令只是工程变更的一个组成部分而不是全部。许多工程变更是由第三方原因引起的，或属于推定变更的范畴。例如，发包人坚持按原定工期完成工程，尽管承包人有权利作时间上的延期；承包人认为他已经按推定变更进行了加速施工或压缩工序作业时间，尽管他没有收到确切的加速施工指令。

7.1.2　工程变更的分类

　　工程变更的内涵十分丰富，可以从不同的角度加以分类。工程管理实践中，通常按照工程变更所包含的具体内容，将其划分为如下 5 个类别。

1. 设计变更

设计变更是指建设工程施工合同履约过程中，由工程不同参与方提出，最终由设计单位以设计变更或设计补充文件形式发出的工程变更指令。设计变更包含的内容十分广泛，是工程变更的主体内容。常见的设计变更有：因设计计算错误或图示错误发出的设计变更通知书；因设计遗漏或设计深度不够而发出的设计补充通知书；以及应发包人、承包人或监理人请求对设计所作的优化调整等。

2. 施工措施变更

施工措施变更是指在施工过程中，承包人因工程地质条件变化、施工环境或施工条件的改变等因素影响，向监理人和发包人提出的改变原施工措施方案的过程。施工措施方案的变更应经监理人和发包人审查同意后实施，否则引起的费用增加和工期延误将由承包人自行承担。重大施工措施方案的变更还应征询设计人意见。在建设工程施工合同履约过程中，施工措施变更存在于工程施工的全过程。如人工挖孔桩桩孔开挖过程中出现地下流沙层或淤泥层，需采取特殊支护措施，方可继续施工；公路或市政道路工程路基开挖过程中发现地下文物，需停工采取特殊保护措施；建筑物主体施工过程中，因市场供应原因引起的混凝土搅拌方式的调整；等等。

3. 条件变更

条件变更是指施工过程中，因发包人未能按合同约定提供必需的施工条件以及不可抗力发生导致工程无法按预定计划实施。如发包人承诺交付的工程后续施工图纸未到，致使工程中途停顿；发包人提供的施工临时用电因社会用电紧张而断电，导致施工生产无法正常进行；特大暴雨或山体滑坡导致工程停工。

4. 计划变更

计划变更是指施工过程中，发包人因上级指令、技术因素或经营需要，调整原定施工进度计划，改变施工顺序和时间安排。如小区群体工程施工中，根据房屋销售进展情况，部分房屋需提前竣工，另一部分房屋适当延迟交付，这类变更就是典型的计划变更。

5. 新增工程

新增工程是指施工过程中，发包人扩大建设规模，增加原招标工程量清单之外的建设内容。

根据大量工程实践中存在的工程变更所揭示的特征，各类常见工程变更可从可控性、技术性、所处阶段、发生的频率和变更的来源方5个不同层面加以描述。一般情况下，设计变更和施工措施变更的可控性强，其余变更的可控性一般或较弱。从技术性角度而言，设计变更的技术性强，施工措施变更次之，其余变更则较弱。从所处阶段分析，一般房屋建筑工程设计变更和施工措施变更涵盖工程施工的全过程，其余变更则主要发生在工程主体施工阶段和装饰施工阶段。从发生频率来看，设计变更最高，施工措施变更次之，其余变更则较低。从变更的来源方即提出（或引起）变更的主体观察，设计变更和施工措施变更范围最广，发包人、承包人、监理人和设计人均可提出设计变更和施工措施变更要求，计划变更和新增工程一般由发包人提出，条件变更则通常由发包人或不可抗力引起。

7.2　合同主体各方在工程变更活动中的权利与义务

7.2.1　监理人在工程变更活动中的权利与义务

（1）在专用合同条款约定的范围和规定的时限内审批承包人提出的工程变更建议书。若属设计变更，则需报设计单位确认后执行。对于超出专用合同条款授权范围的工程变更，监理人应在规定的时限内向发包人提出自己的审核意见。

（2）监理人有义务独立地向发包人提出工程变更建议。

（3）监理人有权利分享其所提出的工程变更给发包人带来的收益，分享方式及比例由双方在专用合同条款中约定。

7.2.2　发包人在工程变更活动中的权利与义务

（1）在专用合同条款约定的范围和规定的时限内审批承包人或监理人提出的工程变更建议书。若属设计变更，则需报设计单位确认后执行。

（2）对设计单位直接发出的工程设计变更文件，应对其进行技术经济评价，在专用合同条款约定的时限内将评价结果反馈回设计单位，经设计单位再次确认或修改调整后组织承包人实施。

7.2.3　承包人在工程变更活动中的权利与义务

（1）承包人有义务独立地向监理人或发包人提出工程变更建议。

（2）承包人有权利分享其所提出的工程变更给发包人带来的收益，分享方式及比例由双方在专用合同条款中约定。

7.3　工程变更价款的确定

7.3.1　工程变更的范围

施工合同履行过程中发生以下情形的，应按照约定进行变更。

（1）增加或减少合同中任何工作，或追加额外的工作。

（2）取消合同中任何工作，但转由他人实施的工作除外。

（3）改变合同中任何工作的质量标准或其他特性。

（4）改变工程的基线、标高、位置和尺寸。

（5）改变工程的时间安排或实施顺序。

7.3.2 变更权

发包人和监理人均可以提出变更。变更指示均通过监理人发出，监理人发出变更指示前应征得发包人同意。承包人收到经发包人签认的变更指示后，方可实施变更。未经许可，承包人不得擅自对工程的任何部分进行变更。

涉及设计变更的，应由设计人提供变更后的图纸和说明。如变更超过原设计标准或批准的建设规模时，发包人应及时办理规划、设计变更等审批手续。

7.3.3 变更程序

1. 发包人提出变更

发包人提出变更的，应通过监理人向承包人发出变更指示，变更指示应说明计划变更的工程范围和变更的内容。

2. 监理人提出变更建议

监理人提出变更建议的，需要向发包人以书面形式提出变更计划，说明计划变更的工程范围和变更的内容、理由，以及实施该变更对合同价格和工期的影响。发包人同意变更的，由监理人向承包人发出变更指示；发包人不同意变更的，监理人无权擅自发出变更指示。

3. 变更执行

承包人收到监理人下达的变更指示后，认为不能执行，应立即提出不能执行该变更指示的理由。承包人认为可以执行变更的，应当书面说明实施该变更指示对合同价格和工期的影响，且合同当事人应当按照变更估价约定确定变更估价。

7.3.4 变更估价

工程变更价款的确定，既是工程变更方案经济性评审的重要内容，也是工程变更发生后调整合同价款的重要依据。一般情况下，承包人在工程变更确定后规定的时间内应提出工程变更价款的报告，经监理人审查、发包人审批后方可调整合同价款。

1. 变更估价原则

除专用合同条款另有约定外，变更估价按照下列约定处理。

（1）已标价工程量清单或预算书有相同项目的，按照相同项目单价认定。

（2）已标价工程量清单或预算书中无相同项目，但有类似项目的，参照类似项目的单价认定。

（3）变更导致实际完成的变更工程量与已标价工程量清单或预算书中列明的该项目工程量的变化幅度超过15%的，或已标价工程量清单或预算书中无相同项目及类似项目单价的，按照合理的成本与利润构成的原则，由合同当事人确定变更工作的单价。

2. 变更估价程序

承包人应在收到变更指示后14天内，向监理人提交变更估价申请。监理人应在收到承包人提交的变更估价申请后7天内审查完毕并报送发包人，监理人对变更估价申请有异议，通知承包人修改后重新提交。发包人应在承包人提交变更估价申请后14天内审批完毕。发包人逾期未完成审批或未提出异议的，视为认可承包人提交的变更估价申请。

因变更引起的价格调整应计入最近一期的进度款中支付。

一些研究文献的研究结论表明，确定工程变更的价格可以包括如下4种方法。

（1）采用工程量清单中的综合单价或费率。

（2）根据工程所在地工程造价管理机构颁布的概预算定额、工程量清单项目综合单价定额或工程量清单项目工料机消耗量定额确定。

（3）根据现场施工记录和承包人实际的人工、材料、施工机械台班消耗量以及投标书中的工料机价格、管理费率和利润率综合确定。但是，由于承包人管理不善，设备使用效率降低以及工人技术不熟练等因素造成的成本支出应从变更价格中剔除。

（4）采用计日工方式。此方式适用于规模较小，工作不连续，采用特殊工艺措施，无法规范计量以及附带性的工程变更项目。合同中未包括计日工清单项目的，不宜采用计日工方式。

采用计日工方式计价的变更项目，经发包人同意后，由监理人通知承包人以计日工计价方式实施相应的工作，其价款按列入已标价工程量清单或预算书中的计日工计价项目及其单价进行计算；已标价工程量清单或预算书中无相应的计日工单价的，按照合理的成本与利润构成的原则，由合同当事人商定或确定计日工的单价。

采用计日工计价的任何一项工作，承包人应在该项工作实施过程中，每天提交以下报表和有关凭证报送监理人审查。

（1）工作名称、内容和数量。

（2）投入该工作的所有人员的姓名、专业、工种、级别和耗用工时。

（3）投入该工作的材料类别和数量。

（4）投入该工作的施工设备型号、台数和耗用台时。

（5）其他有关资料和凭证。

计日工由承包人汇总后，列入最近一期进度付款申请单，由监理人审查并经发包人批准后列入进度付款。

工程变更价款的确定过程如图7.1所示。

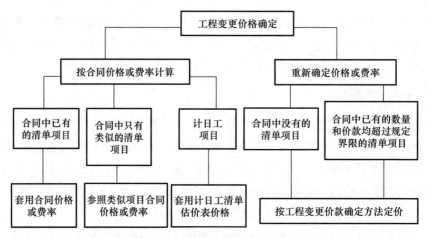

图 7.1　工程变更价款的确定过程

7.3.5　承包人的合理化建议

承包人提出合理化建议的，应向监理人提交合理化建议说明，说明建议的内容和理由，以及实施该建议对合同价格和工期的影响。

监理人应在收到承包人提交的合理化建议后 7 天内审查完毕并报送发包人，发现其中存在技术上的缺陷，应通知承包人修改。发包人应在收到监理人报送的合理化建议后 7 天内审批完毕。合理化建议经发包人批准的，监理人应及时发出变更指示，由此引起的合同价格调整按照变更估价约定执行。发包人不同意变更的，监理人应书面通知承包人。

合理化建议降低了合同价格或者提高了工程经济效益的，发包人可对承包人给予奖励，奖励的方法和金额在专用合同条款中约定。

7.3.6　暂估价

暂估价专业分包工程、服务、材料和工程设备的明细由合同当事人在专用合同条款中约定。

1. 依法必须招标的暂估价项目

对于依法必须招标的暂估价项目，采取以下第 1 种方式确定。合同当事人也可以在专用合同条款中选择其他招标方式。

第 1 种方式：对于依法必须招标的暂估价项目，由承包人招标，对该暂估价项目的确认和批准按照以下约定执行。

（1）承包人应当根据施工进度计划，在招标工作启动前 14 天将招标方案通过监理人报送发包人审查，发包人应当在收到承包人报送的招标方案后 7 天内批准或提出修改意见。承包人应当按照经过发包人批准的招标方案开展招标工作。

（2）承包人应当根据施工进度计划，提前 14 天将招标文件通过监理人报送发包人审批，发包人应当在收到承包人报送的相关文件后 7 天内完成审批或提出修改意见；发包人有权确定招标控制价并按照法律规定参加评标。

（3）承包人与供应商、分包人在签订暂估价合同前，应当提前7天将确定的中标候选供应商或中标候选分包人的资料报送发包人，发包人应在收到资料后3天内与承包人共同确定中标人；承包人应当在签订合同后7天内，将暂估价合同副本报送发包人留存。

第2种方式：对于依法必须招标的暂估价项目，由发包人和承包人共同招标确定暂估价供应商或分包人的，承包人应按照施工进度计划，在招标工作启动前14天通知发包人，并提交暂估价招标方案和工作分工。发包人应在收到后7天内确认。确定中标人后，由发包人、承包人与中标人共同签订暂估价合同。

2. **不属于依法必须招标的暂估价项目**

除专用合同条款另有约定外，对于不属于依法必须招标的暂估价项目，采取以下第1种方式确定。

第1种方式：对于不属于依法必须招标的暂估价项目，按本项约定确认和批准。

（1）承包人应根据施工进度计划，在签订暂估价项目的采购合同、分包合同前28天向监理人提出书面申请。监理人应当在收到申请后3天内报送发包人，发包人应当在收到申请后14天内给予批准或提出修改意见，发包人逾期未予批准或提出修改意见的，视为该书面申请已获得同意。

（2）发包人认为承包人确定的供应商、分包人无法满足工程质量或合同要求的，发包人可以要求承包人重新确定暂估价项目的供应商、分包人。

（3）承包人应当在签订暂估价合同后7天内，将暂估价合同副本报送发包人留存。

第2种方式：承包人按照依法必须招标的暂估价项目约定的第1种方式确定暂估价项目。

第3种方式：承包人直接实施的暂估价项目。

承包人具备实施暂估价项目的资格和条件的，经发包人和承包人协商一致后，可由承包人自行实施暂估价项目，合同当事人可以在专用合同条款约定具体事项。

因发包人原因导致暂估价合同订立和履行迟延的，由此增加的费用和（或）延误的工期由发包人承担，并支付承包人合理的利润。因承包人原因导致暂估价合同订立和履行迟延的，由此增加的费用和（或）延误的工期由承包人承担。

7.4 工程变更的管理与控制

发包人和监理人可分别在专用合同条款约定的范围内发出工程变更指令，除获得发包人或监理人指令外，承包人不得擅自作出任何变更。除非在特殊情况下，发包人或监理人可书面批准承包人除遵照发包人和监理人指令以外而作出的任何工程变更。任何发包人或监理人要求或获发包人和监理人随后追加的工程变更均不会使合同失效。对工程变更权的规定有利于合理划分工程变更活动中管理层和执行层的界面，促进工程变更活动的有序开展，防止工程变更现象的失控。

承包人收到监理人下达的变更指示后，认为不能执行，应立即提出不能执行该变更指示的理由。如果双方对变更金额或时间安排发生争议，经协商未能达成一致意见，承包人不得因双方对变更事项未达成一致意见而拒绝执行或拖延执行工程变更指令。如果承包人在工程变更指令发出后7天内不执行或拒绝执行该指令，发包人有权雇佣其他承包人执行该指令，所增加的费用一般由承包人负责。此规定有利于约束承包人严格履行合同和等同于合同副件的工程变更指令，通过增加违约成本的方式保证工程变更指令的及时执行。

7.4.1　工程变更的分类控制

在工程变更的管理实践和理论研究中，人们通常按照工程变更的性质和费用影响实施分类控制，以区分发包人和监理人在处理不同属性变更问题上的职责、权限及其工作流程。一般把工程变更分为 3 个重要性不同的层级，即：①重大变更；②重要变更；③一般变更。其特征和控制程序如下。

1．重大变更

重大变更是指一定限额以上的涉及设计方案、施工措施方案、技术标准、建设规模和建设标准等内容的变动。如高层建筑基础形式的变更，道路线形的调整，隧道位置的移动，交通工程重大防护设施的变更等。

重大变更一般由监理人初审，报送发包人后，由发包人组织勘察人、设计人、监理人和承包人各方评审通过后实施。

2．重要变更

重要变更是指一定限额区间内的不属于重大变更的较大变更。如建筑物局部标高的调整，工序作业方案的变动等。

重要变更一般由总监理工程师批准后实施。

3．一般变更

一般变更是指一定限额以下的设计差错、设计遗漏、材料代换以及施工现场必须立即作出决定的局部修改等。一般变更由监理人审查批准后实施。

3 类变更的限额依建设项目投资规模，合同控制目标等因素综合设定。如国内某跨海大桥工程合同文件中，对 3 类变更的限额划分如下。

（1）重大变更：一个（次）变更产生的合同增、减的费用超过 10 万元，或多个（次）类似变更累计产生的合同增、减的费用超过 20 万元。但是，工程中任何种类的附加工作和任何部分规定施工顺序或时间安排的变更不受此限额约束，均属于重要变更或重大变更范畴。

（2）重要变更：一个（次）变更产生的合同增、减的费用在 5～10 万元之间或多个（次）类似变更累计产生的合同增、减的费用在 5～20 万元之间。

（3）一般变更：变更产生的合同增、减的费用不超过 5 万元。

7.4.2　工程变更控制系统的构成

根据系统工程原理和建设项目工程变更的特点，建设项目工程变更控制系统一般由以下 8 个子系统构成，分别为：变更生成系统、变更评审系统、变更决策系统、变更发布系统、变更执行系统、变更监督系统、变更预警系统、变更绩效评估系统。

建设项目工程变更控制系统如图 7.2 所示。

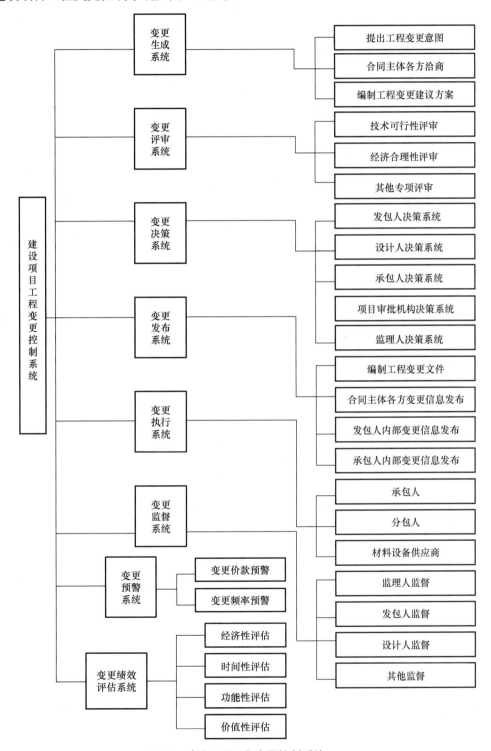

图 7.2 建设项目工程变更控制系统

各子系统的基本功能如下。

1. 变更生成系统

变更生成系统由提出工程变更意图、合同主体各方洽商和编制工程变更建议方案组成。在一个运转良好的建设项目工程变更控制系统中，工程变更意图的提出方可以涵盖建设项目主体各方，即发包人、设计人、监理人和承包人。当工程变更意图提出后，根据工程变更的类型，经发包人、设计人、监理人和承包人洽商同意后，即可进入编制工程变更建议方案阶段。

2. 变更评审系统

变更评审系统由技术可行性评审、经济合理性评审和其他专项评审组成。变更评审的具体内容依工程变更的类型而定。如施工措施变更方案的评审指标将明显不同于设计变更方案的评审指标。

3. 变更决策系统

变更决策系统由发包人决策系统、设计人决策系统、承包人决策系统、项目审批机构决策系统和监理人决策系统组成。在变更决策系统中，设计人决策系统、监理人决策系统和承包人决策系统是整个变更决策系统的二级系统，当变更引起建设项目建设规模和标准超出原审批范围时，项目审批机构则为最高决策系统。

4. 变更发布系统

变更发布系统由编制工程变更文件、合同主体各方变更信息发布、发包人内部变更信息发布和承包人内部变更信息发布组成。工程变更文件一般由提出方负责编制，工程变更信息应由发包人统一编码发布。由于工程变更可能涉及工期、合同价款或材料设备采购计划的调整，在发包人内部和承包人内部也存在着工程变更信息的发布流程。

5. 变更执行系统

变更执行系统由承包人、分包人和材料设备供应商组成。其中：专业分包人既包括承包人委托的专业分包人，也包括由发包人指定的专业分包人，如消防工程承包人、土石方工程承包人和高级建筑装饰工程承包人等。

6. 变更监督系统

变更监督系统由监理人监督、发包人监督、设计人监督和其他监督组成。对于一般工程变更的实施，通常由监理人按照监理合同的授权监督执行。对于重要工程变更或重大工程变更，除监理人监督外，还需发包人和设计人共同监督。特殊变更项目，应委托专业机构或由政府工程质量监督部门监督检查。

7. 变更预警系统

变更预警系统由变更价款预警和变更频率预警两个部分组成。变更预警系统的建立有利于发包人准确控制工程变更的总量、节奏和质量。变更价款预警是指发包人根据历史工程经验，通过事先设定建设项目阶段性变更价款控制值来监控建设项目工程变更价款的变动趋势，及时发布警示信息，提示发包人及时分析超限原因，采取相应应对措施。变更频率预警是指发包人根据历史工程经验，通过事先设定建设项目阶段性变更频率控制值来监控建设项目工程变更的频繁程度，及时发布超限警示信息，提示发包人采取措施，防止频繁变更给工程管理带来的混乱，以减少因频繁变更导致的工程索赔、合同争端及诉讼。

8. 变更绩效评估系统

变更绩效评估系统由经济性评估、时间性评估、功能性评估和价值性评估组成。变更绩效评估的目的是总结建设项目工程变更管理经验，积累工程变更管理资料，根据绩效和合同条款约定，奖励或惩罚相关工程变更提出方。

7.4.3 承包人提出工程变更的控制程序

常见的 5 类工程变更中，设计变更和施工措施变更频率较高，对工程造价的影响也较大，是合同控制的重点。对设计变更而言，既有发包人对自身项目管理人员提出设计变更的控制，也有发包人对承包人、监理人和设计人提出设计变更的控制。在现行建设工程工程量清单招标投标模式下，经评审的合理低价法是分包人在工程招标阶段选择承包人的基本方法。承包人为谋求中标，一般只有选择低价中标的路线，而一旦中标，设计变更则成为承包人调整其工程量清单项目综合单价的唯一途径。因此，加强对承包人提出工程变更的控制是合同控制的重中之重。

承包人提出工程变更的原因和目的很多，主要分为两个方面：一是对原设计图纸提出设计变更；二是对已确认的施工组织设计或施工方案提出施工措施变更。

第一方面情况可分为以下几种。

（1）设计图纸本身的遗漏或错误。

（2）主观上想通过设计变更来增加工程量，以期增加工程承包收益。

（3）由于某分项工程施工质量不合格，又无法全部返工处理。

（4）选用材料替代市场紧俏或无法采购的材料。

（5）用工艺简单、自身技术力量优势较强的做法代替工艺复杂、施工难度较大的做法。

（6）主观上想通过设计变更调整原投标报价中报价偏低的工程量清单项目综合单价。

上述 6 种情况都是承包人从自身利益考虑或从工程顺利推进角度提出的，监理人和发包人及设计人各方应认真分析，仔细审核，善于识别，有针对性地进行处理。

第二方面情况可分为以下几种。

（1）原施工组织设计或施工方案存在技术缺陷或不合理因素，无法指导施工。

（2）原施工方案投入成本过高，重新提出成本较低的施工方案。

（3）工程进度滞后而提出对原施工计划进行调整。

（4）工程地质条件变化或有经验的承包人无法预见的外部施工环境发生变化需对原施工方案进行修改和调整。

（5）设计变更导致必须对原施工方案进行调整。

（6）发包人对工程进度提出新的要求，需对原施工方案进行调整。

（7）工程所在地政府行政管理部门要求调整施工方案以满足环保或劳动保护等要求。

上述 7 种情况既有因承包人自身原因导致的施工组织设计或施工方案的调整，也包括发包人、不可抗力或第三方原因引起的施工组织设计或施工方案的调整。对因承包人自身原因导致的施工组织设计或施工方案的调整，在满足工期和质量要求的前提下，增加或减少的工程费用在合同价款中不予调整。对因发包人、不可抗力或第三方原因引起的施工组织设计或施工方案的调整，其增加或减少的工程费用在合同价款中据实结算。

承包人提出工程变更的控制程序如图 7.3 所示。

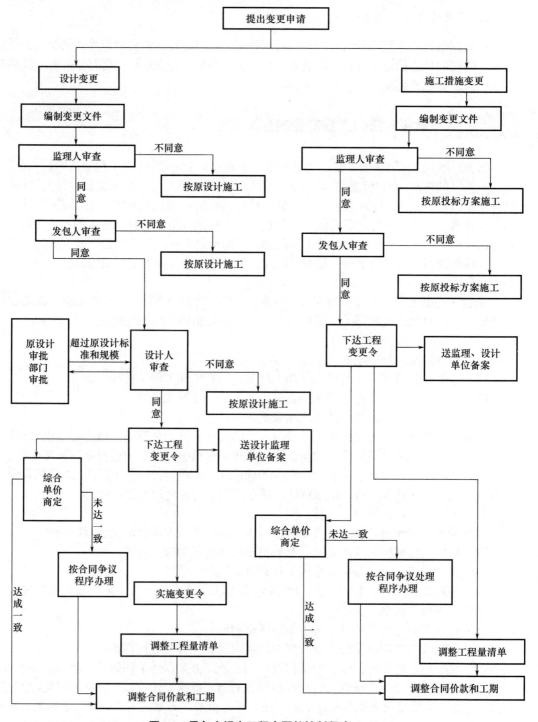

图 7.3　承包人提出工程变更的控制程序

习　题

1. 简述工程变更的含义与特点。
2. 简述工程变更的分类。
3. 分析不同类型工程变更之间的相互衍生关系。
4. 简述工程变更的生成因素。
5. 分析合同主体各方在工程变更活动中的特点及其权利义务关系。
6. 简述工程变更价款的确定方法与程序。
7. 简述工程变更分类管理的意义。
8. 简述工程变更控制系统的组成。
9. 简述工程变更管理与工程索赔管理的区别与联系。
10. 结合具体工程案例，构建一个发包人的工程变更控制系统。

第8章
工程合同风险管理

8.1 风险管理概述

8.1.1 风险

现代汉语字典把风险解释为"可能发生的危险",而一些英文字典则将其定义为"遭受危险、蒙受损失或伤害等的可能或机会"。风险是人们应对未来行为的决策及客观条件的不确定性而可能引起的后果与预定目标发生多种负偏离的综合。或者说,风险是活动或事件消极的、人们不希望的后果发生的潜在可能性。风险的内涵可以从以下 3 个角度来考察。

(1)风险同人们有目的的活动有关。必须是与人们的行为相联系的风险,否则就不是风险而是危险。

(2)客观条件的变化是风险的重要成因。风险同将来的活动和事件有关。

(3)风险是指可能的后果与项目的目标发生负偏离。

8.1.2 风险的特点

为了加深对风险的理解，还必须了解风险的以下特点。

（1）风险存在的客观性和普遍性。作为损失发生的不确定性，风险是不以人们的意志为转移并超越人们主观意识的客观存在。

（2）单一具体风险发生的偶然性和大量风险发生的必然性。正是由于存在着这种偶然性和必然性，人们才要去研究风险，才有可能去计算风险发生的概率和损失程度。

（3）风险的多样性和多层次性。

（4）风险的可变性。

8.1.3 风险管理

1. 风险管理简介

风险管理是人们对潜在的意外损失进行辨识、评估、预防和控制的过程，是用最低的费用把项目中可能发生的各种风险控制在最低限度的一种管理体系。建筑工程由于生产的单件性、地点的固定性、投资数额巨大以及周期长、施工过程复杂等特点，比一般产品生产具有更大的风险。建筑工程项目的立项及其可行性研究、设计与计划都是基于可预见的技术、管理与组织条件以及对工程项目的环境（政治、经济、社会、自然等各方面）理性预测的基础上作出的，而在工程项目实施以及项目建成后运行的过程中，这些因素都有可能会产生变化，都存在着不确定性。风险会造成工程项目实施的失控现象，如工期延长、成本增加、计划修改等，最终导致工程经济效益降低，甚至项目失败。但风险和机会同在，往往是风险大的项目才能有较高的盈利机会。风险管理不仅能使工程项目获得很高的经济效益，还能促进工程项目的管理水平和竞争能力的提高。每个工程项目都存在风险，对于项目管理者的主要挑战就是将这种损失发生的不确定性减至一个可以接受的程度，然后再将剩余不确定性的责任分配给最适合承担它的一方，这个过程便构成了工程项目的风险管理。

2. 风险管理的任务

风险管理主要包括风险识别、风险分析和风险处置。风险管理是对项目目标的主动控制，是建立项目风险的管理程序及应对机制，以有效降低项目风险发生的可能性；或者一旦风险发生，风险对于项目的冲击能够变得最小。风险管理的任务有以下4个。

（1）识别与评估风险。

（2）制定风险处置对策和风险管理预算。

（3）制定落实风险管理措施。

（4）风险损失发生后的处理与索赔管理。

8.2　工程合同风险因素分析

风险分析是指应用各种风险分析技术，用定性、定量或两者相结合的方式处理不确定性的过程。风险分析的目的是准确、深入地了解风险产生的原因和条件，尤其是重大风险，还需要对其做进一步的分析。

风险因素是指一系列可能影响项目向好或向坏的方向发展的因素的总和。风险分析的内容主要是分析项目风险因素发生的可能性、预期的结果、可能发生的时间及发生的频率。风险管理者对风险分析的结果必须有自己的判断，风险分析方法是协助风险管理者进行风险分析，而风险分析不能代替风险管理者的判断。

8.2.1　风险因素分析的方法

风险因素分析的方法包括：定性分析方法、定量分析方法或两者相结合的方式。定性分析方法主要有头脑风暴法、德尔菲法、因果分析法、情景分析法等；定量分析方法有敏感性分析、概率分析、决策树分析、影响图技术、模糊数学法、灰色系统理论、效用理论、模拟法、计划评审技术、外推法等。风险因素识别的方法有许多，但风险分析方法必须与使用这种方法的环境相适应，具体问题应做具体分析。在实践中用得较多的是头脑风暴法、德尔菲法、因果分析法和情景分析法。

1. 头脑风暴法

头脑风暴法是通过专家会议发挥专家的创造性思维来获取未来信息的一种直观预测和识别方法。头脑风暴法通过专家会议的主持人在会议开始时的发言激起专家们的思维"灵感"，促使专家们感到急需回答会议提出的问题而激发创造性的思维，在专家们回答问题时产生信息交流，受到相互启发，从而诱发专家们产生"思维共振"，以达到互相补充并产生"组合效应"，获取更多的未来信息，使预测和识别的结果更准确。

2. 德尔菲法

德尔菲法又称专家调查法，是通过函询收集若干位该项目领域相关专家的意见，然后加以综合整理，再匿名反馈给各位专家，再次征询意见。这样反复经过 4～5 轮，逐步使专家的意见趋向一致，作为最后预测和识别的根据。

3. 因果分析法

因果分析法因其图形像鱼刺，故也称鱼刺图分析法，如图 8.1 所示。图中主干是风险的后果，枝是风险因素和风险事件，分支为相应的小原因。用因果分析法来分析风险，可以从原因预见结果，也可以从可能的后果中找出将诱发结果的原因。

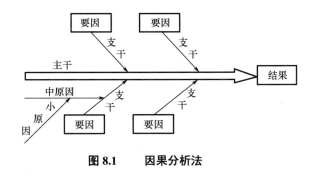

图 8.1   因果分析法

4. 情景分析法

情景分析法又称幕景分析法,是根据发展趋势的多样性,通过对系统内外相关问题的系统分析,设计出多种可能的未来前景,然后用类似于撰写电影剧本的手法,对系统发展态势作出自始至终的情景和画面的描述。

情景分析法是一种适用于对可变因素较多的项目进行风险预测和识别的系统技术,它在假定关键影响因素有可能发生的基础上,构造出多重情景,提出多种未来的可能结果,以便采取适当措施防患于未然。

8.2.2   风险分类

1. 风险分类概述

将工程合同中的风险进行分类,可使风险管理者更彻底地了解风险,管理风险时更有目的性、更有效果,并为风险评估做好准备。

(1)按风险产生的原因分类。

① 政治风险。例如政局的不稳定性,战争状态、动乱、政变,国家对外关系的变化,国家政策的变化等。

② 法律风险。如法律修改,但更多的风险是法律不健全,有法不依、执法不严,对有关法律理解不当以及工程中可能有触犯法律的行为等。

③ 经济风险。如国家经济政策的变化、国家经济发展状况、产业结构调整、银根紧缩、物价上涨、关税提高、外汇汇率变化、通货膨胀速度加快、金融风波等。

④ 自然风险。如地震、台风、洪水、干旱,反常的恶劣的雨、雪天气,特殊的、未探测到的恶劣地质条件如流沙、泉眼等。

⑤ 社会风险。社会风险包括宗教信仰的影响和冲击、社会治安的稳定性、社会的禁忌、劳动者的文化素质、社会风气等。

⑥ 合同风险。合同风险是指由于合同条款的不完备或合同欺诈导致合同履行困难或合同无效。

⑦ 人员风险。这是主观风险,是相关人员恶意行为、不良企图或重大过失造成的破坏。

(2)按风险产生的阶段分类。

① 项目决策风险。

② 融资、筹资风险。

③ 建设期风险。

④ 生产经营期风险。包括技术风险、时机风险、效益风险、商业风险等。

（3）按风险产生的后果分类。

① 工期风险。工期风险是指造成局部的（工程活动、分项工程）或整个工程的工期延长，不能及时投入使用。

② 费用风险。费用风险包括财务风险、成本超支、投资追加、报价风险、收入减少、投资回收期延长或无法收回、回报率降低。

③ 质量风险。质量风险包括材料、工艺、工程不能通过验收，工程试生产不合格，经过评价工程质量未达标准。

④ 生产风险。生产风险是指项目建成后达不到设计生产能力，可能是由于设计、设备问题，或生产用原材料、能源、水、电供应问题。

⑤ 市场风险。市场风险是指工程建成后产品未达到预期的市场份额，销售不足，没有销路，没有竞争力。

⑥ 信誉风险。信誉风险是指对企业形象、企业信誉造成损害。

⑦ 人员、设备风险。这类风险包括人身伤亡、安全、健康以及工程或设备的损坏。

⑧ 法律风险。法律风险是指可能被起诉或承担相应法律或合同的处罚。

2. 承包人承包工程的主要风险

工程合同的风险因素分析对发包人和承包人来说都十分重要，发包人主要从对承包人的资格考察及合同具体条款的签订上防范风险，这里不多叙述。此处仅介绍承包人在建设工程承包过程中的风险因素分析。

承包工程中常见的风险有如下几类。

（1）工程的技术、经济、法律等方面的风险。这类风险具体包括：由于现代工程规模大，功能要求高，需要新技术、特殊的工艺、特殊的施工设备，有时发包人将工期限定得太紧，承包人无法按时完成；现场条件复杂，干扰因素多；施工技术难度大，特殊的自然环境，如场地狭小、地质条件复杂、气候条件恶劣，水电供应、建材供应不能保证等；承包人的技术力量、施工力量、装备水平、工程管理水平不足，在投标报价和工程实施过程中会有这样或那样的失误，如技术设计、施工方案、施工计划和组织措施存在缺陷和漏洞，计划不周，报价失误等；承包人资金供应不足，周转困难；在国际工程中还常常出现对当地法律、语言不熟悉，对技术文件、工程说明和规范理解不正确或出错的现象。

（2）发包人资信风险。这类风险具体包括：发包人的经济情况变化，如经济状况恶化，濒于倒闭，无力继续实施工程，无力支付工程款，工程被迫中止；发包人的信誉差，不诚实，有意拖欠工程款，或对承包人的合理索赔要求不做答复，或拒不支付；发包人为了达到不支付或少支付工程款的目的，在工程中苛刻刁难承包人，施行罚款或扣款；发包人经常改变主意，如改变设计方案、实施方案，打乱工程施工秩序，但又不愿意给承包人以补偿；等等。

（3）外界环境的风险。这类风险具体包括：在国际工程中，工程所在国政治环境的变化，如发生战争、禁运、罢工、社会动乱等造成工程中断或终止；经济环境的变化，如通货膨胀、汇率调整、工资和物价上涨；合同所依据的法律的变化，如新的法律颁布，国家调整税率或增加新的税种，新的外汇管理政策等；自然环境的变化，如百年未遇的洪水、地震、台风等，以及工程水文、地质条件的不确定性。

（4）合同风险。即施工合同中的一般风险条款和一些明显的或隐含着对承包人不利的条款，他们会造成承包人的损失。这类风险具体包括：合同中明确规定的承包人承担的风险，如工程变更的补偿范围和补偿条件、合同价款的调整条件、工程范围的不确定（特别是对固定总价合同），发包人和工程师对设计、施工、材料供应的认可权及检查权、其他形式的风险条款等；合同条文的不全面、不完整等，如缺少工期拖延违约金的最高限额的条款或限额太高、缺少工期提前的奖励条款、缺少发包人拖欠工程款的处罚条款等；合同条文不清楚、不细致、不严密，如合同中对一些问题不做具体规定，仅用"另行协商解决"等字眼，再如"承包人为施工方便而设置的任何设施，均由他自己付款"中的"施工方便"即含糊不清；发包人为了转嫁风险提出的单方面约束性、过于苛刻、责权利不平衡的合同条款；其他对承包人苛刻的要求，如要承包人大量垫资承包、工期要求太紧超过常规、过于苛刻的质量要求；等等。

3. 建立风险清单

如果已经确认了是风险，就需将这些风险一一列出，建立一个关于本项目的风险清单。开列风险清单必须做到科学、客观、全面，尤其是不能遗漏主要风险。

8.3　工程担保

担保是指承担保证义务的一方，即保证人（担保人）应债务人（被保证人或称被担保人）的要求，就债务人应对债权人（权利人）的某种义务向债权人作出的书面承诺，保证债务人按照合同规定条款履行义务和责任，或及时支付有关款项，保障债权人实现债权的信用工具。

担保制度在国际上已有很长的历史，已经形成了比较完善的法规体系和成熟的运作方式。中国的担保制度的建设是以 1995 年颁布的《中华人民共和国担保法》（以下简称《担保法》）为标志的，现在已经进入了一个快速发展阶段。2021 年 1 月 1 日《中华人民共和国民法典》施行后，《担保法》同时废止。

担保以信用为本。所谓信用，是指一种建立在授信人对受信人偿付承诺的信任的基础上，使后者无须付现即可获取商品、服务或货币的能力。授信人以自身的财产为依据授予对方信用，受信人则以自身财产承担偿债责任为保证取得信用。对信用提供物质担保主要有两种形式：一是用受信人自身的财产提供担保，如贷款的抵押、赊购的定金；二是由第三方提供担保，如银行或担保机构提供的履约担保。前者受自身财产的限制；而后者利用了社会信用资源，增加了担保资源，可以有效改善信用管理，降低交易费用。所以，在工程担保中大量采用的是第三方担保，也就是保证担保。

8.3.1　工程担保的基本概念

工程担保是合同当事人为了保证工程合同的切实履行，由保证人作为第三方对工程建设中一系列合同的履行进行监管并承担相应的责任，是一种采用市场经济手段和法律手段进行风险管理的机制。在工程建设中，权利人（债权人）为了避免因义务人（债务人）原因而造成的损失，往往要求由第三方为义务人提供保证，即通过保证人向权利人进行担保，倘若被保证人不能履行其对权利人的承诺和义务，以致权利人遭受损失，则由保证人代为履约或负责赔偿。工程保证担保制度在发达国家经历了一百多年的发展历程，已成为一种国际惯例。《世界银行贷款项目招标文件示范文本》、国际咨询工程师联合会（FIDIC）《土木工程施工合同条件》、英国土木工程师协会（ICE）《新工程合同条件（NEC）》、美国建筑师协会（AIA）《建筑工程标准合同》等对于工程担保均进行了具体的规定。

工程保证担保制度是以经济责任链条建立起保证人与建设市场主体之间的责任关系。工程承包人在工程建设中的任何不规范行为都可能危害担保人的利益，担保人为维护自身的经济利益，在提供工程担保时，必然对申请人的资信、实力、履约记录等进行全面的审核，根据被保证人的资信实行差别费率，并在建设过程中对被担保人的履约行为进行监督。通过这种制约机制和经济杠杆，可以迫使当事人提高素质、规范行为，保证工程质量、工期和施工安全。另外，承建商拖延工期，拖欠工人工资和供货商货款，保修期内不尽保修义务，设计人延迟交付图纸及发包人拖欠工程款等问题光靠工程保险解决不了，必须借助于工程担保。实践证明，工程保证担保制度对规范建筑市场，防范建筑风险特别是违约风险，降低建筑业的社会成本，保障工程建设的顺利进行等方面都有十分重要和不可替代的作用。

引进并建立符合中国国情的工程保证担保制度是完善和规范我国建设市场的重要举措。

1. 担保的原则

担保应遵循平等、自愿、公平、诚实信用的原则。

2. 担保的特征

（1）从属性。

从属性是一种附随特性。担保是为了保证债权人债权的实现而设置的，所以从属于被担保的债权。被担保的债权是主债权，而主债权人对担保人享有的权利是从债权。没有主债权的存在，从债权就没有依托；主债权消灭，担保的义务也归于消灭。

（2）条件性。

债权人只能在债务人不履行和不能履行债务时才能向担保人主张权利。

（3）相对独立性。

担保设立须有当事人的合意，与被担保的债权的发生和成立是两个不同的法律关系。另外，根据我国《民法典》的规定，当事人可以约定担保不依附主合同而单独发生效力，也就是说，即使主债权无效，也不影响担保权的效力。

3. 担保方式

担保方式有保证、抵押、质押、留置、定金和反担保。

（1）保证。

保证是指保证人和债权人约定，当债务人不履行债务时，保证人按照约定履行债务或者承担责任的行为。

（2）抵押。

抵押是指债务人或者第三人不转移对所拥有财产的占有，将该财产作为债权的担保。债务人不履行债务时，债权人有权依法从将该财产折价或者拍卖、变卖的价款中优先受偿。

（3）质押。

质押是指债务人或者第三人将其质押物移交债权人占有，将该质押物作为债权的担保。债务人不履行债务时，债权人有权依法从将该质押物折价或者拍卖、变卖的价款中优先受偿。

（4）留置。

留置是指债权人按照合同约定占有债务人的动产，债务人不按照合同约定的期限履行债务的，债权人有权依法留置该财产，从将该财产折价或者拍卖、变卖的价款中优先受偿。

（5）定金。

当事人可以约定一方向对方给付定金作为债权的担保。债务人履行债务后，定金应当抵作价款或者收回。给付定金的一方不履行约定的债务的，无权要求返还定金；收受定金的一方不履行约定的债务的，应当双倍返还定金。

（6）反担保。

第三人为债务人向债权人提供担保时，可以要求债务人提供反担保，也就是要求被担保人向担保人提供一份担保。反担保方式既可以是债务人提供的抵押或者质押，也可以是其他人提供的保证、抵押或者质押。

4. 联合担保

同一债务有两个以上保证人的，保证人应当按照保证合同约定的保证份额承担保证责任。没有约定保证份额的，保证人承担连带责任，债权人可以要求任何一个保证人承担全部保证责任，保证人都负有担保全部债权实现的义务。已经承担保证责任的保证人，有权向债务人追偿，或者要求承担连带责任的其他保证人清偿其应当承担的份额。

5. 担保合同的形式

担保合同可以是独立订立的保证合同、抵押合同、质押合同、定金合同等书面合同，包括当事人之间的具有担保性质的信函、传真等，也可以是主合同中的担保条款。

保函由担保银行出具，是担保人就担保事宜向权利人所作的书面承诺。国际上，工程担保一般采用见索即付的无条件保函，即保证人无须介入对被保证人违约责任的认定，只要权利人在保函的有效期内，根据有关法规及保函规定的索赔程序向担保人出示相应的索赔文件，担保人应当立即无条件地就担保金额向权利人支付索赔款项。在任何情况下，主合同双方都应提供相同类型的保函。

6. 工程保证担保

（1）保证人的资格。

具有代为清偿债务能力的法人、其他组织或者公民，可以作保证人。但国家机关以及以公益为目的的事业单位、社会团体不得为保证人，企业法人的分支机构、职能部门不得为保证人。

（2）保证方式。

① 按担保的责任分。

A. 一般保证。当事人在保证合同中约定，债务人不能履行债务时，由保证人承担保证责任的，为一般保证。一般保证的保证人在主合同纠纷未经审判或者仲裁，并就债务人财产依法强制执行仍不能履行债务前，对债权人可以拒绝承担保证责任。

B．连带保证。当事人在保证合同中约定保证人与债务人对债务承担连带责任的，为连带责任保证。连带责任保证的债务人在主合同规定的债务履行期届满没有履行债务的，债权人可以要求债务人履行债务，也可以要求保证人在其保证范围内承担保证责任。当事人对保证方式没有约定或者约定不明确的，按照连带责任保证承担保证责任。

② 按担保的主体分。

A．银行担保。由银行作为担保人出具保函担保，这是最常用的担保方式。

B．担保公司担保。担保公司是经工商部门注册登记，并经政府职能部门批准设立的具有从事经济担保资格的专门担保机构。担保公司以其信誉和设立的基金为担保基础，出具的是担保保证书。

C．同业担保。同业担保是由同行出具担保保证书的担保。同业担保的优点是可以在保证债务履行的同时，保证工程建设的正常进行。因为当债务人不履行和不能履行合同时，债权人就可以保证人身份直接接管工程，履行主债权合同。但采用同业担保方式的，应注意只有最高等级的企业才可以为同级别企业担保，否则只能为比其级别低的企业担保。

D．母公司担保。母公司担保是特指母公司为其子公司担保。母公司担保具有同业担保相似的作用，又有很好的信任基础，可以简化资信审查手续。

E．联合担保。联合担保往往出现在大型工程建设的担保中。基于对风险的承受能力，由两家或两家以上的担保人签订联合担保协议，共同对某一建设项目进行担保，出具担保保证书。

（3）保证合同的内容。

① 被保证的主债权种类、数额。

② 债务人履行债务的期限。

③ 保证的方式。

④ 保证担保的范围。

⑤ 保证的期间。

⑥ 担保费用。

⑦ 双方认为需要约定的其他事项。

（4）保证人的责任。

① 保证担保的范围包括主债权及利息、违约金、损害赔偿金和实现债权的费用，当事人对保证担保的范围没有约定或者约定不明确的，保证人应当对全部债务承担责任。

② 主合同有效而担保合同无效，债权人无过错的，担保人与债务人对主合同债权人的经济损失承担连带赔偿责任；债权人、担保人有过错的，担保人承担民事责任的部分，不应超过债务人不能清偿部分的1/2。

③ 主合同无效而导致担保合同无效，担保人无过错的，担保人不承担民事责任；担保人有过错的，担保人承担民事责任的部分，不应超过债务人不能清偿部分的 1/3。

④ 债权人与债务人协议变更主合同的，应当取得保证人书面同意，未经保证人书面同意的，保证人不再承担保证责任。

⑤ 保证期间，债权人依法将主债权转让给第三人的，保证人在原保证担保的范围内继续承担保证责任；债权人许可债务人转让债务的，应当取得保证人书面同意，保证人对未经

其同意转让的债务，不再承担保证责任。保证合同另有约定的除外。

⑥ 债权人与债务人协议变更主合同的，应当取得保证人书面同意，未经保证人书面同意的，保证人不再承担保证责任，除非合同另有约定。

（5）保证人免责条件。

① 合同当事人双方串通，骗取保证人提供保证的。

② 主合同债权人采取欺诈、胁迫等手段，使保证人在违背真实意思的情况下提供保证的。

（6）保证合同的有效期。

保证合同有约定的，依照约定；如果保证人与债权人未约定保证期的，保证有效期为主债务履行期届满之日起 6 个月。

（7）保证担保的费用。

担保合同中应该约定在担保人承担了担保责任后，被担保人应向担保人支付担保费用。担保费一般按担保金额的比例计取，也可约定一个固定的金额。工程担保费用应计入工程成本，投标人投标担保和承包人履约担保的投保费用可作为投标报价的一部分参与竞争。

7.　工程担保的种类

（1）投标担保。

投标担保是在建设工程总包或分包的招投标过程中，保证人为合格的投标人向招标人提供的担保，保证投标人不在投标有效期内中途撤标；中标后与招标人签订施工合同并提供招标文件要求的履约以及预付款等保证担保。如果投标人违约，招标人可以没收其投标保函，要求保证人在保函额度内予以赔偿。

（2）承包人履约担保。

承包人履约担保是指由于非发包人的原因，承包人无法履行合同义务，保证机构应该接受该工程，并经发包人同意由其他承包人继续完成工程建设，发包人只按原合同支付工程款，保证机构须将保证金付给发包人作为赔偿。承包人履约担保充分保障了发包人依照合同条件完成工程的合法权益。

（3）承包人付款担保。

承包人付款担保是指若承包人没有根据工程进度按时支付工人工资以及分包人和材料设备供应商的相关费用，经调查确认后由保证机构予以代付。承包人付款担保使得发包人避免了不必要的法律纠纷和管理负担。

（4）预付款担保。

预付款担保是要求承包人提供的，为保证工程预付款用于该工程项目，不准承包人挪作他用及卷款潜逃的担保。

（5）维修担保。

维修担保是为保障维修期内出现质量缺陷时，承包人负责维修而提供的担保。维修担保可以单列，也可以包含在履约担保内，也有采用扣留一定比例工程款作担保的。

（6）发包人支付担保。

发包人支付担保是保证人为有支付能力的发包人向承包人提供的担保，保证发包人按施工合同的约定向承包人支付工程款。若发包人违约，保证人在保函额度内代为支付。

（7）发包人责任履行担保。

发包人责任履行担保是保证人为发包人履行合同约定的义务和责任而向承包人提供的担保，保证发包人按合同的约定履行义务，承担责任。

（8）完工担保。

完工担保是保证人为承包人按照承包合同约定的工期和质量完成工程向发包人提供的担保。

我国的工程担保制度尚处在试点阶段，主要开展的是投标担保、承包人履约担保、预付款担保及发包人支付担保。

8.3.2　工程投标担保

投标担保是指投标人保证其投标被接受后对其投标书中规定的责任不得撤销或反悔，保证投标人一旦中标，即按招标文件的有关规定签约承包工程。否则，招标人将对投标保证金予以没收。投标人不按招标文件要求提交投标保证金的，该投标文件可视为不响应招标而予以拒绝或作为废标处理。

1. 担保方式

投标保证金是在投标报价前或者在投标报价的同时向招标人提供的担保。投标保证金的形式有很多种，具体方式由招标人在招标文件中规定。通常的做法有如下几种。

（1）现金。

（2）支票。

（3）银行汇票。

（4）银行保函。

（5）由保险公司或者担保公司出具投标保证书。

2. 投标担保的额度

投标担保的额度一般不超过投标项目估算价的 2%，视工程大小及工程所在地区的经济状况，并参照当地的惯例，由招标文件规定。我国房屋和基础设施工程招标的投标保证金为投标价的 2%，但最高不超过 80 万元。

3. 投标担保的有效期

投标担保的有效期应当与投标有效期一致，但招标人最迟应当在书面合同签订后 5 日内向中标人和未中标的投标人退还投标保证金及银行同期存款利息。不同的工程可以有不同的时间规定，这些都应该在招标文件中明确。

4. 投标担保的解除

（1）招标文件应明确规定在确定中标人后多少天以内返还未中标人保函、担保书或定金。

（2）中标人的投标担保可以直接转为履约担保的一部分，或在其提交了履约担保并签订了承包合同之后退还。

5. 违约责任

（1）采用银行保函或者担保公司保证书的，除不可抗力外，投标人在开标后和投标有效期内撤回投标文件，或者中标后在规定时间内不与招标人签订工程合同的，由提供担保的银行或者担保公司按照担保合同承担赔偿责任。

如果是收取投标定金的，除不可抗力外，投标人在开标后的有效期内撤回投标文件，或者中标后在规定时间内不与招标人签订工程合同的，招标人可以没收其投标定金；实行合理低价中标的，还可以要求按照与第二次投标报价的差额进行赔偿。

（2）除不可抗力因素外，招标人不与中标人签订工程合同的，招标人应当按照投标保证金的 2 倍返还中标人。给对方造成损失的，依法承担赔偿责任。

8.3.3 承包人履约担保

承包人履约担保是为保障承包人履行承包合同义务所作的一种承诺，这是工程担保中最重要的也是担保金额最大的一种工程担保。

1. 担保方式

承包人履约担保可以采用银行保函、担保公司担保书和履约保证金的方式，也可以采用同业担保方式，由实力强、信誉好的承包人为其提供履约担保，还应当遵守国家有关企业之间提供担保的有关规定，不允许两家企业互相担保或者多家企业交叉担保。

2. 担保额度

采用履约保证金方式（包括银行保函）的履约担保额度为（……合同价的……）5%～10%；采用担保公司担保书和同业担保方式的一般为合同价的 10%～15%。

3. 履约担保担责方式

采用银行保函担保的，当承包人由于非发包人的原因而不履行合同义务时，一般都是由担保人在担保额度内对发包人损失支付赔偿。采用担保公司担保书或同业担保的，当承包人由于非发包人的原因而不履行合同义务时，应由担保人向承包人提供资金、设备或者技术援助，使其能继续履行合同义务；或直接接管该项工程，代位履行合同义务；或另觅经发包人同意的其他承包人，继续履行合同义务；或按照合同约定，在担保额度范围内，对发包人的损失支付赔偿。

采用履约保证金的，中标人不履行合同的，履约保证金不予退还，给招标人造成的损失超过履约保证金数额的，应当对超过部分予以赔偿；履约保证金可以是现金也可以是支票、银行汇票或银行保函。

4. 履约担保的有效期

承包人履约担保的有效期应当截止到承包人根据合同完成了工程施工并经竣工验收合格之日。发包人应当按承包合同约定在承包人履约担保有效期截止日后若干天之内退还承包人的履约担保。

5. 履约担保的索取

为了防止发包人恶意支取承包人的履约担保金，一般应在合同中规定在任何情况下，发包人就承包人履约担保向保证人提出索赔之前，应当书面通知承包人，说明导致索赔的违约性质，并得到项目总监理工程师及其监理单位对索赔理由的书面确认。

6. 履约担保的递补

承包人在发包人就其履约担保索赔了全部担保金额之后，应当向发包人重新提交同等担保金额的履约担保，否则发包人有权解除承包合同，由承包人承担违约责任。若剩余合同价值已不足原担保金额，则承包人重新提交的履约担保的担保金额以不低于剩余合同价值为限。

8.3.4　预付款担保

预付款担保是指承包人与发包人签订合同后，承包人正确、合理使用发包人支付的预付款的担保。建设工程合同签订以后，发包人给承包人一定比例的预付款，但须由承包人的开户银行向发包人出具预付款担保。

1. 担保方式

（1）银行保函。

预付款担保的主要形式即银行保函。预付款担保的担保金额通常与发包人的预付款是等值的。预付款一般逐月从工程预付款中扣除，预付款担保的担保金额也相应逐月减少。承包人在施工期间应当定期从发包人处取得同意此保函减值的文件，并送交银行确认。承包人还清全部预付款后，发包人应退还预付款担保，承包人将其退回银行注销，解除担保责任。

（2）发包人与承包人约定的其他形式。

预付款担保也可由保证担保公司担保，或采取抵押等担保形式。

2. 担保额度

预付款担保额度与预付款数额相同，但其担保额度应随投标人返还的金额而逐渐减少。预付款不计利息。

3. 预付款担保的作用

预付款担保的主要作用在于保证承包人能够按合同规定进行施工，偿还发包人已支付的全部预付金额。如果承包人中途毁约，中止工程，使发包人不能在规定期限内从应付工程款中扣除全部预付款，则发包人作为保函的受益人有权凭预付款担保向银行索赔该保函的担保金额作为补偿。

4. 预付款担保的有效期

发包人将按专用合同条款中规定的金额和日期向承包人支付预付款。预付款保函应在预付款全部扣回之前保持有效。

8.3.5　发包人支付担保

发包人支付担保是指应承包人的要求,发包人提交的保证履行合同中约定的工程款支付业务的担保。发包人支付担保对于解决我国普遍存在的拖欠工程款现象是一项有效的措施。

1. 担保方式与额度

发包人应当在签订工程承包合同时,向承包人提交支付担保,担保金额应当与承包人履约担保的金额相等。发包人可以采用银行保函或者担保公司担保书的方式,小型工程项目也可以由发包人依法实行抵押或者质押担保。

2. 担保有效期

发包人支付担保的有效期应当截止到发包人根据合同约定完成了除工程质量保修金以外的全部工程结算款项支付之日,承包人应当按合同约定在发包人支付担保有效期截止日后若干天内退还发包人的支付担保。

3. 担保的索付

在任何情况下,承包人就发包人支付担保向保证人提出索赔之前,应当书面通知发包人,说明导致索赔的原因。

4. 发包人支付担保的递补

发包人在承包人就其支付担保索赔了全部担保金额之后,应当及时向承包人重新提交同等担保金额的支付担保,否则承包人有权解除承包合同,由发包人承担违约责任。若剩余合同价值已不足原担保金额,则发包人重新提交的支付担保的担保金额以不低于剩余合同价值为限。

8.4　工程保险

8.4.1　保险概述

保险是指投保人根据合同约定,向保险人支付保险费,保险人对于合同约定的可能发生的事故因其发生所造成的财产损失承担赔偿保险金责任,或者当被保险人死亡、伤残、疾病或者达到合同约定的年龄、期限时承担给付保险金责任的商业保险行为。

保险市场的主体由保险人、投保人以及保险代理人、保险经纪人和保险公估人构成。保险人是指与投保人订立保险合同,并承担赔偿或者给付保险金责任的保险公司;投保人是指与保险人订立保险合同,并按照保险合同负有支付保险费义务的人;保险代理人是根据保险人的委托,向保险人收取代理手续费,并在保险人授权的范围内代为办理保险业务的单位或者个人;保险经纪人是基于投保人的利益,为投保人与保险人订立保险合同提供中介服务,并依法收取佣金的单位；保险公估人是指经中国银行保险监督管理委员会批准，依照法律规定设立，专门从事保险标的评估、勘验、鉴定、估损、理算等业务，并据此向保险当事人合理收取费用的公司。

保险合同是投保人与保险人在公平互利、协商一致、自愿且不损害社会公共利益的原则下约定保险权利义务关系的协议。除法律、行政法规规定必须保险的以外，保险公司和其他单位不得强制他人订立保险合同。合同的最重要内容是保险标的、保险额和保险费。保险标的是保险保障的目标和实体，指保险合同双方当事人权利和义务所指向的对象，可以是财产或是与财产有关的利益或责任，也可以是人的生命或身体。保险金额是保险利益的货币价值表现，简称保额，是投保时给保险标的确定的金额，又是保险人计收保险费的依据和承担给付责任的最高限额。保险费简称保费，是投保人为转嫁风险支付给保险人的与保险责任相应的价金，通常是按保险金额与保险费率的乘积来计收，也可按固定金额收取。

保险合同中，投保人对保险标的必须具有明确的保险利益，否则保险合同无效。如果投保人通过故意虚构保险标的、未发生保险事故而谎称发生保险事故、故意造成财产损失的保险事故、故意造成被保险人死亡、伤残或者疾病等人身保险事故，伪造、变造与保险事故有关的证明、资料和其他证据，或者指使、唆使、收买他人提供虚假证明、资料或者其他证据，编造虚假的事故原因或者夸大损失程度等骗取保险金的行为，属于保险欺诈活动，构成犯罪的，将依法追究刑事责任。

《中华人民共和国保险法》（以下简称《保险法》）规定，从事保险活动必须遵循自愿、诚实信用以及开展保险业务公平竞争的原则，同时还体现了以下原则。

1. 保险利益原则

保险利益原则是指保险合同的有效成立，必须建立在投保人对保险标的具有保险利益的基础上。而保险利益是指投保人对保险标的具有法律上承认并为法律所保护、可以用货币计算和估价、经济上已经确认或能够确认的利益。

2. 损失补偿原则

损失补偿原则是指在补偿性的保险合同中，当保险事故发生造成保险标的或被保险人损失时，保险人给予被保险人的赔偿数额，不能超过被保险人所遭受的经济损失。

3. 保险近因原则

保险关系上的近因是指造成损失的最直接、最有效的起主导作用或支配性作用的原因，而不是指在时间上或空间上与损失最接近的原因。近因原则是指危险事故的发生与损失结果的形成，须有直接的后果关系，保险人才对发生的损失承担补偿责任。

4. 重复保险的分摊原则

重复保险的分摊原则是指投保人对同一标的、同一保险利益、同一保险事故分别向两个以上保险人订立保险合同的重复保险，其保险金额的总和往往超过保险标的的实际价值，当发生事故时，按照补偿原则，只能由这几个保险人根据不同比例分摊此金额，而不能由几个保险人各自按实际保险金额赔偿，以免造成重复赔款。

保险按保险标的可分为财产保险（包括财产损失保险、责任保险、信用保险等）和人身保险（包括人寿保险、健康保险、意外伤害保险等）两大类，而工程保险既涉及财产保险，又涉及人身保险。

8.4.2　工程保险的基本概念

工程保险是对以工程建设过程中所涉及的财产、人身和建设各方当事人之间权利义务关系为对象的保险的总称；是对建筑工程项目、安装工程项目及工程中的施工机器、设备所面临的各种风险提供的经济保障；是发包人和承包人为了工程项目的顺利实施，以建设工程项目，包括建设工程本身、施工机器和工程设备以及与之有关联的人作为保险对象，向保险人支付保险费，由保险人根据合同约定对建设过程中遭受自然灾害或意外事故所造成的财产和人身伤害承担赔偿保险金责任的一种保险形式。投保人将威胁自己的工程风险通过按约向保险人交纳保险费的办法转移给保险人（保险公司），如果事故发生，投保人可以通过保险公司取得损失赔偿，以保证自身免受损失。

1. 工程保险的保障范围

工程保险的保障范围包括因保险责任范围内的自然灾害和意外事故及工人、技术人员的疏忽、过失等造成的保险工程项目物质财产损失及列明的费用，在工地施工期间内对第三者造成的财产损失或人身伤害而依法应由被保险人承担的经济赔偿责任。由于工程项目本身涉及多个利益方，凡是对工程保险标的具有可保利益者，都对工程项目承担不同程度的风险，均可从工程保险单项下获得保险保障。本保险的保险金额可先按工程项目的合同价或概算拟定，工程竣工后再按工程决算数调整。

2. 工程保险的分类

（1）按保险标的分类。

工程保险按保险标的可以分为建筑工程一切险、安装工程一切险、机器损失保险和船舶建造险。

（2）按工程建设所涉及的险种分类。

① 建筑工程一切险。

公路、桥梁、电站、港口、宾馆、住宅等工业建筑、民用建筑的建筑工程项目均可投保建筑工程一切险。

② 安装工程一切险。

机器设备安装、企业技术改造、设备更新等安装工程项目均可投保安装工程一切险。

③ 第三方责任险。

该险种一般附加在建筑工程（安装工程）一切险中，承保的是施工造成的工程、永久性设备及承包人设备以外的财产和承包人雇员以外的人身损失或损害的赔偿责任。保险期为保险生效之日起到工程保修期结束。

④ 雇主责任险。

该险种是承包人为其雇员办理的保险，承保承包人应承担的其雇员在工程建设期间因与工作有关的意外事件导致伤害、疾病或死亡的经济赔偿责任。

⑤ 承包人设备险。

承包人在现场所拥有的（包括租赁的）设备、设施、材料、商品等，只要没有列入工程一切险标的范围的都可以作为财产保险标的，投保财产险。这是承包人财产的保障，一般应由承包人承担保费。

⑥ 意外伤害险。

意外伤害险是指被保险人在保险有效期间因遭遇非本意、外来的、突然的意外事故，致使其身体蒙受伤害而残疾或死亡时，由保险人依照保险合同规定付给保险金的保险。意外伤害险可以由雇主为雇员投保，也可以由雇员自己投保。

⑦ 执业责任险。

执业责任险是以设计人、咨询商（监理人）的设计、咨询错误或员工工作疏漏给发包人或承包人造成的损失为保险标的险种。

（3）按主动性、被动性分类。

工程保险按主动性和被动性，可分为强制性保险和自愿保险两类。

① 强制性保险。

强制性保险是指根据国家法律法规和有关政策规定或投标人按招标文件要求必须投保的险种。在发达国家和地区，强制性的工程保险主要有建筑工程一切险(附加第三者责任险)、安装工程一切险（附加第三者责任险）、社会保险（如人身意外险、雇主责任险和其他国家法律规定的强制保险）、机动车辆险、10 年责任险和 5 年责任险、专业责任险等。

② 自愿保险。

自愿保险是由投保人完全自主决定投保的险种。在国际上常被列为自愿保险的工程保险主要有国际货物运输险、境内货物运输险、财产险、责任险、政治风险保险、汇率保险等。

（4）按单项、综合投保分类。

① 单项保险。

单项保险是在一个工程项目的多个可保标的中对其中一个标的进行投保，以及对多个标的分别投保的方式。

② CIP 保险。

CIP 是英文 Controlled Insurance Programs 的缩写，有人译为受控保险计划，也有人翻译为投保工程一切险，其实质是"一揽子保险"。CIP 保险的基本运行机制是在工程承包合同中明确规定，由发包人或承包人统一购买"一揽子保险"，保障范围覆盖发包人、承包人及所有分包人，内容包括了劳工赔偿、雇主责任险、一般责任险、建筑工程一切险、安装工程一切险。

在 CIP 保险模式下，工程项目的保险商在工程现场设置安全管理顾问，指导项目的风险管理，并向承包人、分包人提供风险管理程序和管理指南。发包人、承包人和分包人要制定相关的防损计划和事故报告程序，并在安全管理顾问的严格监督下实施。CIP 保险具有以下优点。

A. CIP 保险以最优的价格提供最佳的保障范围。因为 CIP 保险的"一揽子保险"，覆盖了工程项目的发包人、承包人、分包人在工程进展过程中的几乎所有相关风险，避免了各个承包人、分包人分别购买保险时可能出现的重复保险和漏保，对发包人来说，可以通过避免重复保险，争取大保单的优惠保险费率，降低工程造价。

B．能实施有效的风险管理。由于 CIP 保险设置了安全管理顾问，采用了一致的安全计划和措施，制定和执行了现场指导、监督防损计划和事故报告程序，从而实现了对项目风险管理实时的、有效的监控，可以有效地减少或杜绝损失事故的发生，保障建设项目目标的实现。

C．降低赔付率，进而降低保险费率。CIP 保险实行专业化的、实时动态的、全面的安全管理，能够最大限度地避免风险事故的发生，降低保险人的赔付率，增进其经济效益。所以 CIP 保险可以比普通保险更低的保险费率承保，为投保人节约保险费支出。

D．避免诉讼，便于索赔。在有多个承包人的传统保险方式下，当损失发生时，为了确定损失事故的最终责任，各个承包人、各个承保人之间往往相互推诿责任，极易导致诉讼。而 CIP 保险模式下只有唯一的承保人，所以能避免这种情况的发生。同时，由于保险人有安全管理顾问介入工程项目的风险管理，为保险人迅速而正确地理赔创造了有利条件。

3．国际上工程保险的特点

（1）由保险经纪人在保险业务中充当重要角色。
（2）健全的法律体系，为工程保险发展提供了保障。
（3）投保人与保险商通力合作，有效控制了意外损失。
（4）保险公司返赔率高，利润率低。

8.4.3　工程保险条款的主要内容

1．自然灾害与意外事故的定义

（1）自然灾害。

自然灾害指地震、海啸、雷电、飓风、台风、龙卷风、风暴、暴雨、洪水、水灾、冻灾、冰雹、地崩、山崩、雪崩、火山爆发、地面下陷下沉以及其他人力不可抗拒的破坏力强大的自然现象。

（2）意外事故。

意外事故指不可预料的以及被保险人无法控制并造成物质损失或人身伤亡的突发性事件，包括火灾和爆炸。

2．物质损失的定义及赔偿限额

（1）定义。

保险单明细表中分项列明的保险财产在列明的工地范围内，因保险单除外责任以外的任何自然灾害或意外事故造成的物质损失（包括物质的损坏或灭失），以及由于保险单列明的原因发生上述损失所产生的有关费用，按保险单的规定负责赔偿。

（2）赔偿限额。

每一保险项目的赔偿责任均不得超过保险单所列明的相应分项保险金额，且在任何情况下，在保险单项下承担的对物质损失的最高赔偿责任不得超过保险单总保险金额。

3. 第三方责任的定义及赔偿限额

（1）定义。

在保险期限内，因发生与保险单所承保工程直接相关的意外事故引起工地内及邻近区域的第三者人身伤亡、疾病或财产损失，依法应由被保险人承担的经济赔偿责任，按合同条款的规定赔偿。

（2）赔偿限额。

只能对被保险人因上述原因而支付的诉讼费用以及事先经保险人书面同意而支付的其他费用赔偿，且对每次事故引起的赔偿金额以法院或政府有关部门裁定的应由被保险人偿付的金额为准。在任何情况下，均不得超过保险单明细表中对应列明的每次事故赔偿限额，且在保险单项下对上述经济赔偿的最高赔偿责任不得超过保险单列明的累计总额。

4. 除外责任

（1）总除外责任。

① 战争、类似战争行为、敌对行为、武装冲突、恐怖活动、谋反、政变引起的任何损失、费用和责任。

② 政府命令或任何公共当局的没收、征用、销毁或毁坏。

③ 罢工、暴动、民众骚乱引起的任何损失、费用和责任。

④ 被保险人及其代表的故意行为或重大过失引起的任何损失、费用和责任。

⑤ 核裂变、核聚变、核武器、核材料、核辐射及放射性污染引起的任何损失、费用和责任。

⑥ 大气、土地、水污染及其他各种污染引起的任何损失、费用和责任。

⑦ 工程部分停工或全部停工引起的任何损失、费用和责任。

⑧ 罚金、延误、丧失合同及其他后果损失。

⑨ 保险单明细表或有关条款中规定的应由被保险人自行负担的免赔额。

（2）物质损失的除外责任。

① 因设计错误、工艺不善及原材料缺陷引起的损失及费用。

② 由于超负荷、超电压、碰线、电弧、漏电、短路、大气放电及其他电气原因造成电气设备或电气用具本身的损失。

③ 施工用机具、设备、机器装置失灵造成的本身损失。

④ 自然磨损、内在或潜在缺陷、物质本身变化、自燃、自热、氧化、锈蚀、渗漏、鼠咬、虫蛀、大气（气候或气温）变化、正常水位变化或其他渐变原因所造成的损失和费用。

⑤ 维修保养或正常检修的费用。

⑥ 档案、文件、账簿、票据、现金、各种有价证券、图表资料及包装物料的损失。

⑦ 盘点时发现的短缺。

⑧ 领有公共运输行驶执照的，或已由其他保险予以保障的车辆、船舶和飞机的损失。

⑨ 在保险工程开始以前已经存在或形成的位于工地范围内或其周围的属于被保险人的财产的损失。

⑩ 在保险单保险期限终止前，保险财产中已由工程所有人签发完工验收证书或验收合

格或实际占有或使用或接收的部分。

（3）第三方责任的除外责任。

① 保险单物质损失项下或本应在该项下予以负责的损失及各种费用。

② 工程所有人、承包人或其他关系方或他们所雇用的在工地现场从事与工程有关工作的职员、工人以及他们的家庭成员的人身伤亡或疾病。

③ 工程所有人、承包人或其他关系方或他们所雇用的职员、工人所有的或由其照管、控制的财产发生的损失。

④ 领有公共运输行驶执照的车辆、船舶、飞机造成的事故。

⑤ 被保险人根据与他人的协议应支付的赔偿或其他款项，但即使没有这种协议，被保险人仍应承担的责任不在此限。

5. 保险金额

（1）保险单明细表中列明的保险金额应不低于被保险工程安装完成时的总价值（包括设备费用、原材料费用、安装费、建造费、运输费和保险费、关税、其他税项和费用），以及由工程所有人提供的原材料和设备的费用；施工机器、装置和机械设备按重置同型号、同负载的新机器、装置和机械设备所需的费用；或其他保险项目由被保险人与保险人商定的金额。

（2）若被保险人是以保险工程合同规定的工程概算总造价投保，被保险人应在本保险项目下工程造价中包括的各项费用因涨价或升值原因而超出原被保险工程造价时，必须尽快以书面形式通知保险人，保险人据此调整保险金额；在保险期限内对相应的工程细节作出精确记录，并允许保险人在合理的时候对该项记录进行查验；若保险工程的安装期超过 3 年，必须从保险单生效日起每隔 12 个月向保险人申报当时的工程实际投入金额及调整后的工程总造价，保险人将据此调整保险费；在保险单列明的保险期限届满后 3 个月内向保险人申报最终的工程总价值，保险人据此以多退少补的方式对预收保险费进行调整，否则，保险人将视为保险金额不足，一旦发生保险责任范围内的损失时，保险公司将根据保险条款的规定对各种损失按比例赔偿。

6. 保险期限

（1）建筑期（安装期）物质损失及第三者责任保险期限。

① 保险人的保险责任自保险工程在工地动工或用于保险工程的材料、设备运抵工地之日起始，至工程所有人对部分或全部工程签发完工验收证书或验收合格，或工程所有人实际占有或使用或接收该部分或全部工程之时终止，以先发生者为准。但在任何情况下，建筑期（安装期）保险期限的起始或终止不得超出保险单明细表中列明的保险生效日或终止日。

② 不论保险的安装设备在有关合同中对试车和考核期如何规定，保险人仅在保险单明细表中列明的试车和考核期限内对试车和考核所引发的损失、费用和责任负责赔偿；若保险设备本身是在本次安装前已被使用过的设备或转手设备，则自其试车之时起，保险人对该项设备的保险责任即行终止。

③ 上述保险期限的展延，须事先获得保险人的书面同意，否则，从保险单明细表中列明的建筑期保险期限终止日起至保证期终止日止，期间内发生的任何损失、费用和责任，保险人不负责赔偿。

（2）保证期物质损失保险期限。

保证期的保险期限与工程合同中规定的保证期一致，从工程所有人对部分或全部工程签发完工验收证书或验收合格，或工程所有人实际占有或使用接收该部分或全部工程时起算，以先发生者为准。在任何情况下，保证期的保险期限不得超出保险单明细表中列明的保证期。

7. 赔偿处理

（1）对保险财产遭受的损失，保险人可选择以支付赔款或以修复、重置受损项目的方式予以赔偿，但对保险财产在修复或重置过程中发生的任何变更、性能增加或改进所产生的额外费用，保险人不负责赔偿。

（2）在发生保险单物质损失项下的损失后，保险人按下列方式确定赔偿金额。

① 可以修复的部分损失，以将保险财产修复至其基本恢复受损前状态的费用扣除残值后的金额为准。但若修复费用等于或超过保险财产损失前的价值时，则按全部损失或推定全损处理。

② 全部损失或推定全损，以保险财产损失前的实际价值扣除残值后的金额为准，但保险人有权不接受被保险人对受损财产委付。

③ 任何属于成对或成套的设备项目，若发生损失，保险人的赔偿责任不超过该受损项目在所属整对或整套设备项目的保险金额中所占的比例。

④ 发生损失后，被保险人为减少损失而采取必要措施所产生的合理费用，保险人可予以赔偿，但本项费用以保险财产的保险金额为限。

（3）保险人赔偿损失后，由保险人出具批单将保险金额从损失发生之日起相应减少，并且不退还保险金额减少部分的保险费。如被保险人要求恢复至原保险金额，应按约定的保险费率加缴恢复部分从损失发生之日起至保险期限终止之日止，按日比例计算的保险费。

（4）在发生保险单第三者责任项下的索赔时，应遵循下列原则。

① 未经保险人书面同意，被保险人或其代表对索赔方不得作出任何责任承诺或拒绝、出价约定、付款或赔偿。在必要时，保险人有权以被保险人的名义接办对任何诉讼的抗辩或索赔的处理。

② 保险人有权以被保险人的名义，为保险人的利益自付费用向任何责任方提出索赔的要求。未经保险人书面同意，被保险人不得接受责任方就有关损失作出的付款或赔偿安排或放弃对责任的索赔权利，否则，由此引起的后果将由被保险人承担。

③ 在诉讼或处理索赔过程中，保险人有权自行处理任何诉讼或解决任何索赔案件，被保险人有义务向保险人提供一切所需的资料和协助。

④ 被保险人的索赔期限，从损失发生之日起，不得超过 2 年。

8. 被保险人的义务

（1）在投保时，被保险人及其代表应对投保申请书中列明的事项以及保险人提出的其他事项作出真实、详尽的说明或描述。

（2）被保险人或其代表应根据保险单明细表和批单中的规定按期缴付保险费。

（3）在本保险期限内，被保险人应采取一切合理的预防措施，包括认真考虑并付诸实施保险人代表提出的合理的防损建议，谨慎选用施工人员，遵守一切与施工有关的法规和安全操作规程，由此产生的一切费用，均由被保险人承担。

（4）在发生引起或可能引起保险单项下索赔的事故时，被保险人或其代表应该采取以下措施。

① 立即通知保险人，并在 7 天内或经保险人书面同意延长的期限内以书面报告提供事故发生的经过、原因和损失程度。

② 采取一切必要措施防止损失的进一步扩大并将损失减少到最低程度。

③ 在保险人代表或检验师进行勘查之前，保留事故现场及有关实物证据。

④ 在保险财产遭受盗窃或恶意破坏时，立即向公安部门报案。

⑤ 在预知可能引起诉讼时，立即以书面形式通知保险人，并在接到法院传票或其他法律文件后，立即将其送交保险人。

⑥ 根据保险人的要求提供作为索赔依据的所有证明文件、资料和单据。

（5）若在某一保险财产中发现的缺陷表明或预示类似缺陷亦存在于其他保险财产中时，被保险人应立即自付费用进行调查并纠正该缺陷。否则，由类似缺陷造成的一切损失应由被保险人自行承担。

9. 总则

（1）保单效力。

被保险人严格地遵守和履行保险单的各项规定，是保险人在保险单项下承担赔偿责任的先决条件。

（2）保单无效。

如果被保险人或其代表漏报、错报、虚报或隐瞒有关保险的实质性内容，则保险单无效。

（3）保单终止。

除非经保险人书面同意，保险单将在下列情况下自动终止。

① 被保险人丧失保险利益。

② 承担风险扩大。

保险单终止后，保险人将退还被保险人保险单项下未到期部分的保险费。

（4）权益丧失。

如果任何索赔含有虚假成分，或被保险人或其代表在索赔时采取欺诈手段企图在保险单项下获取利益，或任何损失是由被保险人或其代表的故意行为或纵容所致，被保险人将丧失其在保险单项下的所有权益。对由此产生的包括保险人已支付的赔款在内的一切损失，应由被保险人负责赔偿。

（5）合理查验。

保险人代表有权在任何适当时候对保险财产的风险情况进行现场查验，被保险人应提供一切便利及保险人要求的用以评估有关风险的详情和资料。

（6）比例赔偿。

在发生本保险物质损失项下的损失时，若受损保险财产的分项或总保险金额低于对应的应保险金额，其差额部分视为被保险人所自保，保险人则按保险单明细表中列明的保险金额与应保险金额的比例负责赔偿。

（7）重复保险。

保险单负责赔偿损失、费用或责任时，若另有其他保障相同的保险存在，不论是否由被保险人或他人以其名义投保，也不论该保险赔偿与否，保险人仅负责按比例分摊赔偿的责任。

（8）权益转让。

若保险单项下负责的损失涉及其他责任方时，不论保险人是否已赔偿被保险人，被保险人应立即采取一切必要的措施行使或保留向该责任方索赔的权利。在保险人支付赔款后，被保险人应将向该责任方追偿的权利转让给保险人，移交一切必要的单证，并协助保险人向责任方追偿。

（9）争议处理。

被保险人与保险人之间的一切有关本保险的争议应通过友好协商解决，如果协商不成，可以申请仲裁机关仲裁或向法院提出诉讼。

8.4.4　工程保险的投保

1. 投保程序

（1）选择保险顾问或保险经纪人。

（2）确定投保方式和投保发包方式。

投保方式是指一揽子投保还是分别投保，是发包人投保还是承包人投保，或者是各自投保。投保发包方式是指通过招标投保还是直接询价投保。

（3）准备有关承保资料，提出保险要求，如果采取保险招标，则应准备招标文件。

① 承保资料。

为了对项目风险进行准确的评估，保险人通常会需要投保人提供与工程有关的文件、图纸和资料，包括工程地质水文报告、地形图、工程设计文件和工程造价文件、工程合同、工程进度表以及有关发包人的情况、投资额多少、资金来源、承包方式、施工单位的资料等。

② 保险要求。

保险要求是投保人对保险安排的设想，主要解决保什么、怎么保。保险人在对工程项目评估后就可根据投保人的保险要求设计保险方案。所以，保险方案是投保人的要求和保险人的承保计划的体现，主要包括如下内容。

A. 保险责任范围。

B. 建筑工程项目各分项保险金额及总保额。

C. 物质损失免赔额及特种危险的赔偿限额。

D. 安装项目及其名称、价值和试车期。

E. 是否投保施工、安装机具设备，其种类和重置价值。

F. 是否投保场地清理费和现有建筑物及其保额。

G. 是否加保保证期，其种类、期限。

H. 是否投保第三者责任险，赔偿限额和免赔额。

I. 其他特别附加条款。

③ 保险招标文件。

当确定采用招标选择保险人时，保险招标文件编写就是选择保险人最关键的工作，主要包括如下内容。

A．保险标的（保险项目清单）及保险金额。

B．保险费的计算方法。

C．投标资格要求。

D．投保人要求。

E．评标标准与方法。

F．保险合同条款。一般都采用标准的文本。

④ 将有关资料发给国内保险公司并要求报价，如采取招标方式，发售招标文件。

⑤ 谈判或经过开标、评标选定保险人。

⑥ 填写投保申请表或投保单。

⑦ 就保单的一些细节进行最后商定。

⑧ 双方签署保险单。

2．选择保险人应考虑的因素

投保人应从安全的角度出发，全盘考虑保险安排的科学性，以合理的保费支出，寻求可靠的保险保障。对保险人的选择主要应考虑以下几个方面。

（1）保险人的资信、实力。

（2）风险管理水平。

（3）同类工程项目的管理经验。

（4）保险服务。

（5）技术水平。

（6）费率水平及分保条件。

3．保险合同的构成

（1）投保申请书或投保单。

有的险种习惯于使用投保申请书，有的险种习惯于使用投保单。

投保申请书、投保单的主要内容包括投保人、工程关系各方、被保险人、工程建设地点、建设工期、建设地的地质水文资料以及建设工程的详细情况、投保保险标的（清单）以及相应的投保金额、随申请附的资料等。由投保人如实和尽可能详尽地填写并签字后作为向保险公司投保建筑、安装工程一切险的依据。投保申请书（投保单）为工程保单的组成部分。投保申请书（投保单）在未经保险公司同意或未签发保险单之前不发生保险效力。

（2）保险单。

保险单一般由保险公司提供标准格式，每个险种都有其相应的标准格式。主要内容是确认的投保人、被保险人和保险人，工程建设地点、建设工期、建设现状，保险险种、保险标的（清单）、保险金额、保险费，特殊保险内容的约定。

保险公司根据投保人投保申请书（投保单），在投保人缴付约定的保险费后，同意按保险单条款、附加条款及批单的规定以及明细表所列项目及条件承保约定的险种。投保申请书（投保单）为保险单的组成部分。

（3）保险条款。

保险条款是规定保险合同双方权利义务的法律文件，一般使用标准文本。目前使用的保险条款由中国人民保险公司编制，常用的有建筑工程一切险保险条款和安装工程一切险保险条款。

4. 保险合同的内容

（1）投保人名称和住所。

（2）投保人、被保险人名称和住所，以及人身保险的受益人的名称和住所。

（3）保险标的。

（4）保险责任和责任免除。

（5）保险期间和保险责任开始时间。

（6）保险价值。

（7）保险金额。

（8）保险费以及支付办法。

（9）保险金赔偿或者给付办法。

（10）违约责任和争议处理。

8.5　工程合同风险管理分析

8.5.1　工程合同风险管理概述

1. 风险识别

工程项目建设过程存在着风险，管理者的任务就是防范、化解与控制这些风险，使之对项目目标产生的负面影响最小。知己知彼，方能百战不殆。要做好风险的处置，首先就要了解风险，了解其产生的原因及其后果，才能有的放矢地进行处置。风险识别是指找出影响项目安全、质量、进度、投资等目标顺利实现的主要风险，这既是项目风险管理的第一步，也是最重要的一步。这一阶段主要侧重于对风险的定性分析。风险识别应从风险分类、风险产生的原因入手。

风险识别步骤如下所示。

（1）项目状态的分析。

这是一个将项目原始状态与可能状态进行比较及分析的过程。项目原始状态是指项目立项、可行性研究及建设计划中的预想状态，是一种比较理想化的状态；可能状态则是基于现实、基于变化的一种估计。比较这两种状态下的项目目标值的变化，如果这种变化是恶化的，则为风险。

理解项目原始状态是识别项目风险的基础。只有深刻理解了项目的原始状态，才能正确认定项目执行过程中可能发生的状态变化，进而分析状态的变化可能导致的项目目标的不确定性。

（2）对项目进行结构分解。

通过对项目进行结构分解，可以使存在风险的环节和子项变得容易辨认。

（3）历史资料分析。

通过对以前若干个相似项目情况的历史资料分析，有助于识别项目的潜在风险。

（4）确认不确定性的客观存在。

风险管理者不仅要辨识所发现或推测的因素是否存在不确定性，还要确认这种不确定性是客观存在的，只有符合这两个条件的因素才可以视作风险。

2. 风险评估

风险评估是指采用科学的评估方法将辨识并经分类的风险进行评估，再根据其评估值大小予以排队分级，为有针对性、有重点地管理好风险提供科学依据。风险评估的对象是项目的所有风险，而非单个风险。风险评估可以有许多方法，如方差与变异系数分析法、层次分析法（简称 AHP 法）、强制评分法及专家经验评估法等。经过风险评估，将风险分为几个等级，如重大风险、一般风险、轻微风险、没有风险。

对于重大风险要进一步分析其原因和发生条件，采取严格的控制措施或将其转移，即使多付出些代价也在所不惜；对于一般风险，只要给予足够的重视即可，当采取化解措施时，要较多地考虑成本费用因素；对于轻微风险，只要按常规管理即可。

3. 风险处置

风险处置是根据风险评估以及风险分析的结果，采取相应的措施，也就是制定并实施风险处置计划。通过风险评估以及风险分析，可以知道项目发生各种风险的可能性及其危害程度，将此与公认的安全指标相比较，就可确定项目的风险等级，从而决定应采取什么样的措施。在实施风险处置计划时应随时将变化的情况进行反馈，以便能及时地结合新的情况对项目风险进行预测、识别、评估和分析，并调整风险处置计划，实现风险的动态管理，使之能适应新的情况，尽量减少风险所导致的损失。

常用的风险处置措施有 4 种。

（1）风险回避。

风险回避就是在考虑到某项目的风险及其所致损失都很大时，主动放弃或终止该项目以避免与该项目相联系的风险及其所致损失的一种处置风险的方式。它是一种最彻底的风险处置技术，在风险事件发生之前将风险因素完全消除，从而完全消除了这些风险可能造成的各种损失。

风险回避是一种消极的风险处置方法，因为再大的风险也都只是一种可能，既可能发生，也可能不发生。采取回避，当然是能彻底消除风险，但同时也失去了实施项目可能带来的收益，所以这种方法一般只在存在以下情况之一时才会采用。

① 某风险所致的损失频率和损失幅度都相当高。

② 应用其他风险管理方法的成本超过了其产生的效益时。

（2）风险控制。

对损失小、概率大的风险，可采取风险控制措施来降低风险发生的概率。如风险事件已经发生，则尽可能降低风险事件的损失，也就是风险降低。所以，风险控制就是为了最大限度地降低风险事故发生的概率和减小损失幅度而采取的风险处置技术。为了控制工程项目的风险，首先要对实施项目的人员进行风险教育以增强其风险意识，同时采取相应的技术措施。

① 根据风险因素的特性，采取一定措施使其发生的概率降至接近于零，从而预防风险因素的产生。

② 减少已存在的风险因素。

③ 防止已存在的风险因素释放能量。

④ 改善风险因素的空间分布从而限制其释放能量的速度。

⑤ 在时间和空间上把风险因素与可能遭受损害的人、财、物隔离。

⑥ 借助人为设置的物质障碍将风险因素与人、财、物隔离。

⑦ 改变风险因素的基本性质，加强风险部门的防护能力。

⑧ 做好救护受损人、物的准备。

⑨ 制定严格的操作规程，减少错误的作业造成不必要的损失。

风险控制是一种最积极、最有效的处置方式，它不仅能有效地减少项目由于风险事故所造成的损失，而且能使全社会的物质财富少受损失。

（3）风险转移。

对损失大、概率小的风险，可通过保险或合同条款将责任转移。风险转移是指借用合同或协议，在风险事件发生时将损失的一部分或全部转移到有相互经济利益关系的另一方。风险转移主要有两种方式，即保险风险转移和非保险风险转移。

① 保险风险转移

保险是最重要的风险转移方式，是指通过购买保险的办法将风险转移给保险公司或保险机构。

② 非保险风险转移

非保险风险转移是指通过保险以外的其他手段将风险转移出去，主要有以下几种类型。

A．担保合同。

B．租赁合同。

C．委托合同。

D．分包合同。

E．无责任约定。

F．合资经营。

G．实行股份制。

通过转移方式处置风险，风险本身并没有减少，只是风险承担者发生了变化，因此转移出去的风险，应尽可能让最有能力的承受者分担，否则就有可能给项目带来意外的损失。

保险和担保是风险转移最有效、最常用的方法，是工程合同履约风险管理的重要手段，也是符合国际上惯例的做法。工程保险着重解决"非预见的意外情况"，包括自然灾害或意外事故造成的物质损失或人身伤亡。工程担保着重解决"可为而不为者"，用市场化的方式来解决合同约定问题。工程担保属于工程保障机制的范畴，通过工程担保，在被担保人违约、失败、负债时，债权人的权益得到保障，这是保险和担保最重要、最根本的区别。另外，工程保证担保中，保证人要求被保证人签订一项赔偿协议，在被保证人不能完成合同时，被保证人须同意赔偿保证人因此而造成的由保证人代为履约时所需支付的全部费用；而在工程保险中，作为保险人的保险公司将按期收取一定数额的保险费，事故发生后，保险公司负担全部或部分费用，投保人无须再作任何补偿。在工程保证担保中，保证人所承担的风险小于被保证人，只有当被保证人的所有资产都付给保证人后，仍然无法还清保证人代为履约所支付的全部费用时，保证人才会蒙受损失；而在工程保险中，保险人（保险公司）作为唯一的责任者，将为投保人所造成的事故负责，与工程保证担保相比，保险人所承担的风险明显增加。

（4）风险保留。

对损失小、概率小的风险留给自己承担，这种方法通常在下列情况中采用。

① 处理风险的成本大于承担风险所付出的代价。

② 预计某一风险造成的最大损失项目可以安全承担。

③ 当风险回避、风险控制、风险转移等风险控制方法均不可行时。

④ 没有识别出风险，错过了采取积极措施处置的时机。

综上所述，不难看出风险保留有主动保留和被动保留之分。主动保留是指在对项目风险进行预测、识别、评估和分析的基础上，明确风险的性质及其后果，风险管理者认为主动承担某些风险比其他处置方式更好，于是筹措资金将这些风险保留，如前 3 种情况。被动保留则是指未能准确识别和评估风险及损失后果的情况下，被迫采取自身承担后果的风险处置方式。被动保留是一种被动的、无意识的处置方式，往往造成严重的后果，使项目遭受重大损失。被动保留是管理者应该力求避免的。

8.5.2　承包人风险管理

1. 承包人风险管理的主要内容

（1）合同签订前对风险做全面分析和预测。主要考虑如下问题：工程实施过程中可能出现的风险类型、种类；风险发生的规律，如发生的可能性、发生的时间及分布规律；风险的影响，即风险发生，对承包人的施工过程、工期、成本等有哪些影响；承包人要承担哪些经济和法律的责任等；各种风险之间的内在联系，如一起发生或伴随发生的可能性。

（2）对风险采取有效的对策和计划。即考虑如果风险发生应采取什么措施予以防止，或降低它的不利影响，为防范风险做组织、技术、资金等方面的准备。

（3）在合同实施过程中对可能发生、或已经发生的风险进行有效控制。包括采取措施防止或避免风险的发生；有效地转移风险，争取让其他方承担风险造成的损失；降低风险的不利影响，减少自己的损失；在风险发生的情况下进行有效决策，对工程施工进行有效控制，保证工程项目的顺利实施。

2. 承包人的合同风险对策

（1）在报价中考虑。主要包括：提供报价中的不可预见风险费；采取一些报价策略；使用保留条件、附加或补充说明等。

（2）通过谈判，完善合同条文，双方合理分担风险。主要包括：充分考虑合同实施过程中可能发生的各种情况，在合同中予以详细、具体的规定，防止意外风险；使风险型条款合理化，力争对责权利不平衡条款、单方面约束性条款做修改或限定，防止独立承担风险；将一些风险较大的合同责任推给发包人，以减少风险（这样常常也相应减少收益机会）；通过合同谈判争取在合同条款中增加对承包人权益的保护性条款。

（3）购买保险。购买保险是承包人转移风险的一种重要手段。通常，承包人的工程保险主要有工程一切险、施工设备保险、第三方责任险、人身伤亡保险等。承包人应充分了解这些保险所承保的风险范围、保险金计算、赔偿方法、程序、赔偿额等详细情况。

（4）采取技术、经济和管理的措施。如组织最得力的投标班子，进行详细的招标文件分析，做详细的环境调查，通过周密的计划和组织，做精细的报价以降低投标风险；对技术复杂的工程，采用新的同时又是成熟的工艺、设备和施工方法；对风险大的工程派遣最得力的项目经理、技术人员、合同管理人员等，组成精干的项目管理小组；施工企业对风险大的工程，在技术力量、机械装备、材料供应、资金供应、劳务安排等方面予以特殊对待，全力保证该合同的实施；对风险大的工程，应做更周密的计划，采用有效的检查、监督和控制手段等。

（5）在工程施工过程中加强索赔管理。用索赔来弥补或减少损失、提高合同价格、增加工程收益、补偿由风险造成的损失。

（6）采用其他对策。如将一些风险大的分项工程分包出去，向分包人转嫁风险；与其他承包人联营承包，建立联营体，共同承担风险等。

在选择上述合同风险对策时，应注意优先顺序。通常按下列顺序依次选择：

①技术、经济和管理措施；②购买保险；③采用联营或分包措施；④报价中考虑的措施；⑤通过合同谈判，修改合同条件；⑥通过索赔弥补风险损失。

1. 风险管理的任务是什么？
2. 建设工程合同中存在哪些风险？
3. 我国工程建设中常采用的工程担保有哪几种？
4. 简述工程建设中常用工程担保的主要内容。
5. 我国工程建设中常采用的工程保险有哪几种？
6. 工程保险与工程担保有何区别与联系？
7. 常用的风险处置措施及适用范围是什么？
8. 我国工程保险发展的重点和难点是什么？

第9章
工程合同争议的解决

📚 **教学提示**

在现实生活中，合同当事人之间因各种客观原因或者主观原因难免要发生合同争议。合同当事人在遇到合同争议时，究竟是通过和解、调解，还是通过争议评审、仲裁、诉讼去解决，应当认真考虑对方当事人的态度、双方之间的合作关系、自身的财力和人力等实际情况，权衡出对自己最为有利的争议解决对策。

📚 **教学要求**

本章要求学生了解合同争议产生的原因以及解决合同争议的方式，熟悉和解与调解在解决争议时应遵守的原则，熟悉仲裁的特征和基本程序，熟悉民事诉讼管辖和民事诉讼的程序。重点让学生通过本章的学习，提高处理合同争议、按程序办事、解决工程索赔问题的实际工作能力，加深对工程合同管理课程的理解。

9.1　概　　述

9.1.1　合同争议

所谓合同争议，又称合同纠纷，是指合同当事人之间对合同履行的情况和不履行或者不完全履行合同的后果产生的各种纠纷。当事人对合同履行的情况产生的争议，一般是指对合同是否已经履行或者是否按合同约定履行产生的分歧；对合同不履行或者不完全履行的后果的争议，一般是指对没有履行或者不完全履行合同的责任由哪一方承担或者如何承担产生的分歧。

合同关系的实质是通过设定当事人的权利义务在合同当事人之间进行资源配置。而在合同的权利义务框架中，权利与义务是互相对称的，一方的权利即另一方的义务；反之亦然。一旦义务人怠于或拒绝履行自己应尽的义务，则其与权利人之间的法律争议势必在所难免。在某种情况下，合同当事人都无意违反合同的约定，但由于他们对于合同履行过程中的某些事实有着不同的看法和理解，就容易酿成合同争议。在某些情况下，由于合同立法中法律漏洞的存在，也会导致当事人对于合同事实的解释互不一致。总之在现实生活中，有合同活动，当事人之间因各种客观原因或者主观原因难免要发生合同争议。

从内容上讲，这里所说的"合同争议"应作广义的解释，凡是合同双方当事人对合同是否成立、合同成立的时间、合同内容的解释、合同的效力、合同的履行、违约责任，以及合同的变更、中止、转让、解除、终止等发生的争议，均应包括在内。

1. 合同争议的特点

（1）合同争议发生于合同的订立、履行、变更、解除以及合同权利的行使过程中。如果某一争议虽然与合同有关系，但不是发生于上述过程中，就不构成合同争议。

（2）合同争议的主体双方须是合同法律关系的主体。此类主体既包括自然人，也包括法人和其他组织。

（3）合同争议的内容主要表现在争议主体对于导致合同法律关系产生、变更与消灭的法律事实以及法律关系的内容有着不同的观点与看法。

2. 合同争议的产生原因

（1）因合同订立引起的争议。

从司法实践看，在合同争议案件中，大量的是因为双方当事人在订立合同时不认真，内容（条款）规定不具体、不明确，合同的形式和订立程序不符合法律、法规规定而造成的。这方面的合同争议主要包括以下几点。

① 因合同主体不合法而引起的争议。例如，有的当事人没有民事行为能力，或者只具有限制民事行为能力，却签订与其能力不相符的合同，引起合同争议；有的超出工商行政管理部门核准的经营范围而签订合同，引起合同争议；有的利用作废合同冒名顶替，引起合同争议；有的借口单位领导不同意，否认已签订的合同，引起合同争议；等等。

② 因合同内容引起的争议。例如，有的因合同质量条款规定不明确，成交后发生争议；有的因合同数量条款规定不明确，在履行中发生争议；有的因合同中没有写明交货日期，导致合同争议；等等。

③ 因代签合同引起的争议。例如，有的主管机关未经企业同意，代签合同，企业不承认，拒绝履行合同，从而引起争议；有的单位委托个人签订合同，事后却推卸责任发生合同争议；等等。

④ 因合同订立程序不合规定而引起的争议。例如，有的因签订合同手续不全，引起争议；有的为降低价格，借口未经签证，宣布无效，引起合同争议；等等。

⑤ 因合同订立的形式产生的争议。例如，有的口头合同，一方不履行，发生争议；有的必须履行法定审批手续而未履行，导致合同无效，从而发生争议；等等。

（2）因合同履行发生的争议。

合同订立后，因一方或者双方不履行合同或者不适当履行合同而发生的争议，也是多种多样的。这类合同争议主要有以下几类。

① 违反合同不交货产生的争议。例如，不按合同规定交货，另行高价销售，产生的争议等。

② 不按合同规定收货引起的争议。例如，如因市场行情变化，商品滞销，不按合同规定接受对方交付的货物而引起的争议等。

③ 不按合同规定的数量交货（不交、多交或者少交）而引起的争议。

④ 不按合同规定的质量条件履行合同而发生的争议。

⑤ 不按合同规定的产品规格履行合同而引起的争议。

⑥ 产品包装不符合合同规定引起的争议。

⑦ 不按合同规定的履行期限履行合同发生的争议。

⑧ 因拖欠货款引起的合同争议。

⑨ 不按合同规定的价格交付价款引起的争议。

⑩ 不按合同规定的履行方式履行引起的争议。

总之，当事人一方或者双方不按合同规定的条款履行合同，都会产生合同争议。

（3）因变更或者解除合同而产生的合同争议。

在实践中，往往有许多原因使合同发生变更，有的是原订立合同主体因为关、停、并、转或者分立，导致合同变更后的履行义务主体不明确，由此产生争议；有的是因合同内容经协商变更后，一方又反悔，从而引起争议；等等。也有因不按法律或者合同规定的方式、程序变更或者解除合同，从而引起合同争议的情况。

9.1.2 建设工程施工合同争议的形成

建设工程施工合同的订立或履行过程中，合同双方形成争议的原因是错综复杂的，但绝大多数争议是合同当事人主观原因造成的。

1. 选择合同价格形式不当

建设工程施工合同有单价合同、总价合同和其他价格形式合同，在订立建设工程施工合同时，就要根据工程规模大小、工期长短、造价高低以及其他各种因素，选择适当的合同价格形式。若选择了不适当的合同价格形式，会导致合同争议的产生。

2. 合同主体不合法

《民法典》规定：合同当事人可以是公民（自然人），也可以是其他组织。也就是说作为建设工程施工合同当事人的发包人和承包人，都应当具有相应的民事权利能力和民事行为能力，这是订立合同必须具备的最基本的主体资格。《建筑法》还要求施工企业除具备企业法人条件外，还必须取得相应的资质等级，方可在其资质等级许可的范围内从事建筑活动。但是，当前一些从事建筑活动的企业或单位，超越资质等级或无资质等级承包工程，造成主体资格不合法，这种无效合同如果履行就会产生严重的争议和不良后果。因此，在工程招标或非招标工程发包前，一定要对承包人进行严格的资格预审或后审，以预防订立合同主体不合法。

3. 合同条款不全，约定不明确

在合同履行过程中，由于合同条款不全，约定不明确引起争议是相当普遍的现象，也是造成合同争议最常见、最大量、最主要的原因。当前，一些缺乏合同意识和不会用法律保护自己权益的发包人或承包人，在谈判或签订合同时，认为合同条款烦琐，从而造成合同缺款少项；一些合同虽然条款比较齐全，但内容只作原则约定，不具体、不明确，从而导致了合同履行过程中的争议产生。例如：有的施工合同签订时选择了固定总价形式，但只是在相应的条款内约定合同价格采取固定总价，没有约定其涵盖的工作范围，也不约定按合同报价的一定比例给予承包人的风险费用，一旦工程施工过程中发生承包人难以承受的变化情况，就会出现争议。

4. 草率签订合同

建设工程施工合同一经签订，其当事人之间就产生了权利和义务关系。这种关系是法律关系，其权利受法律保护，义务受法律约束。但是目前一些合同当事人，法制观念淡薄，签订合同不认真，履行合同不严肃，导致合同争议不断发生。

5. 缺乏违约具体责任

有些建设工程施工合同签订时，只强调合同的违约条件，没有要求对方承担违约责任，对违约责任也没有做出具体约定，导致双方在合同履行过程中争议的发生。

9.1.3　建设工程施工合同争议的主要内容

在我国建设市场活动中，常见的合同争议集中在承包人同发包人之间的经济利益方面。大致有以下一些内容。

（1）承包人提出索赔要求，发包人不予承认，或者发包人同意支付的额外付款与承包人索赔的金额差距极大，双方不能达成一致意见。其中，可能包括：发包人认为承包人提出索赔的证据不足；承包人对于索赔的计算，发包人不予接受；某些索赔要求是由于承包人自己的过失造成的；发包人引用免责条款以解除自己的赔偿责任；发包人致使承包人得不到任何补偿。

（2）承包人提出的工期索赔，发包人不予承认。承包人认为工期拖延是由于发包人拖延交付施工场地、延期交付设计图纸、拖延审批材料样品和现场的工序检验以及拖延工程付款造成的；而发包人则认为工期拖延是由于承包人开工延误、劳力不足、材料短缺造成的。

（3）发包人提出对承包人进行违约罚款，扣除拖延工期的违约罚金外，要求对由于工期延误造成发包人利益的损害进行赔偿；承包人则提出反索赔，由此产生严重分歧。

（4）发包人对承包人的严重施工缺陷或提供的设备性能不合格而要求赔偿、降价或更换；承包人则认为缺陷业已改正、不属于承包人的责任或性能试验方法错误等，不能达成一致意见。

（5）关于终止合同的争议。由终止合同造成的争议最多，因为无论任何一方终止合同都会给对方造成严重损害。但是，终止合同可能是在某种特殊条件下，合同双方为避免更大损失而采取的必要补救办法。为此，合同双方应当事先在合同中规定终止合同时各方的权利和义务，这样才便于争议的合理解决。

（6）承包人与分包人的争议。其内容大致和发包人与承包人的争议内容相似。

（7）承包人与材料设备供应商的争议。多数是关于货品质量、数量、交货期和付款方面的争议。

9.1.4　解决建设工程施工合同争议的一般方式

为了尽可能减少建设工程施工合同争议，最重要的是合同双方要签好合同。在签订合同之前，承包人和发包人应当认真地进行磋商，切不可急于签约而草率行事。另外，在履约过程中双方应当及时交换意见，尽可能将执行中的问题加以适当处理，不要将问题积累，尽量将合同争议解决在合同履约过程中。

公正、全面、及时地解决合同争议对于保护当事人的合法权益，加强合同领域的法制建设有着重要意义。根据《民法典》及相关法律规定，当事人可以通过四种途径解决合同争议，即：协商和解；调解；提请仲裁机构仲裁；向人民法院提起诉讼。当事人不愿和解、调解或者和解、调解不成的，可以根据仲裁协议提请仲裁机构申请仲裁。当事人没有订立仲裁协议或者仲裁协议无效的，可以向人民法院起诉。当事人应当履行发生法律效力的裁决、仲裁裁决、调解书；拒不履行的，对方可以请求人民法院执行。

《建设工程施工合同（示范文本）》（GF—2017—0201）通用合同条款第 20 条规定；合同双方当事人除了可以选择和解、调解、仲裁、诉讼等方式解决合同争议之外，还可以采用争议评审方式方便快捷地解决合同争议。

所以，建设工程施工合同争议一旦发生，合同当事人应按照有关的法律法规规定，通过适当的方式解决合同争议。合同当事人在遇到合同争议时，究竟是通过和解、调解去解决，还是通过争议评审、仲裁、诉讼去解决，应当认真考虑对方当事人的态度、双方之间的合作关系、自身的财力和人力等实际情况，权衡出对自己最为有利的争议解决对策。

9.2　合同争议的和解与调解

根据《民法典》及相关法律规定，当事人可以通过和解或者调解解决合同争议。因此发生建设工程施工合同争议时，当事人可以自行协商和解，或者通过第三方进行调解。

9.2.1　和解

和解是指合同当事人发生争议后，在没有第三方介入的情况下，在自愿互谅的基础上，就已经发生的争议进行商谈并达成协议，自行解决争议的一种方式。

1. 和解的特征

（1）和解是双方在自愿、友好、互谅的基础上进行的。它没有第三方介入，不伤害双方的感情，有利于维持和发展双方的合作关系；经协商达成的协议，当事人一般也能自觉遵守。

（2）和解的方式和程序十分灵活。和解解决争议不像仲裁、诉讼那样有确定的方式和严格的程序，双方当事人在不违反法律的前提下，可以根据实际情况以多种方式进行协商，灵活地解决争议。

（3）和解解决争议节省开支和时间。由于和解是由当事人自行进行，不用通过严格的仲裁和诉讼程序，可以节省仲裁诉讼和聘请律师等费用，也节约了因程序问题而花费的时间，因而能使争议得到经济、快捷的解决。

2．和解的优点

（1）简便易行。和解只需要发生争议各方自己决定在什么地方和什么时间进行协商，不需要任何第三方介入，因而十分方便，有利于合同争议的解决。

（2）有利于加强争议双方的协作。既然合同争议各方选择了协商方法解决争议，就表明他们有和解的愿望，在协商过程中，就会增强对对方的理解，而采取互谅互让的态度，不会使争议激化，有利于巩固双方的协作关系，增强信任感。

（3）有利于合同的履行。由于和解是在双方自愿协商的基础上形成的，因而双方一般都能自觉执行，有利于合同的顺利履行。

3．和解的局限性

由于和解解决争议具有以上这些优点，因而在现实经济活动中，争议双方往往愿意进行协商以求和解，宁愿互相做一些让步，承担一部分损失，使争议得到及时解决。

但是，由于和解协议缺乏法律强制履行的效力，因而和解解决争议的方法是有局限性的。和解所达成的协议能否得到切实自觉地遵守，完全取决于争议双方的诚意和信誉。如果在双方达成和解协议后，一方反悔，拒绝履行应尽的义务，协议就成了一纸空文；而且在实践中，当争议标的金额巨大或争议双方分歧严重时，要通过协商达成谅解是比较困难的。鉴于此，我国法律既重视和解解决争议的积极作用，同时又不把它当作唯一的方式，而是允许争议当事人在进行和解解决无效之时，还可以通过调解、争议评审、仲裁或诉讼等途径解决。

9.2.2 调解

调解是指合同当事人于争议发生后，在第三方的主持下，在查明事实和分清是非的基础上，根据事实和法律，通过说服引导，促进当事人互谅互让，友好地在自愿的基础上达成协议，从而公平、合理地解决争议的一种方式。

1．调解的特点

与和解一样，通过调解的方式解决合同争议也具有方式灵活，程序简便，节省时间和费用，不伤害争议双方的感情等特点，因而既可以及时、友好地解决争议，又可以保护当事人的合法权益。同时由于调解是在第三方主持下进行的，因而决定了它所独有的特点：

（1）有第三方介入，看问题可能更客观、全面一些，有利于争议的公正解决；有第三方参加，可以缓解双方当事人的对立情绪，便于当事人双方较为冷静、理智地考虑问题。

（2）有第三方介入，对事实的查明更深入和具体，有利于当事人抓住时机，寻找适当的突破口，公正合理地解决争议。

2．建设工程施工合同争议的调解方式

合同争议调解是通过第三方进行的，这里的第三方可以是仲裁机构及人民法院，也可以是仲裁机构及人民法院以外的其他组织和个人。因参与调解的第三方的不同，调解的性质也就不同，一般而言，建设工程施工合同争议的调解主要有以下几种。

（1）行政调解。

建设工程施工合同争议的行政调解，是行政机关依法劝导争议双方当事人和解，解决合同争议的一种方式。根据国务院职能分工，工商行政管理部门是合同的监督管理机关，调解合同争议是合同监督管理职能的延伸，所以工商行政管理部门是合同争议行政调解的主要部门。合同争议行政调解具有以下特征。

① 合同争议行政调解的调解人是行政机关。这是合同争议行政调解与其他合同争议调解方式的重要区别。

② 合同争议行政调解属案外调解。经案外调解达成的调解协议不具有法律效力，当事人一方或双方反悔不履行协议，另一方当事人或双方当事人均可以就该合同争议提请仲裁或诉讼。

③ 合同争议行政调解具有自愿性。它是在双方当事人自愿的基础上进行的，申请调解自愿，退出调解自愿，达成和解自愿。调解机关不能强迫当事人接受调解，不能把自己的意愿强加于双方当事人。

（2）社会（民间）调解。

鉴于目前建设行政主管部门的职能约束，在发生争议时，还可以依托相关的行业学会或协会，制定有关调解管理办法，建立相应的调解组织，实施建设工程施工合同争议的社会（民间）调解活动。

建设工程施工合同不同于其他经济合同，具有较强的专业性，其合同内容包括工期、质量、工程造价、设备材料供应、工程款支付、竣工验收以及工程质量保修等诸多方面，合同条款涉及土地管理、文物保护、环境保护、标准化、城镇管理等诸多法律法规的相关内容。所以，建设工程施工合同履行过程中发生的争议，需要具备较强的相关专业知识的组织和人员才能进行调解。对于社会（民间）调解，虽然必须在我国的法律体系框架下进行，但是，目前我国还没有一部具体的法律法规对其进行约束，所以，其调解形式、调解方式以及调解结果都不受制约，自由发挥的空间很大。而且，社会（民间）调解是一种社会（民间）行为，调解组织也为民间组织，其出具的调解书就不具有法律效力，对合同争议当事人缺乏法律约束力，如果一方当事人反悔，该调解书就成了一张废纸。

（3）仲裁机构调解。

建设工程施工合同争议的仲裁调解，是指争议双方将争议事项提交仲裁机构后，由仲裁机构在查清事实、明确是非、分清责任的基础上，组织合同双方当事人通过自愿协商，互谅互让，依法达成和解的一种仲裁活动。它具有以下特征。

① 调解活动自始至终都在仲裁机构的主持下进行。这一特征将仲裁调解与当事人自行和解区别开来。仲裁调解，是在提出仲裁申请之后，由仲裁机构与合同争议当事人共同参加，以仲裁机构为主导，并负责组织和安排调解的全过程，仲裁机构对双方达成的调解协议，拥有审查批准的权力。

② 调解协议经仲裁机构批准抵达当事人后，即具有与法院判决同等的法律效力。这一特征与行政调解区别开来。行政调解是解决合同争议的有效途径，但它不具有法律效力。当事人一方或双方反悔的，仍可向仲裁机构申请仲裁或向人民法院起诉。在仲裁机构主持下，

双方当事人达成的协议，对当事人有法律约束力，双方当事人必须自觉履行，如果一方拒绝履行，另一方可向人民法院要求强制执行。同时，调解协议生效后，争议当事人就不得再以同一事实和理由，向仲裁机构申请仲裁或向人民法院起诉。

③ 仲裁机构在调解过程中可以通过宣传教育，使合同争议当事人提高遵纪守法、讲求诚信的自觉性，从而有利于预防合同争议的再度发生。

需指出的是，仲裁机构在接受争议当事人的仲裁申请后，可以先进行调解，如果双方达成调解协议，则调解成功，仲裁机构即制作调解书并结束仲裁程序；如果达不成调解协议，仲裁机构应当及时作出裁决。

（4）人民法院调解。

建设工程施工合同争议的法院调解，是在人民法院主持下，双方当事人就发生争议的民事权利义务关系，通过协商，互谅互让，共同达成协议，解决争议，终结诉讼所进行的活动和结案方式。但是人民法院调解，是有条件限制的。

人民法院调解解决建设工程施工合同争议的前提条件如下。

① 人民法院调解建设工程施工合同争议，必须遵守当事人自愿的原则。所谓自愿原则包括两层含义，第一层含义是指是否采取调解方式解决争议，必须取决于当事人的自愿。第二层含义是指当事人自愿达成协议。通过当事人双方协商，自愿共同达成协议。其中，人民法院可以提供参考意见，可以向当事人宣讲法律知识，帮助他们达成合法协议，但不得有任何强迫和变相强迫。

② 人民法院调解建设工程施工合同争议，必须在事实清楚的基础上，分清是非，进行调解。所谓事实清楚，是指当事人双方对争议的事实陈述基本一致，又能提供可靠的证据，无须作大量调查即可判明事实、分清是非、确定责任。所谓分清是非，是指引起争议发生的责任分明，是双方均有过错，或是一方有过错，双方都应当承担义务，或是一方有责任对另一方履行义务，对这些分得很清楚，双方当事人也无太大争议。人民法院进行调解，必须以事实为根据，以法律为准绳。

调解达成协议，人民法院应当制作调解书。调解书经双方当事人签收后，即具有法律效力，当事人不得反悔，必须自觉履行。如果一方不履行，另一方当事人可以向人民法院申请强制执行。调解未达成协议或者调解书送达前一方反悔的，人民法院则应当及时判决。

（5）联合调解。

联合调解是指涉外合同争议发生后，当事人双方分别向所属国的仲裁机构申请调解，由双方授权的仲裁机构分别派出数量相等的人员组成"联合调解委员会"，联合调解案件。

9.2.3　和解与调解的原则

不论是和解还是通过第三人调解，其最根本的还是在于当事人有彻底解决合同争议的愿望，能够相互理解、互谅互让地解决合同争议，在采用这些方法时，必须坚持以下几项原则。

1. 自愿原则

虽然我国在多部法律法规内都有对解决合同争议采取和解或调解的条款，但这并不意味着和解或调解是必须采用的法定程序，因为和解或调解都是建立在当事人自愿的基础上的。特别是调解不同于仲裁或审判，因为任何一方不同意调解，都不能强迫调解。调解合同争议时，要耐心倾听各方当事人和关系人的意见，并对这些意见进行分析研究、调查核实，然后据理说服各方当事人，使他们自愿达成协议，促使调解成功。若调解无效，当事人则可以请求仲裁机构裁决或由人民法院判决，任何人都不得阻止当事人行使这些权利。

2. 依法原则

当事人订立、履行合同，应当遵守法律、行政法规。解决合同争议是解决合同履行中对一些条款的争议。因此，不论是用和解方法还是调解方法解决合同争议，都必须坚持依法原则。和解协议或调解协议都是合同的组成部分，都必须以遵守法律、行政法规为前提。决不允许以违反法律、行政法规为代价解决合同争议，否则这种和解或调解都是无效的。

3. 公平、公正原则

在采用和解方法解决合同争议时，各方当事人都要摆正自己的地位，采取公正的态度解决问题。采用调解方法时，调解人对各方当事人都要立场公正，秉公办事，只有这样才能取得各方的信任，作出的调解才能为各方所接受。若违背了公平、公正原则，则难以达成和解或调解协议，即使勉强达成协议，也会因其基础不牢，容易反复或出现不履行的情况。处理得不好，甚至适得其反，导致争议扩大、矛盾激化。

4. 制作和使用调解书原则

《中华人民共和国仲裁法》（以下简称《仲裁法》）规定：当事人达成和解协议的，可以请求仲裁庭根据和解协议作出裁决书。对于调解，《仲裁法》规定：调解达成协议的，仲裁庭应当制作调解书或根据协议的结果制作裁决书。《民事诉讼法》则规定：调解达成协议，调解书应当写明诉讼请求、案件的事实和调解结果。根据这些法律规定，凡是经过和解或调解达成协议的合同争议，都依法可以或应当制作调解书或裁决书。由于和解或调解都是建立在当事人自愿的基础上，因此在和解或调解书生效之前，当事人对和解或调解反悔的，仲裁机构或人民法院，应及时作出裁决或判决。

9.3 合同争议评审

9.3.1 合同争议评审的概念

所谓合同争议评审，是指争议双方通过事前的协商，选定独立公正的第三人对其争议作出决定，并约定双方都愿意接受该决定的约束以解决争议的一种机制。争议评审是近年来在国际工程合同争议解决中出现的一种新的方式，其特点介于调解与仲裁之间，但与两者又有所不同，效力如何在我国尚无讨论。如果双方愿意采用该方式解决争议而又考虑到它将受到某些法律的限制，可以采取一些措施以加强争议评审的有效性。例如，双方可以在其解决争议的协议中约定争议双方不能在以后的仲裁程序或诉讼程序中对争议评审委员会作出的事实调查提出异议；甚至可以约定如当事各方不执行争议评审委员会的决定，即为不履行合同规定的义务；等等。

9.3.2 合同争议评审的产生与发展

合同争议评审是一种在国际工程承包的实践活动中出现、总结和发展起来的新的解决合同争议的方式。世界银行首先在其1995年1月出版的《工程采购标准招标文件》中提出了采用争议评审委员会（Dispute Review Board，简称DRB）来替代工程师解决争议的作用。FIDIC也在1995年出版的《设计-建造和交钥匙工程合同条件》（橘皮书）中提出了采用争端裁决委员会（Dispute Adjudication Board，简称DAB）来替代过去版本中依靠工程师解决争议的作用。在1999年新出版的《施工合同条件》（新红皮书）、《生产设备和设计-施工合同条件》（新黄皮书）、《设计-采购-施工（EPC）/交钥匙工程合同条件》（银皮书）中，均统一将DAB升级成了DAAB，并且附有"争议裁决协议书的通用条件"和"程序规则"等文件。

在国内，国家发展和改革委员会等九部委联合颁布的《中华人民共和国标准施工招标文件（2007年版）》正式推出争议评审制度。我国的水利水电施工项目借鉴国际工程经验，也逐步引入合同争议的评审机制，并在一些大型施工项目如二滩水电站等开始运用。在《水利水电土建工程施工合同条件》（GF—2000—0208）中，规定水利水电工程建设应建立合同争议调解机制，当监理人的决定无法使合同双方或其中任一方接受而形成争议时，可通过由双方在合同开始执行时聘请的争议调解组织或行业争议调解机构进行争议评审和调解，以求得争议的合理、公正解决。2013版《建设工程施工合同（示范文本）》（GF—2013—0201）中也首次提出了可以采取争议评审方式解决合同争议，并规定了相应的争议评审规则。但与FIDIC合同不同，争议评审不是仲裁、诉讼的必经程序。

9.3.3 合同争议评审的基本程序

中华人民共和国住房和城乡建设部、国家工商行政管理总局制定的《建设工程施工合同（示范文本）》（GF—2017—0201）中规定的争议评审的基本程序如下。

1. 争议评审小组的确定

合同当事人可以共同选择一名或三名争议评审员，组成争议评审小组。除专用合同条款另有约定外，合同当事人应当自合同签订后28天内，或者争议发生后14天内，选定争议评审员。

选择一名争议评审员的，由合同当事人共同确定；选择三名争议评审员的，各自选定一名，第三名成员为首席争议评审员，由合同当事人共同确定或由合同当事人委托已选定的争议评审员共同确定，或由专用合同条款约定的评审机构指定第三名首席争议评审员。

除专用合同条款另有约定外，评审员报酬由发包人和承包人各承担一半。

2. 争议评审小组的决定

合同当事人可在任何时间将与合同有关的任何争议共同提请争议评审小组进行评审。争议评审小组应秉持客观、公正原则，充分听取合同当事人的意见，依据相关法律、规范、标准、案例经验及商业惯例等，自收到争议评审申请报告后 14 天内作出书面决定，并说明理由。

3. 争议评审小组决定的效力

争议评审小组作出的书面决定经合同当事人签字确认后，对双方具有约束力，双方应遵照执行。

任何一方当事人不接受争议评审小组决定或不履行争议评审小组决定的，双方可选择采用其他争议解决方式。

9.3.4　合同争议评审的优点

在业已采用争议评审方式解决争议的项目中，建设行政主管部门、发包人、承包人和贷款金融机构等各方面的反映都是良好的。归纳起来，争议评审方式具有以下优点。

（1）由技术专家组成的争议评审小组所作出的处理决定更符合实际。由于争议评审小组成员都是具有施工和管理经验的技术专家，比起将争议提交给仲裁或诉讼中的法律专家、律师和法官，仅凭法律条款去处理复杂的技术问题更令人放心，其处理决定更符合实际并有利于执行。

（2）节省时间，解决争议便捷。由于争议评审小组成员定期到现场考察情况，他们对争议的起因和争议引起的后果了解得更为清楚，无须准备大量文字材料和费尽口舌向仲裁庭或法院解释和陈述；争议评审小组的决策很快，可以节省很多时间。因为争议评审小组可以在工程施工期间直接在现场处理大量常见争议，避免了争议的拖延解决而导致工期延误；也可防止由于争议的积累而使之扩大化、复杂化，是一种事前预防争议产生和扩大的合同控制方法。

（3）争议评审的成本比仲裁或诉讼更低。不仅总费用较少，而且所花费用由争议双方平均分摊。而在仲裁或诉讼中，任何一方都有可能要承担双方为处理争议而花费的一切费用的风险。

（4）争议评审并不妨碍再进行仲裁或诉讼。争议评审小组的决定不具有终局性，一方不满意而不接受或不履行该决定，仍然可以再诉诸仲裁或诉讼。

9.4　合同争议的仲裁

9.4.1　合同争议仲裁的概念及特征

1. 仲裁的概念

所谓合同争议的仲裁，是指发生合同争议时，合同双方当事人根据书面仲裁协议，向仲裁机构提出仲裁申请，由仲裁机构依法对争议进行仲裁并作出裁决，从而解决合同纠纷的法律制度。

仲裁是解决合同争议的重要方式之一，其适用范围很广。根据《仲裁法》第2条规定：平等主体的公民、法人和其他组织之间发生的合同纠纷和其他财产权益纠纷，可以仲裁。由此看出，仲裁这种解决方式，适用于一切平等的主体之间发生的合同争议。

一项合同的争议是否采用仲裁方式解决，完全取决于合同各方当事人的自由选择，只有当各方当事人一致同意将其争议提交仲裁时方可采用。当事人所作出的仲裁选择的法律表现形式为仲裁协议，仲裁协议（含合同中的仲裁条款）是对合同争议进行仲裁的法律依据。

当事人不愿通过协商、调解解决或者协商、调解不成的，可以依据合同中的仲裁条款或者事后达成的书面仲裁协议，向仲裁机构申请仲裁。任何一方当事人不同意仲裁的，该合同争议就不得用仲裁方式解决。

从实践上看，合同争议不能通过协商、调解解决的，许多当事人都习惯于选择仲裁方式解决争议。这主要是因为，同法院审判相比，仲裁方式比较灵活，程序相对简便，解决争议及时、迅速，所需费用又不多。也正因此，仲裁作为解决民事争议的一种方式已经在国际上得到普遍承认，许多国家制定了仲裁法律，设置仲裁机构来处理争议案件。我国在原《经济合同仲裁条例》的基础上于1994年8月制定了《仲裁法》，专门对仲裁进行了规定。

2. 仲裁的特征

仲裁与调解相比较，其相同之处在于两者都以双方当事人自愿为基础，两者的区别如下。

（1）作为仲裁者的第三方是具有特定身份的仲裁机构，这是仲裁与其他解决方式的重要区别之一。仲裁与前述所说的调解虽然都是由第三方出面解决当事人之间的争议，但调解中的第三方作为调解人不需要特定的身份，即不是特定的第三方，普通人都可以作为调解人来调解当事人之间的争议；而仲裁中的仲裁者则必须是依法成立并为法律授予仲裁资格的仲裁机构，其他任何单位和个人都不得进行仲裁。

（2）仲裁是按照一定的法定程序、规则进行的。虽然不同于司法诉讼，但也不像协商、调解那样无规定的程序可循。仲裁有一定的程序、规则，这种程序、规则是由法律和法规规定的。我国《仲裁法》专门对仲裁的程序、规则做了规定，国际商会也依据《仲裁法》和《民事诉讼法》有关规定对涉外仲裁规则专门做了具体规定。这些规定使仲裁有了比较严格的程序和规则，仲裁必须按照这些规定进行，而不得违反。

（3）申请仲裁的双方当事人均受仲裁协议的约束。即使一方事后反悔，另一方仍可根据仲裁协议提起仲裁程序，仲裁庭也可据此受理案件，进行仲裁；而调解的进行，自始至终都需要双方同意。

（4）仲裁裁决具有法律强制执行力。仲裁裁决尽管不是由司法机关作出，但是法律却赋予其强制执行的效力。《仲裁法》第57条规定：裁决书自作出之日起发生法律效力。对仲裁机构的仲裁裁决，当事人应当履行。当事人一方在规定的期限内不履行仲裁机构的仲裁裁决的，另一方可以向人民法院申请强制执行。仲裁裁决的这种法律强制执行力，是仲裁与协商、调解方式的重要区别之一。

（5）仲裁员和调解人的地位不同。调解人在调解中只起说服劝导作用，以促使双方互相让步，达成和解协议；能否达成和解协议，完全取决于争议双方当事人的意愿，调解人无权裁断。而仲裁员则不同，他虽也负有规劝疏导责任，但在调解无效时，他可以依法进行裁决。

9.4.2　合同争议仲裁的基本原则

根据《仲裁法》有关规定，在合同争议仲裁过程中，应当遵循下列基本原则。

1. 以事实为根据，以法律为准绳原则

这一原则要求仲裁机构在处理合同争议时，应本着从实际出发、实事求是的精神，对争议事项作出全面认真的调查研究；在查清案件事实的情况下，分清是非，判明责任，并依据法律规定作出正确的裁决，以保证仲裁的客观和公正。在仲裁中，仲裁机构应避免主观臆断、偏听偏信等行为，更不可徇私枉法，而应严格依法办案。

2. 先行调解原则

这一原则是指仲裁机构在受理合同争议后，应本着促进双方争议的解决、缓解其矛盾的精神，在查清案件事实的基础上首先进行调解，对当事人进行说服教育，以求消除当事人间的隔阂，互相谅解，自愿达成和解协议，从而解决争议。先行调解必须是在当事人自愿接受调解的前提下进行，任何一方或者双方当事人不愿调解的，仲裁机构就不能进行调解，而应当开庭强制裁决。而且，当事人同意调解，但经过仲裁机构调解后仍达不成协议的，也应及时裁决，不能久拖不决。调解达成协议的，仲裁机构应当制作调解书或者裁决书。

3. 保障当事人平等地行使权利原则

在仲裁活动中，无论是申请人还是被申请人，他们的法律地位都是平等的，都有权享有仲裁程序规则中规定的各项权利，如陈述事实、进行辩论、提供有关证据、聘请律师参加仲裁活动等。因此，仲裁机构在处理争议过程中，应当保障当事人平等地行使这些权利，不得歧视任何一方当事人。

4. 自治原则

自治原则又称自愿原则，主要含义是：当事人是否将他们之间发生的纠纷提交仲裁，由其自愿协商决定；当事人将他们之间发生的纠纷提交哪一个仲裁委员会仲裁，由其自愿协商选定，仲裁不实施级别管辖和地域管辖。

5. 一次裁决原则

所谓一次裁决，又称一裁终局，是指仲裁机构对合同争议实行一裁终审制，即裁决一经作出就具有法律效力，当事人必须执行，不得申请再仲裁，也不得另行向人民法院起诉。一方不执行仲裁裁决的，另一方有权要求人民法院执行。一次裁决有利于争议的迅速解决，以尽可能避免因争议久拖不决所带来的当事人损失的扩大以及因此而造成的其他消极后果。

6. 独立仲裁原则

这一原则是指仲裁机构受理合同争议后，依法享有独立仲裁权，独自在其职权范围内对争议作出具有法律效力的最终裁决，而不受行政机关、其他单位和个人的干涉。当然，仲裁机构独立行使仲裁权并不意味着仲裁活动不受监督，人民法院有权对仲裁活动进行监督，对违法的裁决有权予以撤销或者裁定不予执行。

9.4.3　仲裁协议

所谓合同的仲裁协议（含合同中的仲裁条款），是指合同双方当事人将其合同争议交付某仲裁机构进行仲裁的共同意思表示的形式。这种协议可以是合同双方当事人在签订合同时规定的仲裁条款，也可以是事后（含发生争议后）专门就通过仲裁机构解决合同纠纷达成的书面仲裁协议。

仲裁协议通常表现为：合同中的仲裁条款、专门仲裁协议以及其他形式的仲裁协议。

合同中的仲裁条款，是指双方当事人在有关条约或合同中规定的将来如有争议即提交仲裁裁决的条款。由于这种条款通常是作为合同本身的内容订入合同的，故称仲裁条款。合同中的仲裁条款是仲裁协议最为普遍的形式。

专门仲裁协议，是指双方当事人自愿将争议提交仲裁的一种具有独立内容的协议，它是相对独立于合同之外的另一种协议，与合同中的仲裁条款具有同等法律效力。专门仲裁协议的订立，可以是在争议发生之前，也可以是在争议发生之后。

其他形式的仲裁协议，是指除合同中的仲裁条款和专门仲裁协议以外的其他可以证明当事人双方自愿把争议提交仲裁的书面材料，主要包括双方往来的信函、电报、电传中表示同意仲裁的文字记录等。

根据《仲裁法》第 16 条规定，不管是在合同中订立的仲裁条款，还是以其他书面形式在纠纷发生前或者纠纷发生后达成的请求仲裁的协议，都应当具有下列基本内容。

（1）请求仲裁的意思表示。即双方当事人表示同意对其合同争议提请仲裁。

（2）仲裁事项。即要求对发生争议的哪个或者哪些事项进行仲裁。

（3）选定的仲裁委员会。当事人可以任意选择处理其合同争议的仲裁委员会，其他单位和个人不得强迫。

除了上述基本内容外，当事人双方也可以在仲裁协议中约定其他事项，如选择仲裁员、约定适用的法律和其他有关事项。

9.4.4　仲裁机构及仲裁员

仲裁机构，是指依照法律规定设立，并依法对平等主体的自然人、法人和其他组织之间发生的合同争议和其他财产权益争议专门地进行仲裁的组织。在我国，仲裁机构是仲裁委员会。由于国内合同和涉外合同不同，我国分别对这两类合同争议的仲裁规定了不同的仲裁机构，即我国仲裁委员会分为两类：一是对国内合同的仲裁委员会，是各地设立的仲裁委员会；二是对涉外合同争议的涉外仲裁委员会，是中国国际商会设立的中国国际经济贸易仲裁委员会（它可以在一些地方设立办事处）。

根据《仲裁法》第 10 条规定：仲裁委员会可以在直辖市和省、自治区人民政府所在地的市设立，也可以根据需要在其他设区的市设立，不按行政区划层层设立。根据《仲裁法》第 12 条、第 13 条规定，仲裁委员会由主任一人、副主任二至四人和委员七至十一人组成。仲裁委员会的主任、副主任和委员由法律、经济贸易专家和有实际工作经验的人员担任。仲裁委员会的组成人员中，法律、经济贸易专家不得少于三分之二。仲裁员应当符合下列条件之一：第一，通过国家统一法律职业资格考试取得法律职业资格，从事仲裁工作满八年的；第二，从事律师工作满八年的；第三，曾任法官满八年的；第四，从事法律研究、教学工作并具有高级职称的；第五，具有法律知识、从事经济贸易等专业工作并具有高级职称或者具有同等专业水平的。

仲裁委员会独立于行政机关，与行政机关没有隶属关系，仲裁依法独立进行，不受行政机关、社会团体和个人的干涉。仲裁实行一裁终局的制度，各个仲裁委员会之间也没有上下级隶属关系。在处理案件时，仲裁不实行级别管辖和地域管辖，仲裁委员会应当由当事人协议选定。也就是说，双方当事人可以在国内任意选择仲裁委员会来解决其合同争议，而不受地域和级别限制。

9.4.5 仲裁的程序

1. 仲裁的申请

合同当事人向仲裁机构请求对其合同争议进行仲裁时，并不是所有当事人达成的仲裁协议都是有效的，只有符合法定条件的仲裁协议才有效。有效的仲裁协议应当具备下列条件。

（1）仲裁协议必须以书面形式签订。根据《仲裁法》第 16 条规定，合同当事人达成的仲裁协议，不能采用口头形式，而只能采取书面形式，可以在纠纷发生之前或者纠纷发生之后达成。

（2）仲裁协议必须是双方当事人的共同意思表示。合同是双方当事人共同的意思表示，处理合同纠纷的仲裁协议也必须由双方意思表示一致，一方不同意就不能仲裁。任何一方不得强迫对方签订仲裁协议，把自己的意志强加于对方。

（3）仲裁协议的内容必须合法，不得违反国家利益和社会公共利益。仲裁协议中应有具体仲裁请求、事实和理由。

（4）各方当事人都必须具有完全的民事行为能力，能够独立地享有民事权利和承担民事责任。仲裁申请人还必须是与本案有直接利害关系的当事人。

只有同时具备上述条件的仲裁协议，才能产生法律效力，受法律保护。不具备上述条件之一的，仲裁协议无效。另外，根据《仲裁法》第 19 条和第 20 条规定，当事人达成的仲裁协议独立存在，即不依附于合同存在，合同的变更、解除、终止或者无效，不影响仲裁协议的效力。任何一方当事人对其订立的仲裁协议的效力有异议的，可以请求仲裁机构作出决定或者人民法院作出裁定。一方请求仲裁委员会作出决定，另一方请求人民法院作出裁定的，由人民法院裁定，即不能由仲裁委员会决定。由仲裁委员会仲裁的，当事人对仲裁协议的效力有异议，应当在仲裁庭首次开庭前提出。

2. 仲裁的受理

仲裁机构收到当事人的申请后，首先要进行审查。经审查符合申请条件，应当在 5 日内立案，对不符合规定的，也应当在 5 日内书面通知申请人不予受理，并说明理由。申请人可以放弃或变更仲裁请求。被申请人可以承认或反驳仲裁请求，有权提出反请求。

仲裁委员会受理仲裁申请后,应当在仲裁规则规定的期限内将仲裁规则和仲裁委员会名册送达申请人,并将仲裁申请书副本和仲裁规则、仲裁委员会名册送达被申请人。被申请人收到仲裁申请书副本后,应当在仲裁规则规定的期限内向仲裁委员会提交答辩书。仲裁委员会收到答辩书后,应当在仲裁规则规定的期限内将答辩书副本送达申请人。被申请人未提交答辩书的,不影响答辩程序的进行。

3. 开庭和裁决

当事人协议不开庭的,仲裁庭可以根据仲裁申请书、答辩书以及其他材料作出裁决,仲裁可不公开进行。当事人协议公开的,可以公开进行,但涉及国家秘密的除外。

仲裁机构在查明事实、分清责任的基础上,应着重调解、引导和促使当事人达成调解协议。调解应在仲裁人员的主持下,按照法律规定的程序进行。调解达成协议的内容,双方当事人必须自愿,并不得违法。调解成功后,仲裁机构要制作调解书,加盖公章后,送发当事人双方。调解书是具有法律效力的仲裁文书。经调解仍达不成协议的,或调解书送达前一方或双方反悔的,应及时开庭进行仲裁。仲裁庭应按照多数仲裁员的意见进行裁决,少数仲裁员的不同意见可以记入笔录。仲裁庭不能形成多数意见时,裁决应当按照首席仲裁员的意见作出,仲裁的最终结果以裁决书给出。

裁决书自作出之日起发生法律效力。如果当事人提出证据证明裁决有下列情形之一的,可以向仲裁委员会所在地的中级人民法院申请撤销裁决。

(1)没有仲裁协议的。
(2)裁决的事项不属于仲裁协议的范围或者仲裁委员会无权仲裁的。
(3)仲裁庭的组成或者仲裁的程序违反法定程序的。
(4)裁决所根据的证据是伪造的。
(5)对方当事人隐瞒了足以影响公正裁决的证据的。
(6)仲裁员在仲裁该案时有索贿受贿,徇私舞弊,枉法裁决行为的。
当事人申请撤销裁决的,应当自收到裁决书之日起六个月内提出。

4. 执行

调解书和裁决书均为具有法律效力的仲裁文书,一经送达当事人即发生法律效力,当事人应主动履行。一方当事人不主动履行时,另一当事人可以向有管辖权的人民法院申请执行,受申请的人民法院应当执行。

被申请人提出证据证明仲裁裁决有下列情形之一的,经人民法院组成合议庭审查核实的,裁定不予执行。

(1)当事人在合同中没有订有仲裁条款或者事后没有达成书面仲裁协议的。
(2)裁决的事项不属于仲裁协议的范围或者仲裁机构无权仲裁的。
(3)仲裁庭的组成或者仲裁的程序违反法定程序的。
(4)裁决所根据的证据是伪造的。
(5)对方当事人向仲裁机构隐瞒了足以影响公正裁决的证据的。
(6)仲裁员在仲裁该案时有贪污受贿,徇私舞弊,枉法裁决行为的。
仲裁裁决被人民法院裁定不予执行的,当事人可以根据双方达成的书面仲裁协议重新申请仲裁，也可以向人民法院起诉。

9.5　合同争议的司法诉讼

9.5.1　合同诉讼的概念和基本原则

1. 合同诉讼的概念

所谓合同诉讼是指人民法院根据合同当事人的请求，在所有诉讼参与人的参加下，审理和解决合同纠纷的活动，以及由此而产生的一系列法律关系的总和。它是民事诉讼的重要组成部分，是解决合同纠纷的一种重要方式。

2. 合同诉讼的基本原则

合同的诉讼应遵循《中华人民共和国民事诉讼法》（以下简称《民事诉讼法》）所确定的基本原则。

（1）人民法院依法独立审判的原则。人民法院依照国家法律规定，对合同纠纷案件独立进行审判，不受行政机关、社会团体和个人的干涉。

（2）以事实为根据，以法律为准绳的原则。人民法院在审理合同纠纷案件时，必须以事实为根据，以法律为准绳，重证据，重调查研究，在查明事实、分清责任的基础上，正确地适用法律。

（3）当事人诉讼权利平等的原则。当事人诉讼过程中享有平等的诉讼权利，有权使用本民族的语言和文字，有权委托代理人，有权申请回避和采取保全措施，有权提供证据，进行辩论，请求调解，提起上诉，申请执行。对当事人在适用法律上一律平等。

（4）根据自愿和合法的原则进行调解的原则。人民法院在查明事实、分清责任的基础上，应当根据自愿和合法的原则进行调解。调解不成的，应当及时判决。

（5）实行合议、回避、公开审判和两审终审原则。根据《民事诉讼法》第 47 条规定，审判人员有下列情形之一的，应当自行回避，当事人有权用口头或者书面方式申请他们回避：其一，是本案当事人或者当事人、诉讼代理人近亲属的；其二，与本案有利害关系的；其三，与本案当事人、诉讼代理人有其他关系，可能影响对案件公正审理的。

（6）审判监督原则。

（7）使用本民族语言文字诉讼的原则。

（8）审判实行辩论制度。

9.5.2　合同诉讼的管辖

1. 合同诉讼案件的收案范围

（1）合同纠纷当事人协商、调解不成的合同纠纷案件。

（2）合同纠纷当事人不愿协商、调解，直接起诉的合同纠纷案件。

（3）合同纠纷当事人对仲裁条款、仲裁协议有争议的合同纠纷案件。

（4）合同中没有仲裁条款，纠纷发生后，又未达成书面仲裁协议的合同纠纷案件。由于审裁分轨，当事人对合同纠纷的仲裁不能达成书面协议的，就可以选择用诉讼来解决纠纷。

（5）人民法院裁定不予执行的仲裁裁决，当事人可以重新达成书面仲裁协议申请仲裁，也可以向人民法院起诉。人民法院根据一方当事人的申请，强制执行仲裁裁决时，另一方当事人提出证据证明仲裁裁决有下列情形之一的，经合议庭审查属实，应裁定不予执行。

① 当事人在合同中没有订有仲裁条款或者事后没有达成书面仲裁协议的。

② 裁决的事项不属于仲裁协议的范围或者仲裁机构无权仲裁的。

③ 仲裁庭的组成或者仲裁的程序违反法定程序的。

④ 裁决所根据的证据是伪造的。

⑤ 对方当事人向仲裁机构隐瞒了足以影响公正裁决的证据的。

⑥ 仲裁员在仲裁该案时有贪污受贿，徇私舞弊，枉法裁决行为的。

对于上述裁决不予执行的仲裁裁决案件，当事人一方向人民法院起诉的，人民法院应当受理。

（6）经仲裁的劳动合同纠纷案件，农业集体经济组织内部的农业承包合同纠纷案件，当事人不服的，在法定期限内可以向人民法院提起诉讼。我国《仲裁法》虽然规定了"或裁或审"的制度，但不包括劳动合同纠纷案件和农业集体经济组织内部的农业承包合同纠纷案件，凡企业（包括私营企业、中外合资经营企业）与职工履行劳动合同发生纠纷的，或因农业集体经济组织内部的农业承包合同发生纠纷的，当事人不服有关仲裁机构裁决的，在法定期间向人民法院起诉的，人民法院应当受理。

2. 法院管辖的分类

管辖是指法院系统内部的上下级之间、同级法院之间在受理第一审合同纠纷案件上的权限分工。根据《民事诉讼法》第二章的规定，法院管辖包括级别管辖、地域管辖、协议管辖、移送管辖、指定管辖和专属管辖。

（1）级别管辖。

合同纠纷诉讼的级别管辖，是指人民法院系统内部上下级人民法院之间受理第一审合同纠纷案件的分工和权限范围。

根据合同纠纷案件的性质、影响范围、诉讼标的金额的多少以及合同纠纷主体的特点，我国《民事诉讼法》第18条至第21条对级别管辖做了明确的规定。

① 基层人民法院管辖第一审民事案件，但本法另有规定的除外。

② 中级人民法院管辖下列第一审民事案件：重大涉外案件；在本辖区有重大影响的案件；最高人民法院确定由中级人民法院管辖的案件。

③ 高级人民法院管辖在本辖区有重大影响的第一审民事案件。

④ 最高人民法院管辖下列第一审民事案件：在全国有重大影响的案件；认为应当由本院审理的案件。

同时，民事诉讼法还规定，上级人民法院有权审理下级人民法院管辖的第一审案件，也可以把自己管辖的第一审案件交下级人民法院审理；下级人民法院对它所管辖的第一审案件，认为需要由上级人民法院审理的，可以报请上级人民法院审理。

（2）地域管辖。

合同纠纷诉讼的地域管辖是指确定同级人民法院受理第一审合同纠纷案件的分工和权限范围。

根据我国《民事诉讼法》第二章第二节"地域管辖"和《最高人民法院关于适用〈中华人民共和国民事诉讼法〉若干问题意见》的有关规定以及最高人民法院有关司法解释，合同纠纷诉讼的地域管辖有以下几种情况。

① 一般合同纠纷诉讼由被告所在地或合同履行地人民法院管辖。我国《民事诉讼法》第 24 条规定："因合同纠纷提起的诉讼，由被告住所地或者合同履行地人民法院管辖。"

② 因保险合同纠纷提起的诉讼，由被告住所地或者保险标的物所在地人民法院管辖。

③ 因铁路、公路、水上、航空运输和联合运输合同纠纷提起的诉讼，由运输始发地、目的地或者被告住所地人民法院管辖。

（3）协议管辖。

合同的双方当事人可以在书面合同中协议选择被告住所地、合同履行地、合同签订地、原告住所地、标的物所在地人民法院管辖，但不得违反本法对级别管辖和专属管辖的规定。

合同的双方当事人选择管辖的协议不明确，依照《民事诉讼法》第 24 条的规定确定管辖。

（4）移送管辖。

人民法院发现受理的案件不属于本院管辖的，应当移送有管辖权的人民法院，受移送的人民法院应当受理。受移送的人民法院认为受移送的案件依照规定不属于本院管辖的，应当报请上级人民法院指定管辖，不得再自行移送。

（5）指定管辖。

有管辖权的人民法院由于特殊原因，不能行使管辖权的，由上级人民法院指定管辖。人民法院之间因管辖权发生争议，由争议双方协商解决；协商解决不了的，报请他们的共同上级人民法院指定管辖。

（6）专属管辖。

根据《民事诉讼法》第 34 条的规定，下列案件由本条规定的人民法院专属管辖。

① 因不动产纠纷提起的诉讼，由不动产所在地人民法院管辖。

② 因港口作业中发生纠纷提起的诉讼，由港口所在地人民法院管辖。

③ 因继承遗产纠纷提起的诉讼，由被继承人死亡时住所地或者主要遗产所在地人民法院管辖。

9.5.3　审判组织

审判组织是指人民法院对合同案件进行具体审理工作的组织，人民法院是审判机关，对每一件案件的审理，必须由人民法院指定专人负责，只有在对案件进行具体的审理后，才可能作出判决。人民法院指定专人负责审理案件是有一定的组织形式的，根据人民法院的级别、审级和案件的类别，我国民事诉讼法确定人民法院审理民事诉讼的组织形式有两种：独任制和合议制。

独任制是对合同案件进行审理的审判组织的一种形式，是指由一名审判员对案件进行审理和作出判决的制度。该审判员称为独任审判员。独任制的审判组织适用于案情比较简单，标的数额较小，事实较清楚的合同纠纷的第一审案件，这一类案件多由基层人民法院负责审理。

合议制是对合同案件进行审理的审判组织的另一种组织形式，是指由审判员和陪审员三人以上组成的审判集体或者全部由审判员三人以上组成的审判集体，对案件进行审理和作出判决的制度。合议制是人民法院对合同纠纷案件进行审理的最常见的基本组织形式。人民法院按照合议制组成的法庭称合议庭。合议庭由审判长一名，审判员或陪审员若干名组成。合同纠纷案件的审级不同，合议庭的组成也不同：第一审案件的合议庭一般由审判员和陪审员共同组成或者由审判员组成，合议庭的组成人数一般是三人也可以是五人，但必须是单数。第二审案件的合议庭只能全部由审判员组成，陪审员不能参加第二审案件的审判工作，合议庭组成的最低人数也是三人，根据需要也可增加，但也必须是单数。发回重审和根据审判监督程序进行再审的案件，原来参与该案审理的审判人员不能再参加案件的审理工作，人民法院应当另行组成合议庭对案件进行审理，以免影响案件的公正审理。

9.5.4　合同诉讼的参与人

参加合同诉讼的人员主要有以下几种。

1. 诉讼当事人

诉讼当事人是指因合同发生争议或一方认为自己的合法权益受到侵害以自己的名义进行诉讼，并受人民法院的裁判或调解书约束的人。诉讼的当事人一般就是合同的当事人，在第一审程序上称为原告和被告，第二审程序中称为上诉人和被上诉人。当事人必须具有诉讼的权利能力，如亲自参加诉讼的还应具备诉讼行为能力，否则当事人无法行使诉讼中的权利，无法承担诉讼中的义务。在此情况下，当事人的法定代理人应当代理其参加诉讼，当然，经济合同诉讼大多发生在法人之间，上述情况并不可能发生或极少发生。当事人可以是一个，也可以是两个或两个以上，即原告和被告都可以是一个或两个或两个以上。如果当事人一方或双方为两人以上，其诉讼标的是共同的，或者诉讼标的是同一种类，人民法院认为可以合并审理并经当事人同意的诉讼称之为共同诉讼。

2. 诉讼中第三人

根据民事诉讼法及最高人民法院的意见，有关诉讼中第三人的规定如下。

（1）对当事人双方的诉讼标的，第三人认为有独立请求权的，有权提起诉讼。对当事人双方的诉讼标的，第三人虽然没有独立请求权，但案件处理结果同他有法律上的利害关系的，可以申请参加诉讼，或者由人民法院通知他参加诉讼。人民法院判决承担民事责任的第三人，有当事人的诉讼权利义务。

（2）在诉讼中，无独立请求权的第三人有当事人的诉讼权利义务，判决承担民事责任的无独立请求权的第三人有权提出上诉。但该第三人在一审中无权对案件的管辖权提出异议，无权放弃、变更诉讼请求或申请撤诉。

3. 诉讼代理人

诉讼代理人是指根据法律规定、法院指定或者诉讼当事人授权,以委托当事人的名义代理其进行民事诉讼行为的公民。合同诉讼中的代理人一般是经授权委托产生,律师和其他具有法律知识的公民可以成为合同诉讼中当事人的代理人。

当事人委托授权律师或其他公民进行诉讼,必须向人民法院提交由委托人签名或者盖章的授权委托书,授权委托书必须记明委托事项和权限,诉讼代理人在委托人的授权范围内进行诉讼活动。

9.5.5 审判程序

1. 第一审普通程序

(1)起诉与受理。

起诉是指合同争议当事人请求人民法院通过审判保护自己合法权益的行为。起诉必须符合下列条件。

① 原告是与本案有直接利害关系的公民、法人和其他组织。

② 有明确的被告。

③ 有具体的诉讼请求和事实、理由。

④ 属于人民法院受理民事诉讼的范围和受诉人民法院管辖。

合同当事人起诉原则上采用书面形式,书写起诉状确有困难的,可以口头起诉,由人民法院记入笔录,并告知对方当事人。起诉状应当记明下列事项。

① 原告的姓名、性别、年龄、民族、职业、工作单位、住所、联系方式,法人或者其他组织的名称、住所和法定代表人或者主要负责人的姓名、职务、联系方式。

② 被告的姓名、性别、工作单位、住所等信息,法人或者其他组织的名称、住所等信息。

③ 诉讼请求和所根据的事实与理由。

④ 证据和证据来源,证人姓名和住所。

受理是指人民法院对符合法律条件的起诉决定立案审理的诉讼行为。人民法院接到起诉状后,对符合起诉条件的,应当在 7 日内立案,并通知当事人;对不符合起诉条件的,应当在 7 日内作出裁定书,不予受理;原告对裁定不服的,可以提起上诉。

(2)审理前的准备。

人民法院应当在立案之日起 5 日内将起诉状副本发送被告,被告应当在收到之日起 15 日内提出答辩状。人民法院应当在收到答辩状之日起 5 日内将答辩状副本发送原告。被告不提出答辩状的,不影响人民法院审理。当事人对管辖权有异议的,应当在提交答辩状期间提出。人民法院对当事人提出的异议,应当审查。异议成立的,裁定将案件移送有管辖权的人民法院;异议不成立的,裁定驳回。

人民法院受理案件后应当组成合议庭,合议庭组成人员确定后,应当在 3 日内告知当事人。

审理前其他准备工作还包括:向当事人发送受理案件通知书和应诉通知书,告知当事人有关的诉讼权利义务，确定案件是否公开审理，审核诉讼材料，调查收集必要的证据，追加诉讼第三人，试行调解，等等。

（3）开庭审理。

开庭审理是指在人民法院审判人员的主持下，在当事人和其他诉讼参与人的参加下，人民法院依照法定程序对案件进行口头审理的诉讼活动，开庭审理是案件审理的中心环节。审理合同争议案件，除涉及国家秘密或当事人的商业秘密外，均应公开开庭审理。

① 宣布开庭。人民法院审理民事案件，应当在开庭3日前通知当事人和其他诉讼参与人。公开审理的，应当公告当事人姓名、案由和开庭的时间、地点。开庭审理前，书记员应当查明当事人和其他诉讼参与人是否到庭，宣布法庭纪律。开庭审理时，由审判长核对当事人，宣布案由，宣布审判人员、书记员名单，告知当事人有关的诉讼权利义务，询问当事人是否提出回避申请。

② 法庭调查。法庭调查一般按照下列顺序进行：当事人陈述；告知证人的权利义务，证人作证，宣读未到庭的证人证言；出示书证、物证、视听资料和电子数据；宣读鉴定意见；宣读勘验笔录。当事人在法庭上可以提出新的证据，可以要求重新进行调查、鉴定或者勘验，是否准许，由人民法院决定。

③ 法庭辩论。法庭辩论按照下列顺序进行：原告及其诉讼代理人发言；被告及其诉讼代理人答辩；第三人及其诉讼代理人发言或者答辩；互相辩论。法庭辩论终结，由审判长或者独任审判员按照原告、被告、第三人的先后顺序征询各方最后意见。

④ 法庭判决。法庭辩论终结，应当依法作出判决。判决前能够调解的，还可以进行调解，调解不成的，应当及时判决。当庭宣判的，应当在10日内发送判决书；定期宣判的，宣判后立即发给判决书。宣告判决时，必须告知当事人上诉权利、上诉期限和上诉的法院。人民法院适用普通程序审理的案件，应当在立案之日起6个月内审结。

2. 第二审程序

第二审程序是指诉讼当事人不服第一审法院的判决、裁定，依法向上一级法院提起上诉，由上一级法院根据事实和法律，对案件重新审理的程序。其审理范围为上诉请求的有关事实和适用法律。上诉期限，不服判决的为判决书送达之日起15日，不服裁定的为裁定书送达之日起10日，逾期不上诉的，原判决、裁定即发生法律效力。当事人提起上诉后至第二审法院审结前，原审法院的判决、裁定不发生法律效力。

第二审人民法院对上诉案件，应当组成合议庭，开庭审理。经过阅卷、调查和询问当事人，对没有提出新的事实、证据或者理由，合议庭认为不需要开庭审理的，可以不开庭审理。第二审人民法院对上诉案件，经过审理，按照下列情形，分别处理。

（1）原判决、裁定认定事实清楚，适用法律正确的，以判决、裁定方式驳回上诉，维持原判决、裁定。

（2）原判决、裁定认定事实错误或者适用法律错误的，以判决、裁定方式依法改判、撤销或者变更。

（3）原判决认定基本事实不清的，裁定撤销原判决，发回原审人民法院重审，或者查清事实后改判。

（4）原判决遗漏当事人或者违法缺席判决等严重违反法定程序的，裁定撤销原判决，发回原审人民法院重审。

原审人民法院对发回重审的案件作出判决后，当事人提起上诉的，第二审人民法院不得再次发回重审。

第二审法院作出的判决、裁定是终审判决、裁定，当事人不得再上诉。第二审法院对判决的上诉案件，应当在第二审立案之日起 3 个月内审结；对裁定的上诉案件，应当在第二审立案之日起 30 日内作出终审裁定。第二审法院对上诉案件可以进行调解。调解达成协议的，应当制作调解书，调解书送达后，原审人民法院的判决即视为撤销。调解不成的，依法判决。

3. 简易程序

基层人民法院和它派出的法庭收到起诉状经审查立案后，认为事实清楚、权利义务关系明确、争议不大的简单的合同争议案件，可以适用简易程序进行审理，合同争议当事人双方也可以约定适用简易程序进行审理。

在简易程序中，原告可以口头起诉。基层人民法院和它派出的法庭可以用简便方式传唤当事人和证人、送达诉讼文书、审理案件，但应当保障当事人陈述意见的权利。简易程序中一般由审判员一人独任审理，在开庭通知、法庭调查、法庭辩论上不受普通程序有关规定的限制。适用简易程序的合同争议案件，应当在立案之日起 3 个月内审结。人民法院在审理过程中，如果发现案件不宜适用简易程序的，可以裁定转为普通程序。

4. 审判监督程序

审判监督程序是指人民法院对已经发生法律效力的判决、裁定，发现确有错误需要纠正而进行的再审程序。它是保证审判的正确性，维护当事人合法权益，维护法律尊严的一项重要补救措施。可以提起再审的，只能是享有审判监督权力的机关和公职人员，具体有以下几种情况。

（1）各级人民法院院长对本院已经发生法律效力的判决、裁定、调解书，发现确有错误，认为需要再审的，应当提交审判委员会讨论决定。

（2）最高人民法院对地方各级人民法院已经发生法律效力的判决、裁定、调解书，发现确有错误的，有权提审或者指令下级人民法院再审。

（3）上级人民法院对下级人民法院已经发生法律效力的判决、裁定、调解书，发现确有错误的，有权提审或者指令下级人民法院再审。

按照审判监督程序决定再审的案件，裁定中止原判决、裁定、调解书的执行。

当事人对已经发生法律效力的判决、裁定，认为有错误的，可以向上一级人民法院申请再审，当事人一方人数众多或者当事人双方为公民的案件，也可以向原审人民法院申请再审，当事人申请再审的，不停止判决、裁定的执行。当事人的申请符合下列情形之一的，人民法院应当再审。

（1）有新的证据，足以推翻原判决、裁定的。

（2）原判决、裁定认定的基本事实缺乏证据证明的。

（3）原判决、裁定认定事实的主要证据是伪造的。

（4）原判决、裁定认定事实的主要证据未经质证的。

（5）对审理案件需要的主要证据，当事人因客观原因不能自行收集，书面申请人民法院调查收集，人民法院未调查收集的。

（6）原判决、裁定适用法律确有错误的。

（7）审判组织的组成不合法或者依法应当回避的审判人员没有回避的。

（8）无诉讼行为能力人未经法定代理人代为诉讼或者应当参加诉讼的当事人，因不能归责于本人或者其诉讼代理人的事由，未参加诉讼的。

（9）违反法律规定，剥夺当事人辩论权利的。

（10）未经传票传唤，缺席判决的。

（11）原判决、裁定遗漏或者超出诉讼请求的。

（12）据以作出原判决、裁定的法律文书被撤销或者变更的。

（13）审判人员审理该案件时有贪污受贿，徇私舞弊，枉法裁判行为的。

当事人申请再审，应当在判决、裁定发生法律效力后6个月内提出。有上述第（1）项、第（3）项、第（12）项、第（13）项规定情形的，自知道或者应当知道之日起6个月内提出。

此外，当事人对已经发生法律效力的调解书，提出证据证明调解违反自愿原则或者调解协议的内容违反法律的，也可以申请再审。经人民法院审查属实的，应当再审。

人民法院审理再审案件，应当另行组成合议庭。如果发生法律效力的判决、裁定是由第一审法院作出的，按照第一审程序审理，所作的判决、裁定，当事人可以上诉；如果发生法律效力的判决、裁定是由第二审法院作出的，按照第二审程序审理，所作的判决、裁定，是发生法律效力的判决、裁定；上级人民法院按照审判监督程序提审的，按照第二审程序审理，所作的判决、裁定是发生法律效力的判决、裁定，当事人没有上诉权。

5. 执行程序

执行是人民法院依照法律规定的程序，运用国家强制力，强制当事人履行已生效的判决、裁定和其他法律文书所规定的义务的行为，又称强制执行。对于已经发生法律效力的判决、裁定、调解书、支付令、仲裁裁决书、公证债权文书等，当事人应当自动履行。一方当事人拒绝履行的，另一方当事人有权向人民法院申请执行。申请执行的期间为2年，从法律文书规定履行期间的最后一日起计算。

在执行中，双方当事人自行和解达成协议的，执行员应当将协议内容记入笔录，由双方当事人签名或者盖章。申请执行人因受欺诈、胁迫与被执行人达成和解协议，或者当事人不履行和解协议的，人民法院可以根据当事人的申请，恢复对原生效法律文书的执行。

在执行中，被执行人向人民法院提供担保，并经申请执行人同意的，人民法院可以决定暂缓执行及暂缓执行的期限。被执行人逾期仍不履行的，人民法院有权执行被执行人的担保财产或者担保人的财产。

依照《民事诉讼法》的规定，在执行过程中，人民法院可以采取以下执行措施。

（1）要求被执行人报告当前以及收到执行通知之日前一年的财产情况。

（2）向有关单位查询被执行人的存款、债券、股票、基金份额等财产情况并根据不同情形扣押、冻结、划拨、变价被执行人的此类财产，但不得超出被执行人应当履行义务的范围。

（3）查封、扣押、冻结、拍卖、变卖被执行人应当履行义务部分的财产。

（4）扣留、提取被执行人应当履行义务部分的收入。

（5）发出搜查令，对被执行人及其住所或者财产隐匿地进行搜查等。

9.6　合同争议解决途径的选择

在以上几种合同争议解决途径中，并不是每一项合同争议的解决都要经过这些过程，人们通常只选用其中一种或两种解决方式，以求较快且较经济地解决问题。实践证明，绝大多数的争议，都可以通过合同双方友好协商解决。对于未能协商解决的争议，可以通过调解或争议评审解决，通过法律途径（仲裁或诉讼）解决的是少数。为了更全面地了解各种争议解决途径的适用性，表9-1对他们的特点和优缺点进行了对比。

表9-1　各种合同争议解决途径对比

序号	解决途径	争议形成	解决速度	所需费用	保密程度	对双方协作关系的影响
1	和解	在合同实施过程中随时发生	发生时双方立即协商，达成一致	无须费用	纯属合同双方讨论，完全保密	据理协商，达成和解后不影响协作关系
2	调解	邀请调解者，需时数周	调解者分头探讨，一般需时1个月	费用较少	可以做到完全保密	对协作关系影响不大，达成协议后可以恢复协作关系
3	仲裁	申请仲裁，组成仲裁庭，需1~2个月	仲裁庭审，一般需时4~6个月	聘请仲裁员，费用较高	仲裁庭审，可以保密	对立情绪较大，影响协作关系
4	诉讼	向法院申请立案，一般需时一年，甚至更久	法院庭审，需时甚久	聘请律师等，费用很高	一般属于公开审判，难以保密	敌对关系，协作关系破裂
5	争议评审	双方聘请评审员，组成争议评审小组	争议评审小组给出评审决定，需时半个月左右	聘请评审员，费用甚高	内部评审，可以保密	有对立情绪，影响协作关系

习　题

1. 合同争议产生的原因有哪些？
2. 和解与调解应遵守的原则是什么？
3. 仲裁的基本原则与一般程序是什么？
4. 合同争议评审的一般程序是什么？
5. 诉讼的一般程序是什么？

参 考 文 献

国际咨询工程师联合会，2021．施工合同条件：原书 2017 年版[M]．唐萍，张瑞杰，等译．
　北京：机械工业出版社．

中国建设监理协会，2020．建设工程合同管理[M]．北京：中国建筑工业出版社．

李启明，2019．土木工程合同管理[M]．4 版．南京：东南大学出版社．

崔建远，2016．合同法[M]．6 版．北京：法律出版社．

何佰洲，刘禹，2014．工程建设合同与合同管理[M]．4 版．大连：东北财经大学出版社．

成虎，2005．工程合同管理[M]．北京：中国建筑工业出版社．

梁镒，潘文，丁本信，2004．建设工程合同管理与案例分析[M]．北京：中国建筑工业出版社．

何佰洲，2003．工程合同法律制度[M]．北京：中国建筑工业出版社．

张水波，何伯森，2003．FIDIC 新版合同条件导读与解析[M]．北京：中国建筑工业出版社．

刘伊生，2002．建设工程招投标与合同管理[M]．北京：北方交通大学出版社．

李启明，朱树英，黄文杰，2001．工程建设合同与索赔管理[M]．北京：科学出版社．

成虎，2000．建筑工程合同管理与索赔[M]．3 版．南京：东南大学出版社．

叶金强，2000．合同法[M]．北京：中国人民大学出版社．

刘克祥，1999．合同法教程[M]．北京：中国财政经济出版社．